Christophe Corbier

Contribution à l'estimation robuste de modèles dynamiques

Christophe Corbier

Contribution à l'estimation robuste de modèles dynamiques

Application à la commande de systèmes dynamiques complexes

Presses Académiques Francophones

Impressum / Mentions légales

Bibliografische Information der Deutschen Nationalbibliothek: Die Deutsche Nationalbibliothek verzeichnet diese Publikation in der Deutschen Nationalbibliografie; detaillierte bibliografische Daten sind im Internet über http://dnb.d-nb.de abrufbar.

Information bibliographique publiée par la Deutsche Nationalbibliothek: La Deutsche Nationalbibliothek inscrit cette publication à la Deutsche Nationalbibliografie; des données bibliographiques détaillées sont disponibles sur internet à l'adresse http://dnb.d-nb.de.

Coverbild / Photo de couverture: www.ingimage.com

Verlag / Editeur:
Presses Académiques Francophones
ist ein Imprint der / est une marque déposée de
AV Akademikerverlag GmbH & Co. KG
Heinrich-Böcking-Str. 6-8, 66121 Saarbrücken, Deutschland / Allemagne
Email: info@presses-academiques.com

Herstellung: siehe letzte Seite /
Impression: voir la dernière page
ISBN: 978-3-8381-7982-7

A mon épouse Dominique pour sa patience, à ma famille pour son soutien et
à mon père qui me manque

Remerciements

Lorsque Jean-Claude Carmona en ce début d'année 2009, m'a laissé entendre qu'il serait possible d'envisager la préparation d'un doctorat dans le laboratoire des sciences de l'information et des systèmes, ma décision ne s'est pas fait attendre. Avec le recul, je pense que j'étais prêt pour l'aventure depuis longtemps, mais il me fallait certaines circonstances favorables pour que j'avance un pas, puis un autre. Un doctorat est un véritable marathon intellectuel, il faut y être préparé moralement et physiquement. De plus, la situation se complique lorsque en parallèle, vous devez exercer votre métier d'enseignant dans le secondaire, et plus particulièrement, dans les classes de BTS des Systèmes Electroniques. Jean-Claude Carmona était au courant de cette situation, mais il m'a fait confiance, m'a encouragé et m'a laissé le temps nécessaire pour m'imprégner du sujet.

Je le remercie pour sa patience, pour ses conseils, pour sa présence, pour ses remarques pertinentes et pour la qualité de ses analyses dans les moments difficiles, quand le doute s'installait. Il m'a fait découvrir le monde de l'hypothèse, de la démonstration, de l'estimation, de la validation et de la rédaction d'articles. Je me suis enrichi intellectuellement, et cela, je lui dois.

Je veux aussi remercier Victor Alvarado Matinez, qui, malgré un emploi du temps chargé, m'a toujours donné de bons conseils.

Je remercie également l'équipe du LSIS d'Aix-en-Provence, sous la direction de Lionel Roucoules, ainsi que son personnel administratif.

Je ne veux pas non plus oublier les échanges d'idées avec le doctorant Héctor Roméro Ugalde ainsi que la collaboration avec le docteur Abdou-Fadel Boukari, qui a abouti à une publication dans le Journal of Dynamic Systems, Measurement, and Control.

Enfin, un remerciement tout particulier à mon épouse Dominique, qui a su être durant ces trois années, patiente, conciliante et compréhensive.

Table des matières

GLOSSAIRE

ABRÉVIATIONS ET ACRONYMES

AR : AutoRegressive model
ARX : AutoRegressive with eXternal input
ARMAX : AutoRegressive Moving Average with eXternal input
ARMA : AutoRegressive Moving Average
ARIMA : Auto-Regressive Integrated Moving Average
OE : Output Error
SISO : Single In Single Out
VI : Variables Instrumentales
MC : Moindres Carrés
LSE : Least Squares Estimation
MV : Maximum de Vraisemblance
MSDA : Moindres Sommes des Déviations Absolues
LSAD : Least Sum of Absolute Deviation estimation
FPE : Final Prediction Error
AIC : Akaike's Information Criterion
MDL : Minimum Description Length
PREC : Parameterized Robust Estimation Criterion
RFPE : Robust Final Prediction Error
ETME : Extended Threshold M-Estimates
RFME : Réponse Fréquentielle du Modèle Estimé
L^ω-**FTE** : L^ω-Finite Taylor's Expansion
$l_1 C$: l_1 Contribution function
BP : Breakdown Point
LP : Leverage Point
FDP : Fonction de Densité de Probabilité
GEM : Gross Error Model
iid : indépendante et identiquement distribuée (pour une séquence de variables

viii

aléatoires)

p.s. : presque sûrement

a.p.1 : avec une probabilité de 1

SYMBOLES UTILISÉS DANS LE TEXTE

$\mathcal{M}$: structure de modèles

$\mathcal{M}(\theta)$: élément de $\mathcal{M}$ correspondant au vecteur paramètre particulier θ

$D_{\mathcal{M}}$: ensemble des valeurs du vecteur paramètre θ dans la structure de modèles

D_{C} : sous-ensemble dans lequel les paramètres estimés $\hat{\theta}_N$ convergent

$d_{\mathcal{M}}$: complexité du modèle

e_t : perturbation à la date t; habituellement $\{e_t, t = 1, 2, ...\}$ est un bruit blanc (une séquence de variables aléatoires indépendantes avec une moyenne nulle et une variance λ)

e_t^0 : perturbation du "vrai système appartenant" à $\mathcal{M}$

$f_e(x)$: FDP de la variable aléatoire e

Φ : Fonction de distribution normale

φ : FDP normale

λ : variance d'une variable aléatoire

$\mathcal{P}_\Phi(\omega)$: ω-modèle de distribution corrompue des résidus (GEM)

$\mathcal{B}$: σ_B-algèbre de Borel

$G(q)$: fonction de transfert entre u et y

$G(q, \theta)$: fonction de transfert entre u et y dans la structure de modèles $\mathcal{M}$ paramétrée en θ

$G_0(q)$: fonction de transfert "vraie" entre u et y dans la structure $\mathcal{M}$

$H(q), H(q, \theta), H_0(q)$: fonctions de transfert entre e et y analogues à G

$l(\varepsilon), l(\varepsilon, \theta)$: normes utilisées dans le critère des erreurs de prédiction

θ : vecteur paramètre

$\hat{\theta}_N^\rho$: vecteur paramètre estimé suivant une norme ρ

$\hat{\theta}_N$: estimateur au sens général

$\hat{\theta}_N^{LS}$: estimateur au sens des moindres carrés

$\hat{\theta}_N^{H}$: estimateur au sens du Huber

θ_0 : "vrai" vecteur paramètre décrivant exactement le système

ρ_2-norme : norme L_2 au sens des moindres carrés

ρ_η-norme : norme mixte $L_2 - L_1$ au sens du Huber

η : facteur d'échelle de la ρ_η-norme

k : constante d'accord de la ρ_η-norme

ω : niveau de contamination des résidus dans le modèle GEM

q, q^{-1} : opérateurs de décalage temporels avance et retard

$\hat{y}_t(\theta)$: sortie du modèle de prédiction

$\varepsilon_t(\theta)$: erreur de prédiction $y_t - \hat{y}_t(\theta)$

$\psi_t(\theta) = \frac{\partial}{\partial\theta}\hat{y}_t(\theta)$: gradient de $\hat{y}_t(\theta)$ par rapport à θ

$Z^N = \{u_1, y_1...u_N, y_N\}$: ensemble de données entrée/sortie du système

$\varphi_t(\theta)$: vecteur régression à la date t

$\Psi(\theta) = \frac{\partial}{\partial\theta}\rho_\eta(\theta)$: fonction de Huber ou gradient de la norme de Huber

$V_N(\theta, Z^N)$: critère d'estimation au sens des moindres carrés

$\bar{V}(\theta)$: limite du critère d'estimation au sens des moindres carrés

$W_N(\theta)$: critère d'estimation robuste paramétré (PREC) au sens de Huber

$\bar{W}(\theta)$: limite du PREC

$W_N'(\theta)$: gradient du PREC par rapport à θ

$W_N''(\theta)$: Hessien du PREC

$Q^\rho(\theta)$: Q-matrice au sens d'une ρ-norme

P_θ^ρ : matrice de variance/covariance asymptotique du vecteur paramètre θ au sens d'une ρ-norme

$\nu_2(\theta)$: ensemble d'index relatif à la norme L_2

$\nu_1(\theta)$: ensemble d'index relatif à la norme L_1

f_{ν_i} : fonction restreinte à l'ensemble d'index ν_i, $i = 1, 2$

$\mathcal{L}$: pseudopériode des coefficients de la L^ω-FTE

L_θ^τ : ordre large de la L^ω-FTE de $\psi_t(\theta)$

$\bar{L}_\theta^\tau$: ordre large de la L^ω-FTE du gradient de $\psi_t(\theta)$ par rapport à θ

ϕ_{W_y} : ensemble des fenêtres $\tilde{\Omega}$-*temporelles* des outliers d'observation

$\mathcal{I}_b^k$: intervalle de bruit étendu

Chapitre 1

Introduction et Motivations

1.1 Identification des systèmes dynamiques

L'identification des systèmes dynamiques complexes, ou tout simplement identification, désigne l'ensemble des méthodologies pour la modélisation mathématique des systèmes, basée sur des mesures réelles à partir du processus [119] [92]. Cette identification doit non seulement fournir un *modèle nominal* pertinent, c'est à dire un modèle qui répond en un certain sens le plus fidèlement aux mesures, mais aussi, une estimation fiable des erreurs commises. Il y a classiquement deux approches pour décrire ces incertitudes. La première est développée dans un contexte statistique comme le *stochastic embedding* [56] ou la méthode dite *model error modelling* [113], tandis que la deuxième approche s'appuie sur des hypothèses déterministes, telles celles de l'existence d'erreur d'identification inconnue, mais bornée, comme dans les techniques d'identification dites *set membership* [53].

La modélisation permet de formaliser le comportement du processus étudié à l'aide d'une représentation, à partir de laquelle il est possible de comprendre, commander ou améliorer le fonctionnement du procédé analysé. Deux approches peuvent être envisagées pour modéliser un système :

1

1. La première dite "explicative", qui fait appel à l'analyse phénoménologique, et qui consiste à regrouper, généralement sous forme de systèmes différentiels, algébriques ou symboliques, les lois et relations de la physique qui décrivent la dynamique du processus. On parle alors de modèle de type "boîte blanche" ou "boîte grise" suivant la complexité du modèle final. Nous pouvons y distinguer deux familles de modèles :

   – *non-paramétriques*, correspondant à des modèles non-structurés.

   – *paramétriques*, correspondant à des modèles structurés.

2. La deuxième dite "comportementale", souvent utilisée pour des systèmes multi-physiques complexes. En effet, la complexité du procédé à modéliser est telle qu'il est difficile, voire impossible, de connaître ou d'associer les lois physiques gouvernant la dynamique du système de façon sûre. Il est alors nécessaire de faire appel à un modèle "boîte noire" (ou modèle de comportement), construit à partir des données entrée/sortie du procédé. L'objectif majeur de ce modèle est de reproduire au mieux le comportement du processus identifié. Les paramètres de ce modèle sont la plupart du temps difficilement interprétables physiquement, ou tout du moins, le peuvent-ils mais de façon indirecte.

D'une façon plus générale, que l'on utlise les lois de la physique ou des données expérimentales pour déterminer respectivement la structure du modèle ou les valeurs numériques des paramètres, plusieurs situations sont envisageables, déterminées par la précision des lois de la physique et/ou par la faisabilité des essais expérimentaux :

   – les lois de la physique permettent de modéliser fidèlement le système et les valeurs des paramètres peuvent être trouvées de manière précise. Alors, le recours aux données expérimentales peut être limité à des fins de validation de modèle.

   – les systèmes se trouvent décrits de manière fort imprécise par les lois de la physique et les essais expérimentaux peuvent être effectués facilement. Il est plus simple alors, d'utiliser ces derniers à la fois pour déterminer la structure du modèle et les valeurs numériques des paramètres.

– comme situation intermédaire, les lois de la physique peuvent permettre de déterminer la structure du modèle, et les valeurs des paramètres sont alors estimées à partir de données expérimentales.

Nous nous intéresserons par la suite aux modèles paramétriques et dans un premier temps au choix du type ou structure de modèle retenu.

1.2 Choix du modèle d'identification

Le choix de tout modèle dépend largement de sa finalité, c'est à dire de l'usage qui lui est destiné. Ainsi, on peut distinguer :

– les modèles pour la commande qui doivent avoir une structure simple. En effet, les objectifs de contrôle doivent être généralement satisfaits dans une bande de fréquence assez étroite. Un bon modèle de commande doit donc essentiellement représenter la dynamique du système dans ce domaine de fréquence. De plus, la structure peut être imposée par la méthodologie de commande choisie, directement liée à ces objectifs. Différents types de modèles à entrées exogènes sont alors utilisés [92] :

  1. des modèles dits linéaires pour lesquels le signal de sortie, dite *prédite*, varie linéairement avec le vecteur paramètre et dont le régresseur du prédicteur associé ne dépend que des données expérimentales entrées/sorties. Citons l'exemple du modèle ARX [112] [43].

  2. des modèles dits pseudolinéaires pour lesquels le signal de sortie varie pseudolinéairement avec le vecteur paramètre et dont le régresseur dépend aussi de ce vecteur.
     Citons les modèles OE et ARMAX ou Box-Jenkins [45] [75] [11] [21].

– les modèles de simulation et d'analyse dont l'objectif est de rendre compte de l'ensemble de la dynamique du système font appel à des structures plus

3

complexes. Dans le cas de modèles d'analyse, la structure peut aussi être imposée dans le but de faciliter son interprétation.

Une fois la structure de modèle choisie, l'estimation de ses paramètres à partir de données expérimentales est conditionnée à la notion d'identifiabilité du modèle. On dit qu'un modèle est identifiable si on peut distinguer deux modèles avec des valeurs différentes du vecteur des paramètres [124]. Le concept d'identifiabilité concerne l'*unique* représentation d'une description d'un système donné dans une structure de modèle donnée. Ljung dans [92](chapitre 4 p. 112) a développé en détails ce problème d'identifiabilité en introduisant la notion de *vrai système* (*true system*), noté $\mathcal{S}$. Si $\mathcal{M}$ est une structure de modèle et $\mathcal{M}(\theta)$ un élément de $\mathcal{M}$ correspondant au vecteur paramètre particulier θ, alors $\mathcal{M}$ est globalement identifiable si $\mathcal{S} = \mathcal{M}(\theta_0)$ où θ_0 est le vecteur paramètre décrivant *exactement* $\mathcal{S}$. Théoriquement, l'étude de l'identifiabilité doit fournir la bonne structure $\mathcal{M}$ à laquelle le *vrai système* appartient et donc avec laquelle nous devons travailler. En pratique, l'étude étant trop complexe, on commence par choisir une structure suggérée par l'objectif de l'application, tout en tenant compte des connaissances physiques *a priori*, c'est-à-dire une structure à laquelle le *vrai système* a de très fortes chances d'appartenir. En effet, ce compromis nous permet, sans le garantir totalement, de s'approcher des conditions d'identifiabilité. On peut à tout moment, être amené à changer la structure $\mathcal{M}$ retenue, si besoin est. Une fois $\mathcal{M}$ choisie, la détermination des valeurs des paramètres du modèle $\mathcal{M}(\theta)$ s'effectue par la minimisation d'un critère d'estimation lié à une norme sur les erreurs commises, comme nous allons le préciser.

1.3 Critères d'estimation

1.3.1 Critères en normes L_2 et L_1

Nous avons présenté de façon générale la notion de *modèle nominal* comme celui répondant au mieux au comportement réel du processus *en un certain sens*. Il nous appartient maintenant de préciser ce que l'on entend par là : c'est le rôle du critère d'estimation choisi. Il évalue quantitativement la capacité de chaque élément d'une structure de modèle choisie à vérifier les données expérimentales. Les critères couramment utilisés sont basés sur l'erreur de prédiction de modèle (erreur de sortie), qui correspond aux méthodes d'identification connues sous le nom de *méthodes de l'erreur de prédiction* [87]. Celles-ci s'appuient sur l'estimation d'un modèle paramétrique de bruit simultanément à celle du modèle du processus dont les erreurs de prédiction, appelées aussi résidus, sont aussi utilisées pour affiner le modèle de bruit. Classiquement, le critère d'estimation largement employé est celui de la norme L_2, appelé aussi, critère des moindres carrés (LS criterion) [12] [107]. Le caractère gaussien du bruit, souvent admis, facilite l'identification paramétrique par les moindres carrés, malgré sa sensibilité statistique aux données, en particulier celles de grandes valeurs. C'est un défaut qui affecte la convergence de l'estimateur, dont les propriétés asymptotiques ne satisfont plus totalement le théorème central limite. Cependant, pour conserver les propriétés asymptotiques gaussiennes [24], des techniques de filtrage des résidus [86] ainsi que des méthodes d'estimation à erreurs bornées [4] sont employées. On s'affranchit ainsi de ces grands écarts, au caractère *marginal*, en les supposant dus aux aléas du système et/ou de son environnement. Dans le cas où ces écarts ne sont plus *marginaux* et traduisent en fait un certain comportement dynamique du processus, parfaitement légitime, l'emploi de ces techniques ne font qu'appauvrir les données d'informations sur le comportement réel du système [71](chapitre 1 p. 4) [39]. En fait, pour réduire cette hyper sensibilité de l'estimateur, des solutions alternatives sont proposées, comme l'utilisation du critère des moindres sommes des déviations absolues (LSAD criterion) [54], appelé aussi, critère d'estimation en norme L_1. Il est plus robuste car moins sensible aux grands écarts des résidus, mais nécessite des algorithmes de minimisation [110] plus complexes. Dans [57] [79], les auteurs proposent une famille d'algorithmes qui convergent de façon robuste, basés sur un critère au sens d'une norme L_1. Rappelons les travaux intéressants sur l'identification de systèmes en norme L_1 dans le contexte de l'erreur de prédiction, aboutissant à la fois, à une règle modifiée des critères AIC et FPE d'Akaike [28] et son application au contrôle actif du bruit dans un guide d'ondes acoustiques, en association à la théorie du contrôle robuste [25]. Cependant, la norme L_1 présente techniquement une non-différentiabilité en zéro, complexifiant ainsi le cadre formel de l'estimation LSAD. Ces problèmes techniques peuvent être résolus en proposant une norme mixte $L_2 - L_1$, comme nous allons le voir.

1.3.2 Critère en norme mixte $L_2 - L_1$

Entre le manque de robustesse de la norme L_2 aux grands écarts des résidus et le problème de dérivabilité en zéro de la norme L_1, Huber [68] propose une norme robuste alliant les normes L_2 et L_1, dont la première traite les résidus de faibles valeurs et la seconde traite les résidus de fortes valeurs. La norme L_2 étant dérivable autour de zéro, le problème de non-différentiabilité est ainsi résolu. L'auteur propose une fonction de densité de probabilité (FDP) mixte f, minimisant l'information de Fisher, basée sur la norme mixte $L_2 - L_1$. Il présente le concept *minimax*, consistant à minimiser le maximum de la variance/covariance asymptotique [71](chapitre 4 p.71). Huber montre que l'estimateur robuste appelé *M-estimateur* (M comme un type du Maximum de vraisemblance) est la solution d'une équation composée d'une fonction, appelée Ψ-fonction, gradient de la norme mixte $L_2 - L_1$ par rapport au vecteur paramètre θ [71](chapitre 3 p.46). L'idée de Huber est de chercher des fonctions de distribution minimisant l'information de Fisher. La littérature des statistiques robustes présente différents modèles de distributions dites *perturbées*

6

ou *modèle de déviation distributionnelle*, permettant de définir le cadre formel nécessaire à l'analyse des estimateurs robustes. Ainsi, ayant préalablement défini un espace de probabilités Ω, topologiquement faible, Lévy [36], Kolmogorov [127] ou bien Prohorov [111] et enfin [68] avec le *gross error model*, proposent des métriques, caractérisant l'écart entre deux distributions. La corruption des erreurs de prédiction par des données atypiques de fortes valeurs, écarte la distribution de ces résidus de la distribution normale F_0. Pour chacun des modèles de déviation distributionnelle, un paramètre, noté ω, indique le niveau de contamination de F_0. Huber montre qu'une faible déviation distributionnelle de la gaussienne, conduit le M-estimateur à des propriétés de convergence asymptotique en loi par application du théorème central limite. On parle alors de *loi de distribution normalement asymptotique*. Ainsi, à l'hypothèse forte d'erreurs bornées classiquement utilisée en estimation L_2, Huber propose une hypothèse plus faible mais garantissant la convergence de son M-estimateur, celle d'une Ψ-fonction bornée. Afin de donner un nom à ces valeurs atypiques des résidus, Fox dans [50] définit le concept d'*outliers*, comme étant des points isolés d'une série temporelle. Dans son travail, il définit deux types d'outliers : les *outliers d'observation*, qui apparaissent dans le signal de sortie du processus et les *outliers d'innovation*, qui eux, apparaissent dans les résidus, provoqués par les innovations de la procédure d'estimation des paramètres.

Dans la suite, on retiendra le cadre formel du *gross error model*(GEM), modèle de distribution mixte, basé sur la norme de Huber, dans lequel ω désigne le niveau de contamination de la gaussienne par les outliers d'innovation. La réponse, c'est-à-dire l'estimateur robuste à cette distribution corrompue, utilise cette norme mixte, ajustée grâce à un paramètre, nommé *facteur d'échelle (scaling factor)*, noté $\eta = k\sigma$, où k désigne la *constante d'accord (tuning constant)* et σ la déviation standard de la distribution normale. Pour une déviation standard donnée, la constante d'accord k définit la norme de Huber, dans le but d'avoir premièrement, une distribution correspondante F appartenant au GEM, deuxièmement, de placer toute corruption en dehors de l'intervalle $[-k, k]$ et enfin, d'obtenir la minimisation de l'information de Fisher. Cependant, la M-estimation, comme les autres (LS et LSAD), présente l'inconvénient d'être très sensible à des points particuliers, hautement influençables dans la procédure d'estimation, appelés *point de rupture* (*Breakdown point* BP) et *point de levage* (*Leverage point* LP).

1.4 Points de rupture et de levage des M estimateurs de Huber

Le point de rupture (BP) [44] est par définition la plus petite quantité de la contamination qui peut entraîner un estimateur à prendre des valeurs aberrantes [59] [60]. A proprement parlé, le BP d'un estimateur θ_N du vecteur paramètre θ, est la plus grande quantité de contamination (proportion de points atypiques) que les résidus peuvent contenir, tel que θ_N puisse encore donner des informations pertinentes, et notamment, à propos de la distribution des points "typiques" [99]. Maronna dans [95] ainsi que Martin dans [101], ont montré que dans un modèle AR(p) où p est la dimension du vecteur paramètre, le BP du M-estimateur est inférieur à $1/(p+1)$. Dans un modèle ARMA [103], ce BP est égal à zéro, signifiant que le M-estimateur n'est pas robuste dans ce type de processus. Dans le but d'éviter ces problèmes, Mallow [94] propose de remplacer les M-estimates par des M-estimates généralisés (GM-estimates). Cet estimateur borne l'influence d'un outlier en lui attribuant un poids plus faible. Enfin dans [96] et [97], les auteurs montrent qu'alors, le BP décroît lorsque p tend vers l'infini.

Le point de levage (LP) est l'outlier d'innovation hautement influençable qui, atteignant une certaine amplitude, provoque des dommages majeurs dans la procédure d'estimation. Celui-ci est défini comme un point à haute influence de position dans l'*espace facteur*, à savoir l'espace de dimension d lié à la matrice de régression [65](chapitre 6 p.329) [99](chapitre 5 p.124) [71](chapitre 1 p.17). Cela signifie qu'il y a des régressions qui contiennent des LP et d'autres pas.

Le cas des regressions pseudolinéaires et plus particulièrement celles liées aux structures de modèles OE et ARMAX, font apparaître dans leurs régresseurs des points de levage. Ces points atypiques ont été très étudiés pour les estimateurs L_1, notamment par Ellis [46] [47]. Plus précisement, celui-ci a introduit la notion de *singularité* qui est une forme extrême d'instabilité de l'estimateur. Si nous considérons une statistique δ définie dans un sous-espace dense X' d'un espace d'échantillons X, alors un point $x_0 \in X$ est une singularité de δ si $\lim_{x \to x_0, x \in X'} \delta(x)$ n'existe pas. Le point crucial soulevé par Ellis est qu'une singularité est un danger pour l'analyse de données utilisant une statistique, même si nous n'obtenons jamais x_0. Par contre, à notre connaissance, les études des LP dans les M-estimateurs de Huber restent très marginales.

1.5 Intervalle de bruit et intérêt de son extension

Nous avons vu dans le paragraphe 1.3.2 que la constante d'accord k ajuste la norme de Huber, dans le but d'avoir une distribution correspondante F appartenant au GEM et de placer toute corruption en dehors de l'intervalle $[-k, k]$, afin de minimiser la matrice d'information de Fisher. Le choix de l'intervalle dans lequel k varie est donc très important. Cet intervalle est appelé *intervalle de bruit* $(\mathcal{I}_b^k)$ [31]. Il est naturellement lié à la nature de la régression, donc, à la structure de modèle pour laquelle l'identification est effectuée. Lorsque la régression est linéaire, cet intervalle est donné par $\mathcal{I}_b^k = [1; 2]$ [65](chapitre 1 p.52) [80](chapitre 1 p.28) [31] [99](chapitre 1 p.27) [115] [71](chapitre 1 p.19), correspondant à un niveau de contamination $\omega < 12\%$. La distribution normale est ainsi faiblement perturbée par un nombre limité d'outliers d'innovation. En conséquence, le modèle de déviation distributionnelle ne présente pas vraiment de larges queues. Par ailleurs, il est surprenant de constater que dans certains travaux, l'usage de certaines valeurs de la constante d'accord,

9

$k = 1.345$ [51] [82] [55] ou $k = 1.5$ [117] [52], n'ait jamais été clairement justifiée pour ce type de régression.

Qu'en est-il lorsque la régression est pseudolinéaire ? Rappelons d'abord que pour ce type de régression, le vecteur des observations présente une structure nonlinéaire car il dépend du vecteur paramètre θ. D'autre part, comme nous le verrons par la suite, ces modèles présentent un mécanisme interne d'une boucle de retour, assimilable à une boucle de *contre-réaction*. Puisque la constante d'accord k sert de *réglage* de la robustesse, l'idée a été d'étendre l'intervalle de bruit $\mathcal{I}_b^k$, dans le but, premièrement, de traiter de nombreux outliers avec des amplitudes élevées, ensuite, de réduire l'effet des points de levage et enfin d'obtenir une "meilleure régulation" de ce mécanisme interne (stabilisation de la boucle interne de l'estimateur). Le choix d'étendre l'intervalle $\mathcal{I}_b^k$ a été conforté par une étude très concrète sur une nouvelle approche de modélisation d'un système piézoélectrique par une structure de modèle OE [39] . Les microdéplacements (quelques dizaines de micromètres) dus à un comportement classique et normal de ce capteur/actionneur, ont généré de nombreux et importants outliers dans les résidus, provoquant des dommages dans l'estimateur des moindres carrés. L'application des M-estimateurs de Huber et le choix classique de l'intervalle de bruit $\mathcal{I}_b^k = [1; 2]$ se sont révélés sans résultat. Une extension de $\mathcal{I}_b^k$ vers les faibles valeurs, c'est-à-dire $\mathcal{I}_b^k = [0.01; 2]$, a montré qu'il était possible au M-estimateur de Huber de converger, en proposant des modèles pseudolinéaires pertinents, avec un bon comportement dans les basses fréquences, intéressantes pour le contrôle du dispositif, et cela pour des valeurs de k égales à 0.0625 et 0.0875. Les premiers résultats encourageants que nous présenterons dans le cas de l'estimation robuste des modèles pseudolinéaires, s'appuient sur l'hypothèse déjà utilisée dans le cas des modèles linéaires d'une Ψ-fonction bornée, hypothèse beaucoup moins restrictive que l'hypothèse d'erreurs bornées niant par là même l'existence d'outliers.

Mais comme dans toute méthodologie d'identification, il ne saurait être question de modèles estimés sans aborder les outils de validation nécessairement associés.

1.6 Critères de validation de modèles

La validation de modèles pour la conception de correcteurs robustes demeure encore une tâche délicate [118] [92](chapitre 16 p.491). Dans l'étape de sélection de modèle, les erreurs de modélisation, aussi appelées "erreur de biais", sont balancées par l'influence du bruit, encore appelé *terme de variance*. Il est bien connu qu'une sous-estimation du nombre de paramètres conduit à un modèle insuffisamment flexible pour décrire convenablement les données expérimentales, alors qu'une surestimation se traduit par une tendance à modéliser davantage le bruit que le système lui-même. Une solution satisfaisante pour traiter ces deux types d'erreur est d'évaluer le *modèle candidat* au moyen d'un jeu de données différentes de celles utilisées lors de son estimation (appelées *données de validation*). Classiquement, si ce modèle fournit les mêmes sorties, ou presque, que le processus, on dira qu'*il n'est pas invalidé*. Cependant, dans le cas défavorable où l'on ne peut disposer de telles données, parce qu'on préfère par exemple, utiliser toutes les données disponibles pour une meilleure estimation, l'étape de validation est alors remplacée par une prédiction de son comportement. Pour tourner la difficulté, des termes additionnels sont utilisés dans le critère d'estimation afin de prédire son évolution comme si de nouvelles données (*fresh data*) lui avaient été appliquées. Le meilleur exemple est le Final Prediction Error (FPE) criterion d'Akaike [1]. Parfois, un terme de complexité est introduit dans le critère d'estimation pour équilibrer la qualité de l'ajustement au regard de la complexité du modèle estimé. Dans la littérature, les règles AIC [3] et MDL [114] sont les plus utilisées. L'approche d'Akaike [1] [2], impliquant l'utilisation d'un critère de sélection de la complexité du modèle, a été une avancée majeure. Il a proposé un critère de sélection d'ordre du modèle définit par :

$$FPE\left(d_{\mathcal{M}}\right) = 2\frac{N + d_{\mathcal{M}}}{N - d_{\mathcal{M}}} V_N\left(\hat{\theta}_N^{LS}\right) \tag{1.1}$$

11

où N est le nombre de données, $V_N(\theta)$ est le critère des moindres carrés, $\hat{\theta}_N^{LS}$ l'estimateur des moindres carrés et $d_\mathcal{M}$ la complexité du modèle. La valeur de $d_\mathcal{M}$ pour laquelle le FPE atteint son *minimum* est l'ordre estimé du modèle. Dans la littérature statistique, une version robuste (RFPE) de ce critère apparaît dans [128] et [99](chapitre 5 p.169), mais seulement applicable aux modèles linéaires. D'autre part, ce critère RFPE n'inclut pas le niveau de contamination ω du modèle de déviation distributionnelle, fondamental pour la compréhension des phénomènes observés

1.7 Problématique

Un certain nombre de questions scientifiques incomplètement traitées viennent d'être soulevées. Force est de constater qu'un problème d'estimation robuste peut se formaliser de la façon suivante. D'une manière générale, le problème à résoudre se ramène toujours à un problème de statistiques robustes $(\mathcal{P}_{SR})$ de séries temporelles et s'énonce comme suit

$(\mathcal{P}_{SR})$: *étant donné un ensemble $\mathcal{E}_o^N$ de N observations contenant des valeurs atypiques et F_N, une famille de modèles de distributions perturbées empiriques GEM de ces observations, liée à la norme robuste de Huber et minimisant l'information de Fisher, existe t-il un estimateur robuste*

$$\theta\left(\mathcal{E}_o^N\right) = \theta\left(F_N\right) \qquad (1.2)$$

tel que $\theta\left(\mathcal{E}_o^N\right)$ soit le minimum d'un critère d'estimation associé à la norme de Huber ?

Nous pouvons proposer la formalisation d'estimation robuste en traitement de signal $(\mathcal{P}_{TSR})$ et son lien intrinsèque avec un problème $(\mathcal{P}_{SR})$ de la façon suivante :

- $(\mathcal{P}_{TSR}) \equiv (\mathcal{P}_{SR})$ où l'ensemble des N observations est l'ensemble des erreurs d'estimation, différence entre les valeurs mesurées (data) du signal y et la sortie du modèle de prédiction $\hat{y}$ retenu.

De même, le problème standard d'estimation (identification) paramétrique robuste d'un système en automatique $(\mathcal{P}_{AUR})$ se ramène encore à un problème d'estimation robuste $(\mathcal{P}_{SR})$ de la façon suivante :

- $(\mathcal{P}_{AUR}) \equiv (\mathcal{P}_{SR})$ où l'ensemble des N observations $\mathcal{E}_o^N$ est l'ensemble des erreurs d'estimation, différence entre les valeurs mesurées du signal de sortie du système y et la sortie du modèle de prédiction $\hat{y}$ retenu.

Comme nous le voyons, résoudre un problème $\mathcal{P}_{TSR}$ ou un problème $\mathcal{P}_{AUR}$ se ramène toujours à résoudre un problème $\mathcal{P}_{SR}$.

1.8 Axes de recherche

L'identification $L_2 - L_1$ dans le contexte de l'erreur de prédiction, souffre de ne pas disposer d'autant d'outils et de règles méthodologiques que les identifications L_2 et L_1. Un certain nombre de résultats nécessaires à la mise en place d'une méthodologie d'identification robuste complète s'impose à nous. Ce travail de recherche s'inscrit dans une problématique $\mathcal{P}_{AUR}$ et s'articule autour des points suivants :

1. Nous proposons à partir de la norme $L_2 - L_1$ de Huber
   - L'expression d'un critère d'estimation robuste mixte (PREC), paramétrable par la constante d'accord k, composé d'une partie L_2 et d'une partie L_1, traitant respectivement les faibles résidus et les outliers d'innovation.
   - De montrer la convergence uniforme du PREC, en présence d'outliers dans les erreurs de prédiction, sous l'hypothèse d'une Ψ-fonction bornée.
   - L'expression de la matrice de variance/covariance asymptotique du M-estimateur de Huber prenant en compte le niveau de contamination ω

du GEM et reliant ainsi la notion de variance à sa cause, c'est-à-dire la contamination.

2. L'étude de la propagation des outliers et le traitement des points de levage présents dans une série temporelle sont étudiés et nous proposons

   – D'analyser la propagation des outliers dans les structures de modèles ARX et OE.

   – De montrer que l'extension de l'intervalle de bruit $\mathcal{I}_b^k$ vers les petites valeurs de k, c'est-à-dire $\mathcal{I}_b^k = [0.01; 2]$, réduit la sensibilité de la borne supérieure du biais de l'estimateur aux points de levage.

   – De proposer une "loi" qui facilite le choix de la norme du Huber, dans le but de réduire les effets de ces points.

3. Une nouvelle approche, nommé L^ω-FTE comme L^ω-Finite Taylor's Expansion, appliquée à la structure de modèle OE est présentée et un cadre formel spécifique est développé. Techniquement, la pseudolinéarité de son régresseur implique des expressions non linéaires du gradient et du Hessien de son modèle de prédiction [92](chapitre 10 p.329). Dans le but d'établir une linéarisation de celles-ci, un développement de Taylor limité par un entier L, appelé *ordre large* [120] est établi et une nouvelle méthode de détermination de L est proposée. Par ailleurs, dans un souci d'élargir ce cadre formel, et plus précisement, rattaché aux propriétés asymptotiques du M-estimateur de Huber et prenant en considération le niveau de contamination du GEM, sont établies les expressions :

   – Du L^ω-gradient et du L^ω-Hessien du PREC.

   – De la L^ω-matrice de variance/covariance asymptotique du M-estimateur de Huber.

   – De la nouvelle formulation du critère de validation de modèles : le L^ω-RFPE.

4. Un nouvel outil d'aide à la décision du choix d'un modèle dans la phase de validation, nommé fonction de contribution L_1 [39] est présenté. Nous montrons précisément que les minima de cette nouvelle fonction, peuvent

14

sous certaines conditions, confirmer la complexité des modèles validés par d'autres critères, mais aussi mettre en évidence la pertinence d'autres modèles.

Ce manuscrit s'articule autour de sept principaux chapitres :

Le **chapitre 2** présente des généralités sur le problème de statistiques robustes et apporte des éléments de réponse aux questions fondamentales : pourquoi des procédures robustes ? Qu'est-ce que devrait atteindre une procédure robuste ? Les techniques basées sur le pré-traitement des informations, notamment, les méthodes classiques de détection et de filtrage des outliers sont décrites. Les aspects qualitatif, quantitatif et infinitésimal de la robustesse sont aussi abordés. Quelques classes d'estimateurs robustes sont présentées à la fin de ce chapitre.

Le **chapitre 3** commence par quelques généralités sur les processus monovariables et aborde l'approche *erreur de prédiction*. Les structures de modèles paramétriques et plus particulièrement les modèles ARX, ARMAX et OE sont présentés. Le concept d'identifiabilité est abordé en énonçant les principales propriétés. Ce chapitre se poursuit par les méthodes d'estimation paramétrique dans le contexte de l'erreur de prédiction. Il sera particulièrement abordé les méthodes d'estimation des moindres carrés et des variables instrumentales. La fin du chapitre présente le critère de validation FPE d'Akaike et ses versions en norme L_1 et en norme robuste dans le cas de modèles linéaires.

Le **chapitre 4** aborde le travail de recherche proprement dit. Il commence par proposer un critère d'estimation robuste paramétré (PREC) dans l'approche erreur de prédiction, en introduisant deux ensembles d'index liés aux contributions L_2 et L_1. Le gradient et la matrice Hessienne de ce critère sont établis. Nous montrons par un théorème de convergence uniforme que ce critère d'estimation est robuste aux outliers d'innovation et par son corollaire, que l'estimateur robuste l'est aussi. L'approche M-estimateur de Huber à seuil étendu (*ETME, Extended Threshold M-Estimator*) est développée comme une conséquence de l'estimation paramétrique d'une structure de modèle pseudo-linéaire.

Le **chapitre 5** plus technique, présente l'approche L^ω-FTE. Il est développé une nouvelle méthode de détermination de la limite L d'un développement en série de Taylor du gradient et du Hessien du modèle de prédiction. Ces expressions permettent ensuite de déduire la L^ω-FTE du gradient et du Hessien du PREC. A partir de leurs expressions asymptotiques, il est présenté la L^ω-matrice de variance/covariance asymptotique du M-estimateur de Huber.

Le **chapitre 6** analyse la propagation des outliers dans les régressions des modèles ARX et OE. Comme une conséquence de cette propagation, ce chapitre aborde ensuite le traitement des points de levage pour lequel nous proposons dans l'approche L^ω-FTE, une écriture de la *courbe influence* de Hampel, aboutissant à l'expression de la borne supérieure du biais de l'estimateur. Une loi facilitant le choix de la norme de Huber est alors présentée et nous montrons que celle-ci, pour des valeurs basses de la constante d'accord, permet de réduire la sensibilité du biais à ces points hautement influençables. Des simulations de types Monte Carlo ont été conduites sur un processus simulé OE dans le but de mettre en application ce cadre formel. Les résultats sont présentés et discutés.

Le **chapitre 7** présente une nouvelle formulation du critère de validation de modèles RFPE et/ou de choix des modèles estimés : le critère L^ω-RFPE ainsi que la fonction de contribution L_1. Nous montrons que le premier critère généralise celui d'Akaike dans le contexte des estimateurs $L_2 - L_1$. L'étude de la fonction de contribution L_1 est ensuite traitée. Nous montrons précisément par un théorème que ce nouvel outil d'aide à la décision permet non seulement de confirmer le choix de la complexité des modèles proposés par les critères plus classiques, mais aussi de proposer de nouveaux candidats de grande qualité. Les processus simulés et réels ont servi de support d'expérience pour valider le critère RFPE et la fonction de contribution L_1. Un autre intérêt d'utiliser le RFPE est qu'il conduit à retenir des modèles de grande qualité et de complexité réduite, ce qui est très apprécié, notamment pour l'utilisateur à la recherche de bons modèles de commande.

Le **chapitre 8** expose le plus largement possible les résultats expérimentaux effectués sur deux processus réels à identifier. Nous avons choisi deux processus complexes dont les données de sortie présentent naturellement des outliers : un guide d'ondes acoustiques et un capteur/actionneur piézoélectrique. Pour le premier processus, il nous faut trouver un modèle du système étudié dans les structures ARX, OE et ARMAX, et ensuite, ne retenir que le meilleur parmi ces trois candidats. Les outils d'estimation et de validation, respectivement PREC et L^ω-RFPE/fonction de contribution L_1, permettent de fournir des modèles robustes de bonne qualité dans la gamme de fréquences utile pour la commande. Pour l'identification du deuxième processus non linéaire, la recherche de modèles ne se fait qu'avec des structures pseudolinéaires OE et ARMAX. L'estimation et la validation s'effectuent avec le PREC et la fonction de contribution L_1.

Le **chapitre 9** expose une synthèse des principales contributions de ce travail de thèse et présente les travaux de recherche futurs.

Chapitre 2

Le problème de statistiques robustes

2.1 Généralités

Ce chapitre présente un tour d'horizon des différents concepts et aspects des statistiques robustes. Nous commençons par répondre à deux questions fondamentales concernant l'utilité et la finalité d'une procédure robuste. Les techniques basées sur le pré-traitement des informations, notamment, les méthodes classiques de détection et de filtrage des outliers sont décrites. Sont abordés ensuite les aspects qualitatif et quantitatif de ces statistiques où les modèles de déviation distributionnelle sont présentés. L'approche infinitésimale autour de la fonction influence est développée. Quelques classes d'estimateurs robustes tels que les M-estimateurs et les W-estimateurs sont présentées.

2.1.1 Pourquoi des procédures robustes ?

La statistique robuste, au sens non technique du terme, est concernée par le fait que plusieurs hypothèses communément faites en statistique, telles que la normalité, la linéarité ou l'indépendence, sont des approximations de la réalité.

Une des raisons est l'occurence des *gross errors*, provoquée par des points isolés dans les données, appelés plus communément *outliers*. Le problème des outliers est bien connu et est probablement aussi vieux que les statistiques. Une méthode radicale à leur traitement est une réjection subjective ou l'application d'une règle de réjection formelle. Ces observations atypiques ou résidus d'estimation, sont très souvent considérées comme des données corrompues, entraînant une déviation de la distribution normale vers une distribution dite corrompue à queues épaisses (heavy tails) [70]. Une procédure robuste peut être décrite comme une procédure restant insensible à ces déviations des erreurs. En premier lieu, nous nous sommes intéressés à la *robustesse distributionnelle*, où la forme de la vraie distribution dévie faiblement à partir d'un modèle supposé, usuellement une loi gaussienne. C'est à la fois le cas le plus important et l'un des mieux compris. Moins bien connus sont les cas où d'autres hypothèses statistiques comme l'indépendance des observations ou la symétrie des distributions, ne sont pas toujours satisfaites. Ainsi, Tukey dans [123] montre un manque dramatique de robustesse distributionnelle de quelques procédures classiques. Nous savons que ces problèmes de queues épaisses dans une distribution font *exploser* la variance de la déviation des moindres carrés (LS), et beaucoup moins la déviation des moindres valeurs absolues (LSAD) [71](chapitre 11 pp. 281–287). Il est à noter que les notions de "robustesse distributionnelle" et de "résistance à l'outlier" sont des notions synonymes. Une procédure raisonnable, formelle ou informelle, de réjection d'outliers éviterait donc le pire.

Nous pourrions ainsi attendre d'une procédure robuste les deux étapes suivantes :

- Qu'elle nettoie les données en appliquant quelques règles de réjection d'outliers.

- Ensuite, qu'elle utilise l'estimation classique et valide les résultats sur le reste des données.

Le lecteur notera que nous décrivons une procédure idéalisée. Cependant, le problème ne se présente pas aussi simplement. Il faut commencer par discerner les outliers des autres observations dites *normales* (typical data). Il faut ensuite les éliminer proprement par des filtres-nettoyeurs [86] [121]. Ainsi, dans la littérature spécialisée, on distingue les points suivants qu'il faut étudier

1. **La détectabilité des outliers :** c'est une tâche très délicate. Par exemple, dans les problèmes de la régression multiparamètre, les outliers sont difficiles à reconnaître [115] [58] [39].

2. **L'acceptance/réjection des outliers :** même si l'ensemble des observations contenant de larges erreurs peuvent être considérées comme "normales", les données nettoyées ne seront que très rarement gaussiennes, car on commet deux sortes d'erreurs statistiques : des fausses réjections et des faux maintients. La situation est même pire quand le jeu de données est obtenu à partir d'une distribution non-gaussienne (*gross errors context* [61]). Dans ce cas, la classique théorie normale n'est plus validée, ce qui rend inapplicable la procédure en deux étapes envisagée plus haut.

3. **Le niveau de qualité de l'estimé :** on constate que les meilleures procédures de réjection n'atteignent pas la performance des meilleures procédures robustes. C'est certainement dû au fait que ces dernières réalisent une transition *douce* entre la pleine acceptance et la pleine réjection d'une observation. Voir [64] [62] [65](chapitre 1 pp. 56–71) [92](chapitre 15 pp. 481–483). L'idée est donc de traiter toute l'information pertinente contenue dans les observations sans en exclure *a priori*.

4. **Les configurations difficiles :** on montre aussi que beaucoup de règles classiques de réjection sont incapables de faire face à de multiples outliers : on peut être dans le cas où un deuxième outlier masque un premier [35]. En effet, les conséquences néfastes des outliers ne sont pas simplement dûes à leur niveau, mais aussi à des conditions particulières de leur apparition dans le temps.

En conclusion, la problématique de l'estimation à partir d'observations corrompues n'est pas si simple qu'il n'y paraît. Nous allons donc préciser les règles de bon usage à adopter et qui seront développées ultèrieurement.

2.2 Que doit atteindre une procédure robuste ?

Nous sommes en droit d'attendre d'une procédure robuste les caractéristiques suivantes :

- **Son efficacité** : elle doit fournir une bonne qualité de l'estimé (au sens de l'optimalité ou de la proche optimalité), le plus souvent en termes de biais et de variance asymptotiques, pour un modèle de déviation distributionnelle donné, en plus de l'assurance de sa convergence.

- **Sa stabilité** : elle garantit pour des faibles déviations des observations, c'est-à-dire pour des modèles de distribution faiblement perturbée, une insensibilité des performances de l'estimateur, notamment en terme de variance asymptotique.

- **Son point de rupture** : les plus larges déviations à partir du modèle de distribution corrompue ne devraient pas "causer de catastrophe" : il faut garantir en priorité la convergence de l'estimateur. On se situe volontairement aux limites admissibles du fonctionnement de l'estimateur.

Tous ces aspects sont importants, car nous ne devrions jamais oublier que la robustesse est basée sur un compromis, comme cela a été très clairement énoncé dans [9] : " *Un peu d'efficacité du modèle de distribution peut être sacrifiée, dans le but de limiter la déviation distributionnelle*". Si les critères de performances asymptotiques sont très souvent utilisés, il est nécessaire de prendre soin de certains d'entre eux. En particulier, la convergence devrait être uniforme sur un voisinage du modèle, à défaut de quoi, nous ne pouvons plus garantir la robustesse pour un nombre fini N d'observations, même suffisamment large.

Attardons-nous maintenant sur le point de rupture. Nous y avons déjà consacré quelques lignes dans le chapitre 1 (§ 1.4). Rappelons que ce point de rupture est à proprement parlé, la plus petite quantité de contamination d'un modèle de distribution qui peut contraindre un estimateur à prendre arbitrairement des valeurs aberrantes. Ce terme a été formulé la première fois par Hampel [59] et en a donné une définition asymptotique. Son choix était justifié tant que les estimateurs travaillaient avec un grand nombre d'échantillons. Cependant,

21

il a occulté le fait que le point de rupture est plus utile dans des situations d'un nombre échantillons fini qui peut être faible, en particulier, en traitement de signal et en automatique. Concrètement, certaines questions demeurent : quelle est l'influence du nombre d'échantillon ? Quelle valeur prend le point de rupture ?

Andrews dans [7] a montré qu'avec un faible nombre d'échantillons, le phénomène de rupture se manifeste distinctement pour un taux de contamination de 25% ou 50%. A titre indicatif, avec un nombre d'échantillons de taille dix, deux mauvaises valeurs peuvent causer une rupture d'une gamme interquartile, alors que la déviation de la médiane absolue peut en tolérer quatre. Il est donc important de traiter le point de rupture dans le cas d'un nombre d'échantillons fini. Par ailleurs, il paraît logique de penser que cette valeur augmente proportionellement aux nombres d'observations aberrantes. Huber et Ronchetti dans [71](chapitre 11 p. 281) ne savent pas répondre à cette délicate question. En effet, dans la communauté statistique, on distingue principalement deux façons de contaminer les échantillons : la ω-**contamination** et le ω-**remplacement**. D'une façon générale, soit $X = \{x_1, ..., x_N\}$ un ensemble d'échantillons fini de taille N. Déclinons ces deux façons :

1. ω-**contamination** : nous ajoutons m valeurs additionnelles arbitraires $Y = \{y_1, ..., y_m\}$ à X. Ainsi, la fraction des "mauvaises" valeurs dans l'ensemble d'échantillons corrompus $X' = X \cup Y$ est $\omega = \frac{m}{m+N}$.

2. ω-**remplacement** : nous remplacons m valeurs de l'ensemble X par m valeurs arbitraires $Y = \{y_1, ..., y_m\}$. La fraction des "mauvaises" valeurs dans l'ensemble d'échantillons corrompus est donnée par $\omega = \frac{m}{N}$.

Suivant le mode de contamination, les résultats varient. De plus, d'après Huber et Ronchetti, pour un nombre d'échantillons élevé, un haut niveau de contamination doit toujours être interprété comme un modèle de contamination mixte. Dans la suite de ce travail, pour un problème $(\mathcal{P}_{AUR})$, nous choisirons le mode ω-**remplacement**.

Nous pouvons maintenant définir plus formellement le cadre de notre étude statistique, problème $(\mathcal{P}_{SR})$. Nous allons commencer par décrire les méthodes classiques de pré-traitement des informations, notamment, les méthodes classiques de détection et de filtrage-nettoyage des outliers.

2.3 Méthodes classiques de pré-traitement des outliers

2.3.1 Détection par les moindres carrés pour la régression linéaire

Ces méthodes sont basées sur les moindres carrés (LS) et essaient de trouver les observations influentes. Après les avoir identifiées [42] [109], quelques décisions doivent être prises concernant la modification ou la suppression de ces observations, avant d'appliquer les LS aux données restantes. Il existe dans la littérature un certain nombre de procédures numériques et/ou graphiques appelées *diagnostiques de régression*, qui sont disponibles pour la détection des observations influentes basées sur un calcul initial par les LS (Q-Q plots) [126] [15] [33]. Considérons $\mathbf{z}_i = (\mathbf{x}_i, y_i)$ une observation influente où y_i, $i = 1...N$ est une donnée de sortie du processus à la date i et $\mathbf{x}_i$ le régresseur du modèle linéaire. Cette méthode compare le LS-estimé basée sur la totalité des données avec le LS-estimé basée sur les données sans les observations $\mathbf{z}_i$. Soient $\hat{\beta}$ et $\hat{\beta}_{(i)}$ respectivement, les LS-estimés avec les pleines données et les données sans $\mathbf{z}_i$. Les deux modèles de régressions peuvent s'écrire alors

$$\hat{y} = \mathbf{X}\hat{\beta}, \hat{y}_{(i)} = \mathbf{X}\hat{\beta}_{(i)} \tag{2.1}$$

avec $\mathbf{X}$ la matrice de régression. On définit la **distance de Cook** comme une mesure de l'influence de l'observation $\mathbf{z}_i$ sur l'ensemble des prédictions du modèle. Cette distance est donnée par

$$D_i = \frac{1}{ps^2} \left\| \hat{y}_{(i)} - \hat{y} \right\|^2 \tag{2.2}$$

où p est la dimension de $\mathbf{X}$ et s l'estimé de la déviation standard des résidus $r_i = y_i - \hat{y}_i$ donnée par

$$s^2 = \frac{1}{N-p} \sum_{i=0}^{N} r_i^2 \tag{2.3}$$

Soit $\mathbf{H}$ la matrice de projection orthogonale sur l'image de $\mathbf{X}$, c'est à dire sur le sous-espace $\{\mathbf{X}\beta : \beta \in \mathbb{R}^p\}$. La matrice $\mathbf{H}$ est appelée "hat matrix" et ses éléments diagonaux $h_1, ..., h_N$ sont les *levages* de $\mathbf{x}_1, ..., \mathbf{x}_N$. Cette matrice s'écrit

$$\mathbf{H} = \mathbf{X}\left(\mathbf{X}^T\mathbf{X}\right)^{-1}\mathbf{X}^T \tag{2.4}$$

et

$$h_i = \mathbf{x}_i^T \left(\mathbf{X}^T\mathbf{X}\right)^{-1} \mathbf{x}_i, h_i \in [0,1] \tag{2.5}$$

Il peut être montré que la distance de Cook est facilement calculable en termes de h_i :

$$D_i = \frac{r_i^2}{s^2} \frac{h_i}{p\left(1 - h_i\right)^2} \tag{2.6}$$

Il s'ensuit d'après (2.6) que les observations avec un haut "levage" sont plus influentes que les observations avec un bas "levage" pour les mêmes résidus.

Cette méthode de détection des outliers n'est appliquable qu'aux modèles de régressions linéaires dont l'estimé est déterminé par les classiques moindres carrés. C'est en soi une restriction majeure. Lorsque les données sont issues d'un processus pseudolinéaire, voire nonlinéaire, les difficultés apparaissent. Nous allons présenter une méthode de filtre-nettoyeur (filter-cleaner), destinée à détecter et à remplacer les outliers (nommés *outliers d'observation* [50]), contenus dans les données.

2.3.2 Filtre-nettoyeur robuste de Martin-Thomson

Cette méthode de filtrage-nettoyage a été proposée par Martin et Thomson, et utilise un filtre de Kalman modifié, basé sur un modèle AR estimé [102]. La plupart des méthodes de détection des *outliers d'innovation* [50] sont essentiellement des opérations en temps différé. Il est généralement difficile de filtrer et de nettoyer simultanément les données. Martin et Thomson ont donc proposé de pré-traiter les données du processus, en conservant les données dites *typiques* et en traitant par un filtre-nettoyeur les outliers d'observation. La première étape consiste à détecter l'outlier et la deuxième à le remplacer par une valeur estimée via l'algorithme de *Martin-Thomson Filter Cleaner* (MT-FC). Le filtrage implique l'utilisation des données passées pour estimer la donnée courante. Le nettoyage s'intéresse à la détection et au remplacement de l'outlier. Le "filter-cleaner" rassemble ces deux fonctions. Nous proposons maintenant, de décrire l'algorithme MT-FC.

Supposons que le modèle des données du processus peut être approximé par un modèle AR(p). Soit y_t la sortie du processus donnée par

$$y_t = x_t + v_t \qquad (2.7)$$

où $x_t = \phi_1 x_{t-1} + ... + \phi_p x_{t-p}$ et v_t un outlier ajouté (Additive Outlier, AO). Soit

$$X_t = \Phi X_{t-1} + U_t \qquad (2.8)$$

où

$$X_t^T = [x_t, x_{t-1}, ..., x_{t-p+1}], U_t^T = [\epsilon_t, 0, ..., 0] \qquad (2.9)$$

et

$$\Phi = \begin{pmatrix} \phi_1 & \phi_2 & ... & \phi_{p-1} & \phi_p \\ 1 & 0 & ... & 0 & 0 \\ 0 & 1 & ... & 0 & 0 \\ ... & 0 & ... & ... & ... \\ ... & ... & ... & ... & ... \\ 0 & ... & ... & 1 & 0 \end{pmatrix} \qquad (2.10)$$

Le MT-FC calcule l'estimé robuste du vecteur X_t selon une matrice M_t :

$$\hat{X}_t = \Phi \hat{X}_{t-1} + \tilde{m}_t s_t \Psi \left(\frac{y_t - \hat{y}_t^{t-1}}{s_t} \right) \qquad (2.11)$$

avec $\tilde{m}_t = \frac{m_t}{s_t^2}$ et m_t la première colonne de la $p \times p$ matrice M_t. Cette matrice est calculée récurcivement par

$$M_{t+1} = \Phi P_t \Phi_t^T + Q \tag{2.12}$$

dans laquelle

$$P_t = M_t - w\left(\frac{y_t - \hat{y}_t^{t-1}}{s_t}\right)\frac{m_t m_t^T}{s_t^2} \tag{2.13}$$

où Q est une matrice avec tous les éléments nuls sauf $Q_{11} = \sigma_\epsilon^2$. L'échelle à temps-variant est définie par $s_t^2 = m_{11,t}$ pour laquelle $m_{11,t}$ est le 1-1 élément de M_t. Le symbole $\hat{y}_t^{t-1}$ dénote le modèle de prédiction robuste de y_t basé sur $Y_t = (y_1, ..., y_{t-1})$. Il est donné par

$$\hat{y}_t^{t-1} = \left(\Phi \hat{X}_{t-1}\right)_1 \tag{2.14}$$

et $\hat{y}_t^{t-1}$ est le premier élément de $\Phi \hat{X}_{t-1}$.

Avec le modèle AO (2.7), où x_t et v_t sont indépendants, un prédicteur de y_t est aussi un prédicteur de x_t. Le prédicteur $\hat{x}_t^{t-1}$ de x_t satisfait $\hat{x}_t^{t-1} = \hat{y}_t^{t-1}$. Finalement, la donnée nettoyée à la date t est donnée par le premier élément de $\hat{X}_t$, c'est-à-dire

$$\hat{x}_t = \left(\hat{X}_t\right)_1 \tag{2.15}$$

La *psi-fonction*, Ψ, et la *fonction-poids*, w, sont essentielles pour obtenir la robustesse. Ces deux fonctions doivent être bornées et continues [71](chapitre 2 p. 24). La fonction w prend généralement la forme

$$w(X) = \frac{\Psi(X)}{X} \tag{2.16}$$

et la fonction Ψ est choisie selon une règle dite "three-sigma edit rule"

$$\Psi(X) = \begin{cases} X & \text{si } |X| \leq 3 \\ 0 & \text{si } |X| > 3 \end{cases} \tag{2.17}$$

ou bien

$$\Psi(X) = \begin{cases} X & \text{si } |X| \leq 3 \\ 3 sign(X) & \text{si } |X| > 3 \end{cases} \tag{2.18}$$

On notera que ces méthodes et leurs extensions (6σ, 9σ, ...) dénotent toutes une volonté de "désépaissir" de façon plus ou moins significative les queues des distributions des observations, ce qui facilitent les propriétés de convergence de l'estimateur. Dans la suite de ce manuscrit, ce filtre-nettoyeur sera nommé 3σ-RFC. Voir chapitre 7 (§7.2) pour son utilisation.

Une étude réalisée par [86] montre que les taux de détection et de filtrage-nettoyage des données générées par un processus pseudolinéaire simulé de type OE, n'atteignent pas des valeurs élevées. Les auteurs proposent une version modifiée du MT-FC. Mais leurs résultats ne sont pas entièrement satisfaisants. Nous montrerons dans le chapitre 8 que les résultats issus d'un MT-FC suivis d'une LS-estimation, n'atteignent pas les performances d'une M-estimation. Nous rejoignons la remarque faite par Huber et Ronchetti au sujet de la détection et du pré-traitement des outliers.

Après avoir défini les méthodes classiques de détection et de pré-traitement des outliers, nous allons maintenant développer le cadre formel de notre étude statistique.

2.4 Robustesses qualitative et quantitative

2.4.1 Aspect qualitatif

Nous sommes tout d'abord intéressés par donner une définition formelle de la robustesse asymptotique qualitative. Pour des statistiques représentables par une fonctionnelle θ d'une fonction de distribution empirique, la robustesse qualitative est essentiellement équivalente à une continuité de θ. La plupart du temps, les tests statistiques et les estimateurs dépendent d'un ensemble d'échantillons d'observations $\{x_1, ..., x_N\}$, à travers une fonction de distribution empirique

$$F_N(x) = \frac{1}{N} \sum_{t=0}^{N} 1_{\{x_t < x\}} \tag{2.19}$$

ou bien à travers la mesure empirique

$$F_N = \frac{1}{N} \sum_{t=0}^{N} \delta_{x_t} \qquad (2.20)$$

où $1_{\{\bullet\}}$ est la fonction pas-unité et δ_x le point-masse 1 en x. Nous pouvons alors écrire

$$\theta_N \{x_1, ..., x_N\} = \theta (F_N) \qquad (2.21)$$

pour une fonctionnelle θ définie au moins dans l'espace des mesures empiriques. Souvent, θ a une extension naturelle à un sous-espace beaucoup plus grand. Par exemple, si la limite en probabilité existe, alors

$$\theta (F) = \lim_{N \to \infty} \theta (F_N) \qquad (2.22)$$

où F est la vraie fonction de distribution des observations. Si une fonctionnelle θ satisfait (2.22), elle est appelée Fisher-consistante en F ou tout simplement consistante [49].

Supposons maintenant que l'espace d'échantillons soit Euclidien, ou, plus généralement, un espace muni d'une métrique, séparable et complet. Nous dirons alors que la robustesse exigée pour une statistique $\theta (F_N)$ doit être continue par rapport à une topologie faible. C'est par définition, la plus petite topologie dans un espace $\mathcal{E}$ de toutes mesures de probabilité, telle que la fonctionnelle linéaire

$$F \to \int \Psi dF \qquad (2.23)$$

de $\mathcal{E}$ dans $\mathbb{R}$ soit continue, pour toute fonction Ψ bornée et continue n'importe où. La réciproque est aussi vraie : si une fonctionnelle linéaire de la forme (2.23) est faiblement continue, alors Ψ doit être bornée et continue. Nous pouvons alors donner une notion plus précise de la résistance ou de la robustesse comme suit : une fonctionnelle linéaire θ est robuste partout si et seulement si la fonction correspondante Ψ est bornée et continue, c'est à dire si et seulement si θ est faiblement continue (au sens topologique du terme). Cependant, une

28

définition plus générale donnée par Hampel [60] peut être adoptée.

Soient x_t des observations indépendantes et identiquement distribuées (*iid*), avec pour distribution commune F, et soient θ_N des tests statistiques ou une séquence d'estimés $\theta_N = \theta_N \{x_1, ..., x_N\}$. Alors cette séquence est appelée *robuste en* $F = F_0$ si la séquence d'une famille de distributions

$$F \to \int \mathcal{L}_F (\theta_N), \qquad (2.24)$$

est équicontinue en F_0, où $\mathcal{L}_F$ est une loi de distribution. Cela se traduit par le fait que si d_* est une *fonction distance* dans l'espace $\mathcal{E}$ des mesures de probabilité, de topologie faible, alors, pour chaque $\varepsilon > 0$, il existe $\delta > 0$ et $N_0 > 0$, tels que, pour tout F et tout $N > N_0$,

$$d_* (F_0, F) \leq \delta \Rightarrow d_* (\mathcal{L}_{F_0} (\theta_N), \mathcal{L}_F (\theta_N)) \leq \varepsilon \qquad (2.25)$$

Autrement dit, si la distance entre deux distributions est infinitésimale, alors la distance entre ses lois l'est aussi.

2.4.2 Aspect quantitatif

Intéressons-nous maintenant à décrire quantitativement comment une petite déviation distributionnelle de F change la loi de distribution $\mathcal{L}_F (\theta_N)$ d'un estimateur ou d'un test statistique $\theta_N = \theta_N \{x_1, ..., x_N\}$. Supposons que $\theta_N = \theta (F_N)$ soit obtenue à partir d'une fonctionnelle θ. Dans ce cas, θ_N est alors Fisher-consistant, c'est à dire

$$\theta_N \to \theta (F), \text{ en probabilité} \qquad (2.26)$$

et elle est asymptotiquement normale, soit

$$\mathcal{L}_F \left(\sqrt{N} (\theta_N - \theta (F)) \right) \to \mathcal{N} (0, \mathcal{C} (F, \theta)) \qquad (2.27)$$

On donne souvent à $\theta (F)$ le nom de *vraie fonctionnelle* à la distribution F.

Une autre manière de décrire l'aspect quantitatif de la robustesse est de s'intéresser au comportement du biais $\theta(F) - \theta(F_0)$ et à celui de la matrice de covariance asymptotique $\mathcal{C}(F, \theta)$ dans un voisinage $\mathcal{P}_{F_0}(\omega)$ du modèle de distribution F_0. $\mathcal{P}_{F_0}(\omega)$ est aussi appelée ω-distribution corrompue, dans laquelle le paramètre ω décrit le niveau de contamination de F_0. Ces modèles de déviation distributionnelle ont été étudiés très tôt [111] [127] [36] et leur intégration dans le domaine des statistiques robustes n'est pas en soi surprenante. Cependant, la difficulté a été la recherche d'un modèle de distribution corrompue liée à une norme robuste minimisant l'information de Fisher. Dans la suite, nous considérons l'espace $\mathcal{E}$ sur un espace $\Omega = \mathbb{R}$ de topologie faible, complet, séparé et muni d'une métrique. Soient alors les modèles suivants

1. **Modèle de Lévy-Prohorov :**

$$\mathcal{P}_{F_0}(\omega) = \{F | \forall x, F_0(x - \omega) - \omega \leq F(x) \leq F_0(x + \omega) + \omega\} \quad (2.28)$$

Ce modèle est lié à la *métrique de Lévy-Prohorov* entre deux fonctions de distribution F_0 et F

$$d_L(F_0, F) = \{\omega | \forall x, F_0(x - \omega) - \omega \leq F(x) \leq F_0(x + \omega) + \omega\} \quad (2.29)$$

2. **Modèle de Kolmogorov :**

$$\mathcal{P}_{F_0}(\omega) = \left\{F | \forall x, \sup_x |F(x) - F_0(x)| \leq \omega\right\}, \quad (2.30)$$

dont la métrique entre F_0 et F est

$$d_K(F_0, F) = \left\{\omega | \forall x, \sup_x |F(x) - F_0(x)| \leq \omega\right\} \quad (2.31)$$

3. **Modèle de contamination voisine :** ce modèle est aussi appelé *gross error model* (GEM)

$$\mathcal{P}_{F_0}(\omega) = \{F | F = (1 - \omega) F_0 + \omega H\}, \quad (2.32)$$

dans lequel H est une distribution arbitraire et $0 \leq \omega < 1$.

Les deux plus importantes caractéristiques sont le *biais maximum*

$$b_1(\omega) = \sup_{F \in \mathcal{P}_{F_0}(\omega)} |\theta(F) - \theta(F_0)| \qquad (2.33)$$

et la *matrice de variance/covariance asymptotique maximum*

$$v_1(\omega) = \sup_{F \in \mathcal{P}_{F_0}(\omega)} \mathcal{C}(F, \theta) \qquad (2.34)$$

Nous allons maintenant donner une définition du *point de rupture asymptotique* de θ en F_0. Soit $\mu(F, \theta_N)$ la médiane de $\mathcal{L}_F(\theta_N - \theta(F_0))$ et posons

$$b(\omega) = \lim_{N \to \infty} \sup_{F \in \mathcal{P}_{F_0}(\omega)} |\mu(F, \theta_N)| \qquad (2.35)$$

Alors $b(1)$ représente la pire valeur possible de b. Le *point de rupture asymptotique* de θ en F_0 est ainsi défini par

$$\omega^* = \omega^*(F_0, \theta) = \sup_{\omega} \{b(\omega) < b(1)\} \qquad (2.36)$$

A proprement parlé, le point de rupture donne la fraction limite des mauvais outliers que l'estimateur peut traiter. Dans de nombreux cas, ω^* ne dépend pas de F_0, et il est souvent le même pour tout modèle $\mathcal{P}_{F_0}(\omega)$.

Historiquement, le point de rupture a été défini par Hampel [59] comme un concept asymptotique. Cependant, il faut apporter ici une critique de ce concept. Le point de rupture n'est pas de nature probabiliste, comme il a été expliqué précédemment. Il doit être défini quelque soit le modèle de déviation distributionnelle $\mathcal{P}_{F_0}$. Le caractère asymptotique tend à amoindrir l'*effet* du point de rupture qui se trouve complètement "noyé" dans un ensemble d'observations devenant infini. Ceci se traduit par une fraction de mauvais outliers diminuant fortement, entrainant une légère déviation distributionnelle de $\mathcal{P}_{F_0}$. Le corollaire de ce concept aboutit naturellement à l'aspect infinitésimal avec l'introduction, comme nous le verrons plus loin, de la *fonction influence* par Hampel [63]. Comme le précise Huber, cette notion de point de rupture est plus *utile* dans les situations à petit nombre d'échantillons. Encore faut-il définir ce que l'on entend par *petit nombre d'échantillons*. En conséquence, il faut donner une définition du point de rupture dans ces nouvelles situations.

Considérons $X = \{x_1, ..., x_N\}$ un ensemble fini d'échantillons de taille N et X' l'ensemble fini d'échantillons corrompus. Soit $\theta = (\theta_N)_{N=1,2,...}$ un estimateur prenant ses valeurs dans un espace euclidien et soit $\theta(X)$ ses valeurs à l'ensemble X. Nous disons que le point de rupture au sens *contamination/remplacement* (voir §2.2) de θ à l'ensemble X est ω^*, où ω^* est la plus petite valeur de ω pour laquelle l'estimateur à l'ensemble X', peut prendre des valeurs arbitraires loin de $\theta(X)$. Ainsi, le biais maximum qui peut être causé par une ω-corruption est

$$b(\omega; X, \theta) = \sup_{X'} |\theta(X') - \theta(X)| \qquad (2.37)$$

La nouvelle définition du point de rupture s'écrit

$$\omega^*(X, \theta) = \inf_{\omega} \{b(\omega; X, \theta) = \infty\} \qquad (2.38)$$

La définition du point de rupture peut facilement être généralisée dans les cas où l'estimateur θ prend des valeurs dans un ensemble $\mathcal{B}$ borné.

2.4.3 Aspect infinitésimal

Cet aspect non négligeable des statistiques robustes est à prendre en considération pour plusieurs raisons. D'abord, il permet de présenter un des outils les plus *heuristiques* de ces statistiques, à savoir la *courbe influence* (aussi appelée *fonction influence*), introduit par Hampel [63]. Ensuite, il permet d'écrire les expressions du biais maximum ainsi que de la matrice de variance/covariance asymptotique de la suite de variables aléatoires $\sqrt{N}(\theta_N - \theta(F))$. La courbe influence a été introduite dans le but de quantifier l'influence d'une observation dans l'estimateur. Elle représente aussi la variation de l'estimateur par rapport à une variation infinitésimale de ω. L'idée première de Hampel est de savoir comment se comporte l'estimateur pour une déviation distributionnelle infinitésimale, lorsqu'une observation x présente une valeur plus importante que les autres. Classiquement, on attribue à x une distribution impulsionnelle de point-masse 1, notée δ_x. La courbe influence est donnée par

$$IC\left(x;\theta\left(F_0\right)\right) = \lim_{\omega \to 0} \frac{\theta\left[\left(1-\omega\right)F_0 + \omega\delta_x\right] - \theta\left(F_0\right)}{\omega} \qquad (2.39)$$

Si θ est suffisamment régulier, il peut être linéarisé autour de F en termes de courbes influences et on obtient

$$\theta\left(F\right) - \theta\left(F_0\right) \cong \omega \int IC\left(x;\theta\left(F_0\right)\right) H\left(dx\right) \qquad (2.40)$$

Pour limiter l'influence d'un outlier dans l'estimateur et éviter des dommages majeurs, la courbe influence doit être bornée. Pour cela, on définit la *gross error sensitivity* (GES) comme la borne supérieure de la courbe influence, donnée par

$$\gamma^* = \sup_x \left|IC\left(x;\theta\left(F_0\right)\right)\right| \qquad (2.41)$$

Ainsi, le biais maximum s'écrit

$$b_1\left(\omega\right) = \sup_{F \in \mathcal{P}_{F_0}(\omega)} \left|\theta\left(F\right) - \theta\left(F_0\right)\right| \cong \omega\gamma^* \qquad (2.42)$$

Nous allons maintenant présenter quelques classes d'estimateurs robustes, plus précisément les M-estimateurs et les W-estimateurs.

2.5 M-estimateurs

Huber dans [69] qualifie de "dogme" que de supposer l'hypothèse de normalité sur les résidus x_t, $t = 1...N$ dans un modèle de régression et propose une famille d'estimateurs qui généralisent les estimateurs du maximum de vraisemblance : il s'agit des M-estimateurs. Ils ont l'avantage d'être moins sensibles aux observations aberrantes, mais présentent des distributions à queues épaissent qui s'écartent de la distribution gaussienne.

2.5.1 L'estimateur de Huber

Un tel estimateur θ_N dans $\mathbb{R}^d$, défini par un problème de minimum de la forme

$$\frac{1}{N} \sum_{t=1}^{N} \rho_\eta (x_t; \theta_N) \cong \frac{1}{N} \inf_{\theta \in \Theta} \sum_{t=1}^{N} \rho_\eta (x_t; \theta) \qquad (2.43)$$

ou par une équation implicite

$$\frac{1}{N} \sum_{t=1}^{N} \Psi (x_t; \theta_N) = 0 \qquad (2.44)$$

dans laquelle ρ_η est une fonction arbitraire et $\Psi (x_t; \theta) = \frac{\partial}{\partial \theta} \rho_\eta (x_t; \theta)$ la Ψ-fonction de Huber, est appelé un M-estimateur de Huber. Plus précisement, Θ est un sous-ensemble de $\mathbb{R}^d$ et $\rho_\eta : \mathcal{S} \times \Theta \to \mathbb{R}$ une fonction nonnégative et convexe telle que $\rho_\eta (x_t) : \mathcal{S} \to \mathbb{R}$ est mesurable pour chaque $\theta \in \Theta$, avec $\mathcal{S}$ un espace de probabilité. Le paramètre η est appelé *facteur d'échelle*. Son rôle est important car il permet de définir la robustesse de la fonction arbitraire ρ_η face aux valeurs aberrantes. Ce paramètre est aussi donné par $\eta = k\sigma$ où k est appelée *constante d'accord* et σ la déviation standard d'une distribution supposée gaussienne. Nous dirons alors que pour σ fixée, la robustesse est définie par la constante d'accord k. Huber dans [68] [69] présente sa *minimax method*. Par une méthode variationnelle de la matrice d'information de Fisher et la recherche de son minimum, il montre la maximisation de la matrice de variance/covariance asymptotique, pour un certain modèle de déviation distributionnelle $\mathcal{P}_{F_0}$ lié à ρ_η. Il choisit comme modèle, le GEM donné par (2.32) avec H symétrique et F_0 une distribution gaussienne. En effet, Huber montre un lien direct entre le GEM et la norme ρ_η. Notons que pour un modèle autre que celui de Huber, par exemple, Lévy-Prohorov ou bien Kolmogorov, la maximisation de la matrice de variance/covariance asymptotique est réalisée avec une autre norme. Voir [71](chapitre 4 pp. 85-88). Dans le but de garder $\mathcal{C}(F, \theta)$ bornée, Huber montre que l'estimateur défini par (2.44) est un estimateur du maximum de vraisemblance pour une densité appartenant à $\mathcal{P}_{F_0}$ de la forme

$\tilde{f}(X) = Ce^{\frac{-\rho_\eta(X)}{\sigma^2}}$. En particulier, si nous ajustons k dans ρ_η tels que $C = \frac{1-\omega}{\sigma\sqrt{2\pi}}$, signifiant que k et ω sont reliés par

$$2\frac{\varphi(k)}{k} - 2\Phi(-k) = \frac{\omega}{1-\omega} \tag{2.45}$$

où $\varphi = \Phi'$ est la densité normale standard définie par $\varphi(X) = \frac{1}{\sqrt{2\pi}}e^{\frac{-X^2}{2}}$, nous obtenons alors

$$\tilde{f}(X) = \frac{1-\omega}{\sigma\sqrt{2\pi}}e^{\frac{-\rho_\eta(X)}{\sigma^2}} \tag{2.46}$$

avec pour norme de Huber,

$$\rho_\eta(X) = \begin{cases} \frac{X^2}{2} & \text{si } |X| \le \eta \\ \eta|X| - \frac{\eta^2}{2} & \text{si } |X| > \eta \end{cases} \tag{2.47}$$

Le modèle de déviation distributionnelle $\tilde{F}$ correspondante, est ainsi contenue dans $\mathcal{P}_{F_0}$, et place toute contamination en dehors de l'intervalle $[-k, k]$. Il s'ensuit que

$$\sup_{F \in \mathcal{P}_{F_0}(\omega)} \mathcal{C}(F, \theta) = \mathcal{C}\left(\tilde{F}, \theta\right) \tag{2.48}$$

2.5.2 L'estimateur biweight

L'estimateur "biweight" [85], souvent surnommé "biweight de Tukey", est défini par la solution θ_N de $\frac{1}{N}\sum_{t=1}^{N}\Psi(u_t; \theta) = 0$, où

$$\Psi(u; \theta) = \begin{cases} u(1-u^2)^2 & \text{si } |u| \le 1 \\ 0 & \text{si } |u| > 1 \end{cases} \tag{2.49}$$

avec

$$u = \frac{x-\theta}{k\sigma} \tag{2.50}$$

La norme robuste ρ_η est alors donnée par

$$\rho_\eta(u; \theta) = \begin{cases} \frac{1}{6}\left[1-(1-u^2)^3\right] & \text{si } |u| \le 1 \\ \frac{1}{6} & \text{si } |u| > 1 \end{cases} \tag{2.51}$$

Dans ce type d'estimateur, la constante d'accord k est choisie entre 3 et 12. Kafadar dans [76] prend la valeur $k = 4$ et $k = 6$ et Li dans [85] prend la valeur $k = 3.5$. Dans ces deux articles, les auteurs travaillent avec des modèles de régressions linéaires et avec un taux faible de contamination de leurs mesures par des outliers d'observation.

2.5.3 L'estimateur de Andrews

L'estimateur de "Andrews" [7], souvent surnommé "vague de Andrews", est défini par la solution θ_N de $\frac{1}{N} \sum_{t=1}^{N} \Psi(u_t; \theta) = 0$, où

$$\Psi(u; \theta) = \begin{cases} \frac{1}{\pi} sin(\pi u) & \text{si } |u| \le 1 \\ 0 & \text{si } |u| > 1 \end{cases} \qquad (2.52)$$

avec

$$u = \frac{x - \theta}{k\sigma} \qquad (2.53)$$

La norme robuste ρ_η est alors donnée par

$$\rho_\eta(u; \theta) = \begin{cases} \frac{1}{\pi^2} [1 - cos(\pi u)] & \text{si } |u| \le 1 \\ \frac{2}{\pi^2} & \text{si } |u| > 1 \end{cases} \qquad (2.54)$$

Dans ce type d'estimateur, la constante d'accord k est encore choisie entre 3 et 12.

Nous avons vu dans le §2.4.2 la notion de point de rupture, et bien évidemment, les M-estimateurs n'échappent pas cette règle. C'est même pour certains leur principal inconvénient [29] [98] [93]. Dans le cas particulier appelé *location case*, la Ψ-fonction de Huber est donnée par $\Psi(x, \theta) = \Psi(x - \theta)$. Il est montré que le point de rupture asymptotique maximal est $\omega^* = 0.5$ lorsque Ψ est bornée. Dans le cas contraire, où Ψ n'est pas bornée, $\omega^* = 0$. Pour ce dernier, cela signifie qu'un seul outlier entraîne des dommages majeurs dans l'estimateur.

Dans la littérature, pour répondre à ces problèmes, certains auteurs ont cherché à généraliser les M-estimateurs en proposant les MG-estimateurs [94] [81]. Cependant, certaines études ont montré que les MG-estimateurs étaient moins efficaces que les M-estimateurs en cas d'absence d'outliers sur les variables explicatives, c'est-à-dire les variables du vecteur régresseur [81]. Mais les MG-estimateurs présentent un point de rupture qui tend vers 0 lorsque la dimension du modèle de régression devient très grand [94].

2.6 W-estimateurs

C'est une forme alternative des M-estimateurs, utilisant la régression pondérée développée par Holland et Welch [67] [29]. Cet estimateur est défini comme une solution de $\frac{1}{N} \sum_{t=1}^{N} \Psi\left(u_t; \theta\right) = 0$, où

$$\Psi\left(u; \theta\right) = uw\left(u\right), u = \frac{x - \theta}{k\sigma} \tag{2.55}$$

La quantité w_t ($\bullet$) est une fonction de pondérations, donnant un poids w_t voisin de zéro pour des observations ayant des résidus importants, et un poids proche de un pour des observations ne présentant pas d'anomalie. La Ψ-fonction peut prendre différentes formes et le W-estimateur sera de type :

 – **Moyenne** : si

$$w\left(u\right) = 1, \text{pour tout } u \tag{2.56}$$

 – **Biweight** : si

$$w(u) = \begin{cases} \left(1 - u^2\right)^2 & \text{pour } |u| \leq 1 \\ 0 & \text{pour } |u| > 1 \end{cases} \tag{2.57}$$

 – **Huber** : si

$$w(u) = \begin{cases} 1 & \text{pour } |u| \leq k \\ \frac{ksign(u)}{u} & \text{pour } |u| > k \end{cases} \tag{2.58}$$

 – **Andrews** : si

$$w(u) = \begin{cases} \frac{1}{\pi}sin(\pi u) & \text{pour } |u| \leq 1 \\ 0 & \text{pour } |u| > 1 \end{cases} \tag{2.59}$$

Un inconvénient de l'utilisation des W-estimateurs réside dans la difficulté d'estimer en même temps les poids associés à chaque valeur des résidus dans la procédure d'estimation. Il est par ailleurs impossible d'estimer simultanément le vecteur paramètre θ et le facteur d'échelle $k\sigma$. La procédure de calcul des W-estimateurs a attiré beaucoup d'auteurs, [67] [29] et [10]. Or il se trouve que les estimateurs robustes cherchés ne sont plus indépendants de l'échelle (propriété d'invariance par changement d'échelle) [10].

2.7 Conclusion

Dans ce chapitre, nous avons essayé de présenter quelques notions fondamentales des statistiques robustes, en insistant sur leur utilité et leur finalité. Nous avons abordé les notions de détectabilité et de pré-traitement des outliers en présentant les méthodes classiques, notamment la méthode de Martin-Thomson et son filtre-nettoyeur robuste 3σ. Malgré la robustesse de ce pré-traitement, nous avons précisé que cette méthode, ainsi que ses versions modifiées, présentent des limites à la détectabilité et au filtrage de ces points atypiques. Nous avons insisté sur la nécessité d'utiliser des estimateurs robustes et les notions de robustesses qualitative et quantitative ont été abordées. Il a été alors énuméré leurs principaux outils, notamment, les modèles de déviation distributionnelle, le biais maximum, la matrice de variance/covariance maximum ainsi que la courbe influence (aspect infinitésimal). La fin de ce chapitre s'est focalisée sur la présentation de quelques classes d'estimateurs robustes couramment utilisés.

Apportons quelques commentaires qui justifieront l'orientation de notre travail. Tout d'abord, comme nous pouvons le constater, il y a deux approches pour traiter les outliers. La première concerne leur détection et leur traitement (filtrage, nettoyage) avec des outils performants [23] [30] [34] [17]. Cependant, les résultats ne sont souvent pas à la hauteur des espérances et la question sur la pertinence de cette approche doit être discutée. La deuxième consiste à garder ces points atypiques car ils peuvent être considérés dans certaines situations, comme des informations du processus à identifier. Leur détection est parfois difficile et rien ne justifie l'emploi de méthodes de suppression, car leur présence est quelquefois un indicateur de la dynamique du processus lui-même [6] [13] [86]. Détecter les outliers et les supprimer par un quelconque traitement, provoque à la fois une perte d'information dans la dynamique du système et dans les résidus estimés. Or, cette dynamique est étroitement liée au choix de l'estimateur et du critère d'estimation, associé à une norme. Le choix de la norme reste une étape importante. Le nôtre s'est porté sur la norme mixte $L_2 - L_1$ de Huber, paramétrable par la constante d'accord k. Le choix de k est très souvent lié à la nature de la régression et permet d'instiller une dose réglable de traitement en norme L_1, donc "plus doux", au traitement standard en norme L_2 des résidus. Il y a une sorte de *consensus* dans la littérature qui tente "d'imposer" un intervalle dans lequel k varie, essentiellement pour des régressions linéaires. Cet intervalle, appelé *intervalle de bruit* est donné par $\mathcal{I}_b^k = [1; 2]$. Les valeurs *passe-partout* $k = 1.345$ [51] [82] [55] et $k = 1.5$ [117] [52] sont très souvent citées. Par ailleurs, les valeurs de k sont directement liées à celles du niveau de contamination ω du modèle de déviation distributionnelle GEM. En effet, k définit l'estimateur robuste, réponse à un problème d'observations corrompues caractéristiques. Pour de faibles déviations du modèle ($\omega < 10\%$), cela correspond à une estimation ayant traitée des résidus pauvres en outliers. Lorsque cela n'est plus le cas, et que le modèle de régression n'est plus linéaire, les difficultés apparaissent. Il paraît alors raisonnable de choisir un intervalle de bruit différent, en l'étendant vers les petites valeurs, plus précisément $\mathcal{I}_b^k = [0.01; 2]$. Cela doit permettre de traiter des résidus contenant des outliers plus importants, en nombre et en amplitude, dans le but d'améliorer la convergence de l'estimateur, de réduire le biais et la variance des paramètres, et ainsi de proposer des modèles de qualité, avec une bonne dynamique fréquentielle. Il nous appartiendra aussi dans ce contexte nouveau et délicat, d'étudier le problème des cas singuliers d'occurrence d'outliers et le risque de "rupture" de l'estima-

teur. Comme signalé plus haut, la suite du mémoire va traiter du triptyque :
convergence/performances/limites de l'estimateur robuste.

Chapitre 3

Méthodes classiques d'estimation et de validation de modèles paramétriques

Ce chapitre débute par quelques généralités sur les processus monovariables et aborde l'approche *erreur de prédiction*. Il s'en suit une présentation des structures de modèles paramétriques *boîte-noire* (*black-box models*) et plus particulièrement les structures de modèles ARX, OE et ARMAX. Le concept d'identifiabilité est abordé en énonçant les principales propriétés. Ce chapitre se poursuit par la description des méthodes classiques d'estimation, notamment celles des moindres carrés, des variables instrumentales et des moindres carrés deux étapes. Les propriétés de convergence de l'estimateur sont présentées et le critère de validation FPE d'Akaike et ses versions en norme L_1 et en norme $L_2 - L_1$ sont développées.

3.1 Généralités

Soit le processus discret monovariable S d'entrée u_t et de sortie y_t décrit
par le modèle linéaire à temps-invariant

$$y_t = G(q)u_t + v_t = G(q)u_t + H(q)e_t \tag{3.1}$$

avec $G(q) = \sum_{k\geq 1} g_k q^{-k}$ le modèle du processus et $H(q) = 1 + \sum_{k\geq 1} h_k q^{-k}$
le modèle de bruit. L'opérateur temporel avance q est défini par $q^{-l}u_t = u_{t-l}$,
$l \in \mathbb{N}$. $\{g_k\}_1^\infty$ et $\{h_k\}_1^\infty$ sont respectivement les réponses impulsionnelles des
fonctions de transfert $G(q)$ et $H(q)$. v_t représente à la fois l'erreur de modèle
et l'influence du bruit sur la sortie, alors que e_t représente une séquence bruit
blanc de variables aléatoires *iid*, de moyennes nulles et de variances finies λ.
Cependant, cette représentation n'est pas toujours très pratique, à cause, en
particulier, du côté *infini* des séquences $\{g_k\}_1^\infty$ et $\{h_k\}_1^\infty$. Aussi, préfère t-on travailler avec des structures spécifiant $G(q)$ et $H(q)$ sous la forme d'un nombre
fini de valeurs numériques, comme des fonctions de transfert rationnelles où
$G(q) = \frac{B(q)}{A(q)}$ et $H(q) = \frac{C(q)}{D(q)}$ avec A, B, C et D des polynômes en q. De plus,
conscient de la difficulté de déterminer ces valeurs à partir de la seule connais-
sance des phénomènes physiques, on préfère souvent une procédure d'estimation à partir de mesures expérimentales. Considérons alors un *vecteur paramètre*
$\theta \in \mathbb{R}^d$ permettant de définir ces valeurs et soit la *structure paramétrisée de
modèles* $\mathcal{M}$ décrivant maintenant le processus

$$y_t = G(q,\theta)u_t + H(q,\theta)e_t \tag{3.2}$$

Quand θ varie en décrivant le sous-ensemble ouvert (compact) $D_\mathcal{M} \subset \mathbb{R}^d$,
$\mathcal{M}(\theta)$ décrit un modèle particulier correspondant à θ dans lequel on devra
désigner le modèle qui répond le plus fidèlement aux mesures, dit *le meilleur
modèle*. Ces structures de modèles paramétrés sont aussi appelées *modèles boîte-
noire*. Le prédicteur ajustable associé, $\hat{y}_t(\theta)$, conduit aux erreurs d'estimation
(erreurs de prédiction ou résidus)

$$\varepsilon_t(\theta) = y_t - \hat{y}_t(\theta) \tag{3.3}$$

Même si cela peut sembler *irréaliste*, il peut être commode dans certaines situations de considérer que les données entrée/sortie $Z^N = \{u_1, y_1, ..., u_N, y_N\}$ sont *exactement* générées par un élément de $\mathcal{M}$, appelé "vrai système" [92](chapitre 1 p. 7)

$$\mathcal{S}_0 : \begin{cases} \equiv \{G_0\,(q, \theta_0)\,, H_0\,(q, \theta_0)\} \\ y_t = G_0\,(q, \theta_0)\,u_t + H_0\,(q, \theta_0)\,e_t^0 \end{cases} \tag{3.4}$$

où $\theta_0 = \theta\,(F_0)$, avec F_0 la "vraie distribution" des résidus et $\varepsilon_t\,(\theta_0) = e_t^0$. Dans ce cas, e_t^0 est une séquence de variables aléatoires *iid* de moyennes nulles et de variances finies λ_0, appelée "vrai bruit". Bien que cela ne puisse pas être particulièrement réaliste, cela a au moins le mérite de donner un aperçu utile des propriétés des modèles estimés. Nous dirons que le "vrai système" $\mathcal{S}_0$ est contenu dans la structure de modèle $\mathcal{M} : \mathcal{S}_0 \in \mathcal{M}$. Cette notion a été très développée dans [92](chapitre 8 p. 250).

Se pose alors la question de l'identifiabilité [88] [91]. C'est un concept central dans tout problème d'identification de processus dynamiques complexes. A proprement parlé, le problème est de savoir si la procédure d'estimation donnera une unique valeur de θ, et/ou si le modèle résultant coïncide avec le vrai système $\mathcal{S}_0$. Sans rentrer dans les détails, Ljung dans [92](chapitre 4 p. 112) précise qu'une structure de modèle $\mathcal{M}$ est *globalement identifiable* en θ^* si

$$\mathcal{M}\,(\theta) = \mathcal{M}\,(\theta^*)\,, \theta \in D_\mathcal{M} \Rightarrow \theta = \theta^* \tag{3.5}$$

3.2 Structures de modèles paramétriques

Ces structures de modèles se distinguent par la nature de leurs régressions. La structure de modèle ARX a un modèle de prédiction qui s'écrit sous la forme d'une régression linéaire. Les structures de modèles OE et ARMAX, quant à elles, présentent des modèles de prédiction sous forme de régressions pseudolinéaires.

3.2.1 Structure de modèle ARX

Cette structure est décrite par une équation de la forme

$$y_t + a_1 y_{t-1} + \ldots + a_p y_{t-p} = b_1 u_{t-1} + \ldots + b_w u_{t-w} + e_t \tag{3.6}$$

Par identification avec (3.2), les fonctions de transfert $G(q, \theta)$ et $H(q, \theta)$
s'écrivent respectivement

$$\begin{cases} G(q, \theta) = \frac{B(q,\theta)}{A(q,\theta)} = \frac{\sum_{i=1}^{w} b_i q^{-i}}{1 + \sum_{i=1}^{p} a_i q^{-i}} \\ H(q, \theta) = \frac{1}{A(q,\theta)} = \frac{1}{1 + \sum_{i=1}^{p} a_i q^{-i}} \end{cases} \tag{3.7}$$

Le prédicteur ajustable $\hat{y}_t(\theta)$ se met sous la forme d'une régression linéaire,
donnée par

$$\hat{y}_t(\theta) = \varphi_t^T \theta \tag{3.8}$$

où

$$\varphi_t = [-y_{t-1} \ldots - y_{t-p} \ u_{t-1} \ldots u_{t-w}]^T \tag{3.9}$$

est le régresseur et

$$\theta = [a_1 \ldots a_p b_1 \ldots b_w]^T \tag{3.10}$$

le vecteur paramètre de dimension $d = p + w$. Le vecteur φ_t est aussi appelé
vecteur des observations, n'incluant pour ce modèle que les valeurs entrée/sortie
du processus et ne dépendant pas de θ.

3.2.2 Structure de modèle ARMAX

Un des inconvénients du modèle ARX est le manque de liberté dans la
description des propriétés du modèle de bruit. Afin d'y ajouter une certaine
flexibilité, on modifie ce modèle par un terme dit à *Moving Average* du bruit
blanc. Cette structure est décrite par une équation de la forme

$$y_t + a_1 y_{t-1} + \ldots + a_p y_{t-p} = b_1 u_{t-1} + \ldots + b_w u_{t-w} + e_t + c_1 e_{t-1} + \ldots + c_n e_{t-l} \tag{3.11}$$

Par identification avec (3.2), les fonctions de transfert $G(q, \theta)$ et $H(q, \theta)$ s'écrivent respectivement

$$\begin{cases} G(q, \theta) = \frac{B(q,\theta)}{A(q,\theta)} = \frac{\sum_{i=1}^{w} b_i q^{-i}}{1 + \sum_{i=1}^{p} a_i q^{-i}} \\ H(q, \theta) = \frac{C(q,\theta)}{A(q,\theta)} = \frac{1 + \sum_{i=1}^{l} c_i q^{-i}}{1 + \sum_{i=1}^{p} a_i q^{-i}} \end{cases} \qquad (3.12)$$

Le prédicteur ajustable $\hat{y}_t(\theta)$ se met sous la forme d'une régression pseudo-linéaire, donnée par

$$\hat{y}_t(\theta) = \varphi_t^T(\theta)\theta \qquad (3.13)$$

où

$$\varphi_t(\theta) = [-y_{t-1}... - y_{t-p} \ u_{t-1}...u_{t-w} \ \varepsilon_{t-1}(\theta)...\varepsilon_{t-l}(\theta)]^T \qquad (3.14)$$

est le régresseur et

$$\theta = [a_1...a_p b_1...b_w c_1...c_l]^T \qquad (3.15)$$

le vecteur paramètre de dimension $d = p + w + l$. Le vecteur des observations dépend à la fois des valeurs entrée/sortie du processus et des erreurs de prédiction, dépendantes de θ.

3.2.3 Structure de modèle OE

Les structures de modèles ARX et ARMAX correspondent aux descriptions où les fonctions de transfert $G(q, \theta)$ et $H(q, \theta)$ ont un polynôme commun au dénominateur, à savoir $A(q, \theta)$. Cependant, dans certaines situations liées au support expérimental à identifier, il peut sembler plus naturel de choisir une structure de modèle, sans avoir recours à un modèle de bruit pour lequel il n'y a pas de spectre à caractère rationnel significatif. Cette structure est décrite par une équation de la forme

$$y_t + f_1 y_{t-1} + ... + f_p y_{t-p} = b_1 u_{t-1} + ... + b_w u_{t-w} + e_t + f_1 e_{t-1} + ... + f_p e_{t-p} \qquad (3.16)$$

Par identification avec (3.2), les fonctions de transfert $G(q,\theta)$ et $H(q,\theta)$ s'écrivent respectivement

$$\begin{cases} G(q,\theta) = \frac{B(q,\theta)}{F(q,\theta)} = \frac{\sum_{i=1}^{w} b_i q^{-i}}{1 + \sum_{i=1}^{p} f_i q^{-i}} \\ H(q,\theta) = 1 \end{cases} \tag{3.17}$$

Le prédicteur ajustable $\hat{y}_t(\theta)$ se met aussi sous la forme d'une régression pseudolinéaire, donnée par

$$\hat{y}_t(\theta) = \varphi_t^T(\theta)\,\theta \tag{3.18}$$

où

$$\varphi_t(\theta) = \begin{bmatrix} u_{t-1}...u_{t-w} & -\hat{y}_{t-1}(\theta)...-\hat{y}_{t-p}(\theta) \end{bmatrix}^T \tag{3.19}$$

est le régresseur et

$$\theta = [b_1...b_w f_1...f_p]^T \tag{3.20}$$

le vecteur paramètre de dimension $d = p + w$.

Après avoir défini les principales structures de modèles paramétriques, il est important de rappeler quelques méthodes classiques d'estimation de ces paramètres.

3.3 Méthodes d'estimation paramétrique

Nous présentons les méthodes d'estimation paramétrique couramment utilisées et nous proposons par la suite de les appliquer au cas particulier d'une régression linéaire. En effet, pour ce type de régression, la minimisation du critère d'estimation présente une solution analytique.

Nous sommes dans la situation où nous avons sélectionné une certaine structure de modèles $\mathcal{M}$, avec des modèles particuliers $\mathcal{M}(\theta)$, paramétrée par un vecteur paramètre $\theta \in D_{\mathcal{M}} \subset \mathbb{R}^d$. L'ensemble de ces modèles est défini par

$$\mathcal{M}^* = \{\mathcal{M}(\theta)\,|\theta \in D_{\mathcal{M}}\} \tag{3.21}$$

$\mathcal{M}(\theta)$ est défini comme l'ensemble de modèles de prédiction ajustables, se distinguant par leur régression, linéaire ou pseudolinéaire.

$$\mathcal{M}(\theta) : \hat{y}_t(\theta) = \mathcal{G}\left(t, Z^{t-1}; \theta\right) \tag{3.22}$$

où Z^{t-1} est l'ensemble de données passées. L'utilisateur doit aussi disposer d'un ensemble de mesures expérimentales Z^N effectuées sur le processus $\mathcal{S}$

$$Z^N = \{u_1, y_1, ..., u_N, y_N\} \tag{3.23}$$

Le problème auquel nous avons à faire face est de décider comment utiliser l'information dans Z^N pour sélectionner un estimateur $\hat{\theta}_N = \theta(F_N)$ du vecteur paramètre θ et en conséquence un membre propre de $\mathcal{M}\left(\hat{\theta}_N\right)$, où F_N est la distribution empirique des résidus estimés $\left\{\varepsilon_t\left(\hat{\theta}_N\right)\right\}_{t=1}^{N}$. Nous avons ainsi à déterminer un estimateur à partir de Z^N à l'ensemble $D_{\mathcal{M}}$

$$Z^N \to \hat{\theta}_N \in D_{\mathcal{M}} \subset \mathbb{R}^d \tag{3.24}$$

Dans l'approche erreur de prédiction, l'estimateur $\hat{\theta}_N$ minimise un *critère d'estimation*, dépendant de θ

$$\hat{\theta}_N = arg \min_{\theta \in D_{\mathcal{M}}} V_N\left(\theta, Z^N\right) \tag{3.25}$$

Généralement, V_N est une fonction scalaire bien définie, utilisant une norme ou une fonction scalaire à valeur positive $\rho(\bullet)$ telle que

$$V_N\left(\theta, Z^N\right) = \frac{1}{N}\sum_{t=1}^{N} \rho\left(\varepsilon_t(\theta), \theta, t\right) \tag{3.26}$$

3.3.1 Estimation par les moindres carrés

C'est certainement celle qui a suscité le plus d'applications, car l'utilisation de la norme L_2 facilite certains aspects formels qui se traduisent par des solutions analytiques dans le cas particulier de modèles linéaires et par le lien avec la loi de distribution gaussienne. Dans le contexte de l'erreur de prédiction, l'estimateur des moindres carrés $\hat{\theta}_N^{LS}$ est ainsi donné par

$$\hat{\theta}_N^{LS} = arg \min_{\theta \in D_{\mathcal{M}}} \frac{1}{N} \sum_{t=1}^{N} \frac{1}{2} \varepsilon_t^2 (\theta) \qquad (3.27)$$

Dans le cas d'une régression linéaire, c'est à dire lorsque $\hat{y}_t (\theta) = \varphi_t^T \theta$, l'estimateur $\hat{\theta}_N^{LS}$ est donné par

$$\hat{\theta}_N^{LS} = \left[\frac{1}{N} \sum_{t=1}^{N} \varphi_t \varphi_t^T \right]^{-1} \frac{1}{N} \sum_{t=1}^{N} \varphi_t y_t = [\mathcal{R}_N]^{-1} f_N \qquad (3.28)$$

avec la $(d \times d)$-matrice $\mathcal{R}_N = \frac{1}{N} \sum_{t=1}^{N} \varphi_t \varphi_t^T$ et le d-vecteur colonne $f_N = \frac{1}{N} \sum_{t=1}^{N} \varphi_t y_t$. Supposons les données observées, générées par le "vrai système" $\mathcal{S}_0$

$$\mathcal{S}_0 : y_t = \varphi_t^T \theta_0 + v_t^0 \qquad (3.29)$$

alors

$$\lim_{N \to \infty} \hat{\theta}_N^{LS} - \theta_0 = \lim_{N \to \infty} \left[\frac{1}{N} \sum_{t=1}^{N} \varphi_t \varphi_t^T \right]^{-1} \frac{1}{N} \sum_{t=1}^{N} \varphi_t v_t^0 = \tilde{\mathcal{R}}^{-1} \tilde{f} \qquad (3.30)$$

où

$$\tilde{\mathcal{R}} = \lim_{N \to \infty} \frac{1}{N} \sum_{t=1}^{N} \varphi_t \varphi_t^T, \tilde{f} = \lim_{N \to \infty} \frac{1}{N} \sum_{t=1}^{N} \varphi_t v_t^0$$

Pour que $\hat{\theta}_N^{LS}$ soit Fisher-consistant, c'est-à-dire $\hat{\theta}_N^{LS} \overset{p.s.}{\to} \theta_0$, nous devons exiger les deux conditions suivantes :

1. $\tilde{\mathcal{R}}$ non-singulière.

2. $\tilde{f} = 0$, signifiant que φ_t et v_t^0 ne sont pas corrélés.

La dernière exigence ne peut pas être totalement respectée car les sorties y_t ($t = 1, ...$) appartiennent au régresseur linéaire φ_t. Pour décorréler ces quantités, certaines méthodes d'estimation par variables instrumentales sont utilisées [20].

3.3.2   Estimation par les variables instrumentales

Le but est de construire un nouveau vecteur des observations ϕ_t^{IV} (*instruments*), composé de nouvelles variables appelées *variables instrumentales*, non corrélées avec v_t^0, c'est à dire avec le bruit e_t^0. Soient x_t^{IV} ces nouvelles variables qui vérifient l'expression suivante

$$A\left(q,\theta\right)x_t^{IV} = B\left(q,\theta\right)u_t \qquad (3.31)$$

Par exemple, pour la structure de modèle ARX, le vecteur des instruments ϕ_t^{IV} peut prendre la forme

$$\phi_t^{IV} = \left[-x_{t-1}^{IV}... - x_{t-p}^{IV}\ \ u_{t-1}...u_{t-w}\right]^T \qquad (3.32)$$

Le nouvel estimateur $\hat{\theta}_N^{IV}$ s'écrit alors

$$\hat{\theta}_N^{IV} = \left[\frac{1}{N}\sum_{t=1}^{N}\phi_t^{IV}\varphi_t^T\right]^{-1}\frac{1}{N}\sum_{t=1}^{N}\phi_t^{IV}y_t \qquad (3.33)$$

En construisant convenablement les variables instrumentales, l'estimateur $\hat{\theta}_N^{IV}$ doit être Fisher-consistant et tendre vers θ_0, puisque $\frac{1}{N}\sum_{t=1}^{N}\phi_t^{IV}v_t^0$ tend vers zéro et $\frac{1}{N}\sum_{t=1}^{N}\phi_t^{IV}\varphi_t^T$ est non-singulière. Nous pouvons dire que les instruments doivent être corrélés avec le régresseur mais non corrélés avec le bruit v_t^0.

Cependant, il peut être quelquefois difficile de construire ϕ_t^{IV} pour assurer une bonne Fisher-consistance de l'estimateur. Dans ce cas, nous avons recours à d'autres méthodes d'estimation, notamment l'estimation par les moindres carrés deux étapes.

3.3.3   Estimation par les moindres carrés deux étapes

Techniquement, cet estimateur $\hat{\theta}_N^{2SLS}$ (*2 Stage Least Squares*) résulte d'une régression de la projection linéaire des variables endogènes sur l'espace des variables instrumentales [116] [8] [122]. Soient Y un N-vecteur colonne formé des sorties y_t $(t = 1, ..., N)$, Φ_N la $(N \times d)$-matrice des régresseurs φ_t et K_N^{IV} la $(N \times d)$-matrice des instruments ϕ_t^{IV}, définis par

$$Y = [y_1...y_N]^T, (\Phi_N)^T = [\varphi_1...\varphi_N], \left(K_N^{IV}\right)^T = [\phi_1^{IV}...\phi_N^{IV}] \qquad (3.34)$$

Déclinons les deux étapes :

- **Etape 1** : On cherche l'estimateur de la matrice $\hat{\Phi}_N = P_N^{IV}\Phi_N$, pour laquelle P_N^{IV} est une $(N \times N)$-matrice de projection telle que

$$P_N^{IV} = K_N^{IV}\left[\left(K_N^{IV}\right)^T K_N^{IV}\right]^{-1}\left(K_N^{IV}\right)^T \qquad (3.35)$$

- **Etape 2** : On cherche le 2SLS-estimateur, et après quelques calculs, celui-ci est donné par

$$\hat{\theta}_N^{2SLS} = \left(\hat{\Phi}_N^T\hat{\Phi}_N\right)^{-1}\hat{\Phi}_N^TY = \left(\Phi_N^T P_N^{IV}\Phi_N\right)^{-1}\Phi_N^T P_N^{IV}Y \qquad (3.36)$$

Cette méthode d'estimation est souvent préférée aux méthodes par variables instrumentales, car elle offre plus de souplesse quant à la construction des matrices K_N^{IV} et P_N^{IV}.

Après avoir présentée quelques méthodes classiques d'estimation, dont l'objectif est de rendre le LS-estimateur plus Fisher-consistant, il est utile de définir les grandes lignes qui se rattachent aux propriétés de convergence de l'estimateur.

3.4 Principales propriétés de convergence

Ces propriétés regroupent la convergence du critère d'estimation $V_N\left(\theta, Z^N\right)$ présentées sous la forme d'un lemme et d'un théorème, puis celle de la suite de variables aléatoires $\sqrt{N}\left(\hat{\theta}_N^{LS} - \theta_0\right)$.

Pour déterminer la limite vers laquelle l'estimateur $\hat{\theta}_N^{LS}$ converge lorsque N tend vers l'infini, il est préalablement utile de donner les propriétés limites du

critère d'estimation. Ljung dans [92](chapitre 8 pp. 249 et 253) exprime les
résidus sous la forme

$$\varepsilon_t(\theta) = \sum_{k \geq 1} d_t^{(1)}(k, \theta) u_{t-k} + \sum_{k \geq 0} d_t^{(2)}(k, \theta) e_{t-k}^0 \qquad (3.37)$$

où les filtres $d_t^{(i)}(k, \theta)$, $i = 1, 2$, sont uniformément stables en θ et en t. Ils
doivent alors obéir à la condition

$$\left| d_t^{(i)}(k, \theta) \right| \leq \beta_k, \forall t, \forall \theta \in D_\mathcal{M} \text{ avec } \sum_{k \geq 0} \beta_k < \infty \qquad (3.38)$$

Considérons le lemme suivant

Lemme 1 *Soit $\mathcal{M}$ une structure de modèle uniformément stable et $D_\mathcal{M}$ un
compact. Supposons que l'ensemble de données Z^∞ soit sujet aux conditions
D1 (voir [92](chapitre 8 pp. 249)), alors*

$$\sup_{\theta \in D_\mathcal{M}} \left| V_N(\theta, Z^N) - \bar{V}(\theta) \right| \to 0 \ a.p.1 \ quand \ N \to \infty \qquad (3.39)$$

où

$$\bar{V}(\theta) = \bar{E}_\Phi \frac{1}{2} \varepsilon_t^2(\theta) = \lim_{N \to \infty} \frac{1}{N} \sum_{t=1}^{N} E_\Phi \frac{1}{2} \varepsilon_t^2(\theta) \qquad (3.40)$$

avec Φ, fonction de distribution normale. Le LS-critère $V_N(\theta, Z^N)$ converge
ainsi uniformément en $\theta \in D_\mathcal{M}$ vers le LS-critère limite $\bar{V}(\theta)$. En conséquence,
le LS-estimateur $\hat{\theta}_N^{LS}$ converge vers l'argument θ^* minimisant $\bar{V}(\theta)$. Cependant,
lorsqu'il n'y a pas de minimum global unique, donné par $\bar{V}(\theta)$, il est préférable
de définir un domaine de convergence D_C par

$$D_C = arg \min_{\theta \in D_\mathcal{M}} \bar{V}(\theta) \qquad (3.41)$$

Enonçons alors le théorème suivant

Théorème 1 *Soit $\hat{\theta}_N^{LS}$ le LS-estimateur défini par (3.27), où $\varepsilon_t(\theta)$ est déterminée
par (3.37) à partir d'une structure de modèle $\mathcal{M}$ uniformément stable. Alors,
si Z^∞ est sujet aux conditions **D1***

$$\hat{\theta}_N^{LS} \to D_C \ a.p.1 \ quand \ N \to \infty \qquad (3.42)$$

Ce résultat indique que l'estimateur converge alors vers *la meilleure approximation disponible dans le structure de modèle $\mathcal{M}$ considérée*. En conséquence, si $\mathcal{S}_0 \in \mathcal{M}$, alors

$$\hat{\theta}_N^{LS} \rightarrow \theta_0 \text{ a.p.1 quand } N \rightarrow \infty \tag{3.43}$$

et $\mathcal{M}$ est globalement identifiable en θ_0.

Intéressons-nous maintenant à la convergence de la suite de variables aléatoires $\sqrt{N}\left(\hat{\theta}_N^{LS} - \theta_0\right)$. Soit le théorème

Théorème 2 *Supposons $D_C = \{\theta_0\}$ et $\hat{\theta}_N^{LS}$ Fisher-consistant, alors, la suite de variables aléatoires $\sqrt{N}\left(\hat{\theta}_N^{LS} - \theta_0\right)$ converge en loi vers une distribution asymptotique normale*

$$\sqrt{N}\left(\hat{\theta}_N^{LS} - \theta_0\right) \in \mathcal{A}s\mathcal{N}\left(0, \mathcal{C}^{LS}\left(\theta_0\right)\right) \tag{3.44}$$

où $C^{LS}\left(\theta_0\right)$ est la matrice de variance/covariance, donnée par

$$C^{LS}\left(\theta_0\right) = \left[\bar{V}''(\theta_0)\right]^{-1} Q^{LS}\left(\theta_0\right) \left[\bar{V}''(\theta_0)\right]^{-1} \tag{3.45}$$

avec

$$Q^{LS}\left(\theta_0\right) = \lim_{N \rightarrow \infty} N E_\Phi V_N'(\theta_0, Z^N) V_N'(\theta_0, Z^N)^T \tag{3.46}$$

V' et V'' sont respectivement le gradient et le Hessien du LS-critère.

La matrice $C^{LS}\left(\theta_0\right)$ n'est définie que si $V_N'(\theta_0, Z^N)$ converge rapidement vers $\bar{V}'(\theta_0)$ et si $\bar{V}''(\theta_0)$ est inversible.

A partir de (3.45), la matrice de covariance du LS-estimateur est donnée par

$$Cov\left(\hat{\theta}_N^{LS}\right) \sim \frac{C^{LS}\left(\theta_0\right)}{N} \tag{3.47}$$

En utilisant le gradient du modèle de prédiction défini par $\psi_t\left(\theta\right) = \frac{\partial}{\partial\theta}\hat{y}_t\left(\theta\right) = -\frac{\partial}{\partial\theta}\varepsilon_t\left(\theta\right)$, nous pouvons déduire une autre relation de la matrice de covariance du LS-estimateur

$$Cov\left(\hat{\theta}_N^{LS}\right) \sim \lambda_0 \frac{\left[\bar{E}_\Phi \psi_t\left(\theta_0\right)\psi_t^T\left(\theta_0\right)\right]^{-1}}{N} \tag{3.48}$$

Cependant, cette dernière expression peut rester inaccessible à l'utilisateur, et cela pour deux raisons principales :

1. Méconnaissance du *vrai vecteur paramètre* θ_0.
2. Impossibilité de disposer d'une infinité de données.

Ainsi, ayant à sa disposition N données et un estimateur $\hat{\theta}_N^{LS}$, alors

$$Cov\left(\hat{\theta}_N^{LS}\right) = \hat{\lambda}_N \frac{\left[\frac{1}{N}\sum_{t=1}^{N}\psi_t\left(\hat{\theta}_N^{LS}\right)\psi_t^T\left(\hat{\theta}_N^{LS}\right)\right]^{-1}}{N} \tag{3.49}$$

$$\hat{\lambda}_N = \frac{1}{N}\sum_{t=1}^{N}\varepsilon_t^2\left(\hat{\theta}_N^{LS}\right) \tag{3.50}$$

peuvent être considérées comme de bonnes estimations de $Cov(\theta_0)$ et λ_0 respectivement.

Disposant d'un ensemble de modèles estimés à partir de critères d'estimation, il semble nécessaire de proposer à l'utilisateur un ensemble de critères de validation.

3.5 Validation de modèles paramétriques

L'objectif est de proposer un test statistique à partir de quantités calculables dans le but de valider un modèle candidat parmi n modèles. Pour cela, nous devons disposer d'un estimateur, donné par la minimisation d'un critère d'estimation. Dans l'hypothèse théorique où nous disposons de tous les ensembles de données possibles et de taille aussi grande que nécessaire, nous pouvons utiliser la valeur limite du critère d'estimation comme mesure scalaire de la qualité du modèle, en prenant son espérance sur l'ensemble des jeux de données Z^N. Le modèle estimé correspondant $m = \mathcal{M}\left(\hat{\theta}_N\right)$ doit être considéré à son tour comme une variable aléatoire, et par conséquent, la fonction mesurant la *justesse* du modèle (le *fit*), c'est à dire le critère limite, l'est aussi.

Nous retiendrons alors comme mesure de la qualité d'une structure de modèle
$\mathcal{M}$, l'espérance de ce modèle prise par rapport aux différents estimateurs possibles $\hat{\theta}_N$

$$\bar{J}(\mathcal{M}) = E_\Phi \bar{V}\left(\hat{\theta}_N\right) \tag{3.51}$$

Il reste maintenant à exprimer (3.51) uniquement à partir des données d'estimation. Il faudra approximer cette relation à partir des données disponibles et
en particulier $V_N\left(\hat{\theta}_N, Z^N\right)$. Les hypothèses suivantes permettent de répondre
à cette interrogation :

 - $\mathcal{S}_0 \in \mathcal{M}$.
 - Les paramètres du modèle sont identifiables et donc $\bar{V}''(\theta_0)$ est inversible.
 - Les données de validation possèdent les mêmes propriétés statistiques du
   deuxième ordre que les données d'estimation.

3.5.1 Critère FPE dans l'approche L_2

Ce critère à l'origine a été formulé par Akaike [1] [2] et permet la sélection
de l'ordre du modèle estimé. Dans l'approche erreur de prédiction, il s'écrit

$$\bar{J}_{L_2}(\mathcal{M}) \approx V_N\left(\hat{\theta}_N^{LS}, Z^N\right) + \lambda_0 \frac{d_\mathcal{M}}{N} \tag{3.52}$$

Cette expression montre clairement le *coût des paramètres*. Si le nombre de
paramètres de la structure de modèle croit, alors $V_N\left(\hat{\theta}_N^{LS}, Z^N\right)$ sera plus petit.
Meilleur est le *fit* du modèle, plus petit est le minimum de $V_N\left(\theta, Z^N\right)$ en $\hat{\theta}_N^{LS}$.
Cependant l'augmentation de $d_\mathcal{M}$ fait croître le terme de pénalité $\lambda_0 \frac{d_\mathcal{M}}{N}$. Nous
voyons donc l'importance de bien choisir la structure et l'ordre du modèle.
Si N est suffisamment grand, alors $\hat{\lambda}_N$ peut être un bon estimé de λ_0 s'écrit

$$\hat{\lambda}_N = \frac{V_N\left(\hat{\theta}_N^{LS}\right)}{1 - \frac{d_\mathcal{M}}{N}} \tag{3.53}$$

En insérant cette relation dans (3.52), nous obtenons

$$FPE\left(d_\mathcal{M}\right) = 2\frac{N + d_\mathcal{M}}{N - d_\mathcal{M}} V_N\left(\hat{\theta}_N^{LS}\right) \tag{3.54}$$

La valeur de $d_{\mathcal{M}}$ pour laquelle le FPE atteint son *minimum* est l'ordre du modèle.

3.5.2 Critère FPE dans l'approche L_1

Cette approche a été developpée dans [26] [28]. Il est bien connu que le LS-estimateur est très sensible aux grands écarts des résidus, contrairement au LSAD-estimateur qui l'est beaucoup moins. En statistique, la médiane est beaucoup moins sensible que la moyenne quadratique. L'identification L_1 souffrant de ne pas disposer d'autant d'outils que l'identification L_2, les auteurs ont proposé un LSAD-critère d'estimation et les versions des critères de validation AIC et FPE. Le critère FPE en norme L_1 est alors donné par

$$\bar{J}_{L_1}(\mathcal{M}) \approx \frac{1}{N} \sum_{t=1}^{N} \left| \varepsilon_t \left(\hat{\theta}_N^{LSAD} \right) \right| + \frac{d_{\mathcal{M}}}{N} \qquad (3.55)$$

où $\hat{\theta}_N^{LSAD}$ est le LSAD-estimateur tel que

$$\hat{\theta}_N^{LSAD} = arg \min_{\theta \in D_{\mathcal{M}}} \frac{1}{N} \sum_{t=1}^{N} |\varepsilon_t(\theta)| \qquad (3.56)$$

Nous pouvons remarquer dans (3.55) l'absence du terme de variance λ_0. La nécessité d'évaluer ce terme à partir de données disparaît, facilitant ainsi l'évaluation de (3.55) et améliorant l'approximation faite par rapport au cas L_2. Ces outils ont permis d'estimer et de valider des modèles de commande ARX et OE, dans le but d'effectuer un contrôle actif de bruit dans un conduit acoustique semi-fini [25] [27].

3.5.3 Critère FPE dans l'approche M-estimateur

Ce critère FPE dans l'approche $L_2 - L_1$, plus communément appelé RFPE (Robust Final Prediction Error) a d'abord été proposé par Yohai [128]. L'auteur considère un M-estimateur d'échelle [71](chapitre 5 p. 107) appliqué à des modèles linéaires. Soit $\hat{\theta}_N^S$ un tel M-estimateur donné par

$$\hat{\theta}_N^S = arg \min_{\theta \in D_{\mathcal{M}}} \frac{1}{N} \sum_{t=1}^{N} \rho\left(\frac{r_t}{\sigma}\right) \tag{3.57}$$

où ρ est la norme de Huber, σ une échelle et $r_t = y_t - \varphi_t^T \theta$ les résidus.
Le RFPE est alors donné par

$$RFPE\left(d_{\mathcal{M}}\right) = \frac{1}{N} \sum_{t=1}^{N} \rho\left(\frac{y_t - \varphi_t^T \hat{\theta}_N^S}{\hat{\sigma}}\right) + \frac{d_{\mathcal{M}}}{N} \frac{\hat{A}}{\hat{B}} \tag{3.58}$$

pour lequel $\hat{\sigma}$ est un estimé de l'échelle, $\hat{A} = \frac{1}{N} \sum_{t=1}^{N} \psi\left(\frac{y_t - \varphi_t^T \hat{\theta}_N^S}{\hat{\sigma}}\right)^2$ et $\hat{B} = \frac{1}{N} \sum_{t=1}^{N} \psi'\left(\frac{y_t - \varphi_t^T \hat{\theta}_N^S}{\hat{\sigma}}\right)$. Ici, la fonction $\psi = \frac{\partial \rho}{\partial r}$ et ψ' est sa dérivée.
Le critère a notamment été utilisé dans les travaux de [77] [78] dans une
approche différente de l'erreur de prédiction, uniquement pour estimer et valider
des modèles linéaires. A notre connaissance, il n'existe aucune étude du RFPE
appliquée aux modèles pseudolinéaires, en particulier aux structures de modèles
OE et ARMAX.

3.6 Conclusion

Dans ce chapitre, nous avons abordé quelques généralités sur les processus monovariables à entrée exogène et sur le problème de l'identifiabilité dans
l'approche erreur de prédiction, en introduisant le concept de "vrai système".
Nous avons ensuite présenté les principales structures de modèles paramétriques
linéaires et pseudolinéaires. Quelques méthodes classiques d'estimation telles
que les moindres carrés *une étape* et *deux étapes* ainsi que les méthodes par
variables instrumentales ont été exposées. Nous avons pu montrer dans le cas
particulier de structure de modèles linéaires, modèle ARX par exemple, que
pour ces trois méthodes, la minimisation du critère d'estimation présente une

solution analytique. Les principales propriétés statistiques dans l'approche erreur de prédiction au sens des moindres carrés ont été aussi présentées. Nous
avons ensuite abordé certaines méthodes de validation de modèles en se foca-
lisant sur le critère FPE d'Akaike et de ses versions en normes L_1 et $L_2 - L_1$.
Pour cette dernière norme, nous avons mis l'accent sur l'existence d'un critère
RFPE, uniquement pour des modèles linéaires.

Au même titre que l'identification L_1 dans l'approche erreur de prédiction man-
quait d'outils d'estimation et surtout de validation, nous constatons qu'il en est
de même de l'identification $L_2 - L_1$. A notre connaissance, il n'existe aucune
étude sur le critère RFPE pour les modèles pseudolinéaires dans l'approche
erreur de prédiction. Nous proposons alors de définir un cadre formel autour
de la norme $L_2 - L_1$ de Huber avec extension de sa constante d'accord dans
les petites valeurs, prenant en compte le niveau de contamination ω du GEM.
C'est ce que nous allons développer dans la suite de ce mémoire.

Chapitre 4

Convergence de l'estimateur robuste

Ce chapitre commence par proposer un critère d'estimation robuste paramétré (PREC) dans l'approche erreur de prédiction, en introduisant deux ensembles d'index liés aux contributions L_2 et L_1. Le gradient et la matrice Hessienne de ce critère nécessaires à la résolution du problème d'optimisation sont établis. Nous montrons par un théorème de convergence uniforme que ce critère est effectivement robuste aux outliers d'innovation et par son corollaire, que l'estimateur robuste l'est aussi. L'approche M-estimateur de Huber à seuil étendu (*ETME, Extended Threshold M-Estimator*) est développée comme une conséquence de l'estimation paramétrique d'une structure de modèle pseudo-linéaire.

4.1 Le M-estimateur de Huber dans l'approche erreur de prédiction

Même si les M-estimateurs sont largement étudiés dans la littérature, leur formalisation dans le cadre d'une approche erreur de prédiction n'a jusqu'à présent pas été explicitée.

4.1.1 Critère d'estimation robuste paramétré : PREC

Dans cette approche, les erreurs de prédiction dépendent du vecteur paramètre θ à estimer. Soient d paramètres inconnus $\theta_1, ..., \theta_d$ à estimer à partir de N mesures entrée/sortie d'un processus monovariable. Considérons un modèle de déviation distributionnelle GEM des erreurs de prédiction, donné par (2.32). Un M-estimateur de Huber $\hat{\theta}_N^H$ dans $\mathbb{R}^d$ est défini par un problème de minimisation de la forme

$$\frac{1}{N} \sum_{t=1}^{N} \rho_\eta \left(\varepsilon_t(\hat{\theta}_N^H) \right) \cong \frac{1}{N} \inf_{\theta \in \Theta} \sum_{t=1}^{N} \rho_\eta \left(\varepsilon_t(\theta) \right) \tag{4.1}$$

ou par une équation implicite

$$\frac{1}{N} \sum_{t=1}^{N} \Psi_{t,\eta} \left(\varepsilon; \hat{\theta}_N^H \right) = 0 \tag{4.2}$$

L'erreur de prédiction est définie par $\varepsilon_t(\theta) = y_t - \hat{y}_t(\theta)$ et la ρ_η-norme par

$$\rho_\eta \left(\varepsilon_t(\theta) \right) = \begin{cases} \frac{\varepsilon_t^2(\theta)}{2} & \text{si } |\varepsilon_t(\theta)| \leq \eta \\ \eta |\varepsilon_t(\theta)| - \frac{\eta^2}{2} & \text{si } |\varepsilon_t(\theta)| > \eta \end{cases} \tag{4.3}$$

La Ψ-fonction de Huber dans l'approche erreur de prédiction est

$$\Psi_{t,\eta} \left(\varepsilon; \theta \right) = \frac{\partial}{\partial \theta} \rho_\eta \left(\varepsilon_t(\theta) \right) \tag{4.4}$$

Plus précisément, le vecteur paramètre $\theta = [\theta_1, ..., \theta_d]^T$ appartient à Θ, pour lequel Θ est un sous-ensemble de $\mathbb{R}^d$ et $\rho_\eta : \mathcal{E} \times \Theta \to \mathbb{R}$ est une fonction nonnégative et convexe telle que $\rho_\eta \left(\varepsilon_t(\theta) \right) : \mathcal{E} \to \mathbb{R}$ est mesurable pour chaque $\theta \in \Theta$, avec $\mathcal{E}$ un espace de probabilité.

La norme mixte de Huber est donc un mélange d'une norme L_2 qui ne traite que les résidus situés dans l'intervalle $[-\eta, \eta]$ et d'une norme L_1 qui elle, ne traite que ceux situés en dehors de cet intervalle. La contribution de chacune d'elle dépend de la valeur du facteur d'échelle η, donc de la constante d'accord k. Concrètement, le rôle de la norme L_1 est de robustifier la norme L_2, très sensible aux grands écarts des résidus, et de traiter le plus rapidement possible ces grands écarts. Ce point de vue justifie le choix de la constante d'accord k, car elle fixe la contribution de chacune des normes à la fin de la procédure d'estimation. Nous sommes donc amenés à définir deux ensembles d'index liés à chacune de ces contributions. Soient donc ν_2 et ν_1 ces deux ensembles traduisant respectivement les contributions L_2 et L_1, donnés par

$$\nu_2(\theta) = \{t : |\varepsilon_t(\theta)| \leq \eta\} \tag{4.5}$$

$$\nu_1(\theta) = \{t : |\varepsilon_t(\theta)| > \eta\} \tag{4.6}$$

A partir de ces deux ensembles, nous pouvons définir deux fonctions de contribution, $L_2C(\theta)$ et $L_1C(\theta)$, par

$$L_2C(\theta) = \frac{card(\nu_2(\theta))}{N} = \frac{N_2(\theta)}{N} \tag{4.7}$$

$$L_1C(\theta) = \frac{N_1(\theta)}{N} \tag{4.8}$$

dans lesquelles $card$ signifie le $cardinal$ de l'ensemble ν_i, $i = 1, 2$. Ces deux contributions vérifient l'égalité

$$card(\nu_2(\theta)) + card(\nu_1(\theta)) = N, \forall \theta \in D_{\mathcal{M}} \tag{4.9}$$

Nous verrons dans le chapitre 7 que cette fonction de contribution L_1 présente un intérêt substantiel dans la phase de validation de modèle, puisque cette fonction sera utilisée comme un nouvel outil d'aide à la décision du choix de l'ordre du modèle.

Avant de présenter le critère d'estimation robuste paramétré, il est utile de définir d'une façon générale la *restriction* d'une fonction $h(\theta)$ relative à l'ensemble d'index ν_i, notée $h_{\nu_i}(\theta)$, $i = 1, 2$. Dans la suite, pour toute fonction $h(\theta)$ continue, nous écrirons

$$h_{\nu_i}(\theta) = \begin{cases} h(\theta) & \text{si } t \in \nu_i(\theta) \\ 0 & \text{autrement} \end{cases} \tag{4.10}$$

L'usage de cette *restriction* relative à un ensemble d'index ν_i, permet de distinguer les parties L_2 et L_1 d'une même fonction. Cette approche est une façon de "ranger" aléatoirement les index temporels t, satisfaisant la condition imposée par le seuillage des erreurs de prédiction au cours de la procédure d'estimation robuste.

De ces généralités, soit $W_N(\theta)$ le critère d'estimation robuste paramétré défini par

$$W_N(\theta) = \frac{1}{N} \sum_{t \in \nu_2(\theta) \cup \nu_2(\theta)} \rho_\eta(\varepsilon_t(\theta)) = \underbrace{\frac{1}{N} \sum_{t \in \nu_2(\theta)} \frac{\varepsilon_t^2(\theta)}{2}}_{Partie\ L_2} + \underbrace{\frac{\eta}{N} \sum_{t \in \nu_1(\theta)} (|\varepsilon_t(\theta)| - \frac{\eta s_t^2(\theta)}{2})}_{Partie\ L_1}$$

$$\tag{4.11}$$

pour lequel la fonction *signe* des erreurs de prédiction $s_t(\theta)$ est donnée par

$$s_t(\theta) = \begin{cases} 1 & \text{si } \varepsilon_t(\theta) > \eta \\ 0 & \text{si } |\varepsilon_t(\theta)| \leq \eta \\ -1 & \text{si } \varepsilon_t(\theta) < -\eta \end{cases} \tag{4.12}$$

Remarque :

Comme nous le voyons, cette fonction dépend du vecteur paramètre θ. Pour plus de détails, le lecteur peut se référer à [39]. Sans rentrer dans les détails dans ce chapitre, nous montrons que $L_1 C(\theta)$ est une fonction de $s_t(\theta)$. Ce théorème montre que $L_1 C(\theta)$ présente des minima, établissant que la dérivée de $s_t(\theta)$ par rapport à θ est non nulle. Dans la suite, nous choisissons comme fonction logistique, l'expression suivante [22]

$$s_t(\theta) \approx \zeta_t(\theta) = \frac{1 - e^{-2K\varepsilon_t(\theta)}}{1 + e^{-2K\varepsilon_t(\theta)}} \tag{4.13}$$

61

dans laquelle le réel $K > 0$ est choisi suffisamment grand pour assurer l'approximation de $s_t(\theta)$.

Par usage de (4.10), le PREC peut aussi s'écrire

$$W_N(\theta) = \frac{1}{N} \sum_{t=1}^{N} \frac{\varepsilon_{\nu_2,t}^2(\theta)}{2} + \frac{\eta}{N} \sum_{t=1}^{N} (|\varepsilon_{\nu_1,t}(\theta)| - \frac{\eta s_{\nu_1,t}^2(\theta)}{2}) \qquad (4.14)$$

Il nous appartient de montrer de quelle manière le PREC est implémenté dans l'algorithme de minimisation de la procédure d'estimation.

Soient deux vecteurs et une matrice $\mathcal{E}(\theta) \in \mathbb{R}^N$, $\mathcal{S}(\theta) \in \mathbb{R}^N$ et $\mathcal{W}(\theta) \in \mathbb{R}^{N \times N}$, définis respectivement comme étant le vecteur des erreurs de prédiction, le vecteur *signe* et la matrice *poids*, par

$$\mathcal{E}(\theta) = [\varepsilon_1(\theta)...\varepsilon_N(\theta)] \qquad (4.15)$$

$$\mathcal{S}(\theta) = [s_1(\theta)...s_N(\theta)] \qquad (4.16)$$

$$\mathcal{W}(\theta) = diag\,(w_1(\theta)...w_N(\theta)) \qquad (4.17)$$

où chaque poids est donné par $w_t(\theta) = 1 - s_t^2(\theta)$. Le PREC à minimiser prend la forme suivante

$$W_N(\theta) = \frac{1}{2N}\mathcal{E}^T(\theta)\mathcal{W}(\theta)\mathcal{E}(\theta) + \frac{\eta}{N}\mathcal{S}^T(\theta)\left[\mathcal{E}(\theta) - \frac{\eta}{2}\mathcal{S}(\theta)\right] \qquad (4.18)$$

Au cours de la procédure d'estimation dans l'algorithme d'adaptation paramétrique (AAP) [83], $\mathcal{E}(\theta)$, $\mathcal{S}(\theta)$ ainsi que $\mathcal{W}(\theta)$ prennent leurs valeurs aléatoirement en fonction de η. $\mathcal{E}(\theta)$ se "remplie" des erreurs de prédiction pour tout t. $\mathcal{S}(\theta)$ se remplie de 0 si $t \in \nu_2$, de -1 et de 1 si $t \in \nu_1$. Quant à $\mathcal{W}(\theta)$, sa diagonale prend la valeur 1 si $t \in \nu_2$ et 0 autrement. Nous voyons que lorsque η est fixé par k, au cours de l'estimation, il s'effectue une répartition donnant lieu aux deux contributions L_1 et L_1.

4.1.2 Gradient et Hessien du PREC

Dans l'approche erreur de prédiction, le gradient et le Hessien du critère d'estimation, sont deux quantités indispensables aux propriétés de convergence de l'estimateur robuste. Le gradient $W'_N(\theta)$ permet de déterminer la Q-matrice et le Hessien limite (déduit du Hessien $W''_N(\theta)$) intervient dans la convergence en loi de la suite de variables aléatoires $\sqrt{N}\left(\hat{\theta}_N^H - \theta_0\right)$. C'est à partir de la matrice de variance/covariance de cette suite que l'on peut déduire la matrice de variance/covariance asymptotique de l'estimateur robuste $\hat{\theta}_N^H$.

Dans le but d'établir l'expression de $W'_N(\theta)$, il est nécessaire de connaître la dérivée de la fonction *signe* par rapport à θ. Préalablement, nous proposons le lemme suivant, étendant ainsi le résultat de Chang [31].

Lemme 2 *Soit $s_t(\theta)$ la fonction signe dont l'approximation est donnée par (4.13), alors*

$$\frac{\partial s_t(\theta)}{\partial \theta} \approx -4Ke^{-2K|\varepsilon_t(\theta)|}\psi_t(\theta) \tag{4.19}$$

Preuve :

Nous obtenons pour tout $t \in \nu_1(\theta)$

$$\frac{\partial s_t(\theta)}{\partial \theta} = -g_t^K(\theta)\psi_t(\theta) \tag{4.20}$$

avec $\psi_t(\theta) = -\frac{\partial}{\partial\theta}\varepsilon_t(\theta)$ et

$$g_t^K(\theta) = \frac{4Ke^{-2K\varepsilon_t(\theta)}}{\left(1 + e^{-2K\varepsilon_t(\theta)}\right)^2} \tag{4.21}$$

Pour K suffisamment grand, un développement de Taylor à l'ordre 1 en zéro montre que

$$g_t^K(\theta) \approx 4Ke^{-2K|\varepsilon_t(\theta)|} \tag{4.22}$$

La dérivée de la fonction *signe* devient alors

$$\frac{\partial s_t(\theta)}{\partial \theta} \approx -4Ke^{-2K|\varepsilon_t(\theta)|}\psi_t(\theta) \tag{4.23}$$

63

Théorème 3 *Soient $W_N(\theta)$ le critère d'estimation robuste défini par (4.14) et la dérivée de la fonction signe donnée par (4.23), alors le gradient de $W_N(\theta)$ par rapport à θ s'écrit*

$$W'_N(\theta) = \frac{-1}{N} \sum_{t \in \nu_2(\theta)} \psi_t(\theta)\varepsilon_t(\theta) - \frac{\eta}{N} \sum_{t \in \nu_1(\theta)} \psi_t(\theta)s_t(\theta) \qquad (4.24)$$

Preuve :

Nous avons vu dans (4.11) que nous pouvions distinguer une *Partie L_2* et une *Partie L_1* du PREC. Posons alors

$$W_N(\theta) = W_N^{\nu_2}(\theta) + W_N^{\nu_1}(\theta) \qquad (4.25)$$

avec

$$W_N^{\nu_2}(\theta) = \frac{1}{N} \sum_{t \in \nu_2(\theta)} \frac{\varepsilon_t^2(\theta)}{2} \qquad (4.26)$$

et

$$W_N^{\nu_1}(\theta) = \frac{1}{N} \sum_{t \in \nu_1(\theta)} \left(\eta \left| \varepsilon_t(\theta) \right| - \frac{\eta^2 s_t^2(\theta)}{2} \right) \qquad (4.27)$$

La dérivée de (4.26) par rapport à θ devient

$$W'^{\nu_2}_N(\theta) = \frac{-1}{N} \sum_{t \in \nu_2(\theta)} \psi_t(\theta)\varepsilon_t(\theta) \qquad (4.28)$$

et celle de (4.27) en utilisant le lemme 2, s'écrit

$$W'^{\nu_1}_N(\theta) = -\frac{\eta}{N} \sum_{t \in \nu_1(\theta)} \psi_t(\theta)s_t(\theta) - \frac{\eta}{N} \sum_{t \in \nu_1(\theta)} \psi_t(\theta) g_t^K(\theta) \left(\varepsilon_t(\theta) - \eta s_t(\theta) \right) \quad (4.29)$$

Soit $D_{\mathcal{M}}$ un compact et $g_t^K(\theta)$ la fonction définie par (4.22), alors (4.29) devient

$$\sup_{\theta \in D_{\mathcal{M}}} \left\| \frac{\partial}{\partial \theta} W_N^{\nu_1}(\theta) + \frac{\eta}{N} \sum_{t \in \nu_1(\theta)} \psi_t(\theta) s_t(\theta) \right\| = \sup_{\theta \in D_{\mathcal{M}}} \left\| A_N^K(\theta) \right\| \qquad (4.30)$$

avec

$$\left\| A_N^K(\theta) \right\| = \frac{4K\eta}{N} \left\| \sum_{t=1}^{N} \psi_{\nu_1,t}(\theta) \, e^{-2K\left|\varepsilon_{\nu_1,t}(\theta)\right|} \left(\varepsilon_{\nu_1,t}(\theta) - \eta s_{\nu_1,t}(\theta) \right) \right\| \qquad (4.31)$$

La règle (4.10) permet de donner l'expresion

$$\psi_{\nu_2,t}(\theta) + \psi_{\nu_1,t}(\theta) = \psi_t(\theta) \qquad (4.32)$$

Toujours d'après cette règle, le vecteur $\psi_{\nu_1,t}(\theta)$ contenant des valeurs nulles, il est facile de vérifier que $\|\psi_{\nu_1,t}(\theta)\| \leq \|\psi_t(\theta)\|$. Un théorème formulé par Ljung et Caines dans [89] [90] montre que pour tout $t > 0$ et tout compact $D_\mathcal{M}$, $\sup_{\theta \in D_\mathcal{M}} \|\psi_t(\theta)\| \leq C \|\mathcal{E}\|$ où $\|\mathcal{E}\| = \sup_{\theta \in D_\mathcal{M}} \left\| [\varepsilon_1(\theta)...\varepsilon_N(\theta)]^T \right\|$. On obtient alors

$$\sup_{\theta \in D_\mathcal{M}} \|\psi_{\nu_1,t}(\theta)\| \leq C \|\mathcal{E}\| \qquad (4.33)$$

De plus, $e^{-2K\left|\varepsilon_{\nu_1,t}(\theta)\right|} \leq e^{-2K\eta}$ et posons pour tout $t > 0$ $\sup_{\theta \in D_\mathcal{M}} |\varepsilon_{\nu_1,t}(\theta)| = C_\varepsilon$ et $\sup_{\theta \in D_\mathcal{M}} |s_{\nu_1,t}(\theta)| \leq 1$. Il vient que

$$\sup_{\theta \in D_\mathcal{M}} \left\| A_N^K(\theta) \right\| \leq 4C \left(C_\varepsilon + \eta \right) \eta \|\mathcal{E}\| K e^{-2K\eta} \qquad (4.34)$$

Il existe alors une valeur de K suffisamment grande pour que $4C \left(C_\varepsilon + \eta \right) \eta \|\mathcal{E}\| K e^{-2K\eta} \to 0$. Nous obtenons ainsi

$$\sup_{\theta \in D_\mathcal{M}} \left\| \frac{\partial}{\partial \theta} W_N^{\nu_1}(\theta) + \frac{\eta}{N} \sum_{t \in \nu_1(\theta)} \psi_t(\theta) s_t(\theta) \right\| = 0 \qquad (4.35)$$

ce qui prouve le gradient du PREC.

A partir de ce gradient, nous pouvons déduire la Ψ-fonction de Huber dans l'approche erreur de prédiction. Elle est alors donnée par

$$\Psi_{t,\eta}(\varepsilon;\theta) = -\psi_{\nu_2,t}(\theta)\varepsilon_{\nu_2,t}(\theta) - \eta\psi_{\nu_1,t}(\theta)s_{\nu_1,t}(\theta) \qquad (4.36)$$

Théorème 4 *Soient $W'_N(\theta)$ le gradient du critère d'estimation robuste défini par (4.24) et la dérivée de la fonction signe donnée par lemme 2, alors le gradient de $W'_N(\theta)$ par rapport à θ s'écrit*

$$W''_N(\theta) = \frac{-1}{N} \sum_{t \in \nu_2(\theta)} \left(\frac{\partial \psi_t^T(\theta)}{\partial \theta} \varepsilon_t(\theta) - \psi_t(\theta) \psi_t^T(\theta) \right) - \frac{\eta}{N} \sum_{t \in \nu_1(\theta)} \frac{\partial \psi_t^T(\theta)}{\partial \theta} s_t(\theta)$$

(4.37)

Preuve :

Les dérivées de (4.28) et (4.29) par rapport à θ donnent immédiatement

$$W''^{\nu_2}_N(\theta) = \frac{-1}{N} \sum_{t \in \nu_2(\theta)} \left(\frac{\partial \psi_t^T(\theta)}{\partial \theta} \varepsilon_t(\theta) - \psi_t(\theta) \psi_t^T(\theta) \right)$$

(4.38)

et

$$W''^{\nu_1}_N(\theta) = -\frac{\eta}{N} \sum_{t \in \nu_1(\theta)} \frac{\partial \psi_t(\theta)}{\partial \theta} s_t(\theta) - \frac{\eta}{N} \sum_{t \in \nu_1(\theta)} \psi_t(\theta) \frac{\partial s_t(\theta)^T}{\partial \theta}$$

(4.39)

Par le lemme 2, nous avons alors

$$\sup_{\theta \in D_\mathcal{M}} \left\| W''^{\nu_1}_N(\theta) + \frac{\eta}{N} \sum_{t \in \nu_1(\theta)} \frac{\partial \psi_t^T(\theta)}{\partial \theta} s_t(\theta) \right\|_{L_1} = \sup_{\theta \in D_\mathcal{M}} \left\| B_N^K(\theta) \right\|_{L_1}$$

(4.40)

pour laquelle

$$\left\| B_N^K(\theta) \right\|_{L_1} = \frac{4K\eta}{N} \left\| \sum_{t=1}^{N} \psi_{\nu_1,t}(\theta) \psi_{\nu_1,t}^T(\theta) e^{-2K|\varepsilon_{\nu_1,t}(\theta)|} \right\|_{L_1}$$

(4.41)

Nous en déduisons que

$$\left\| B_N^K(\theta) \right\|_{L_1} \leq \frac{4K\eta e^{-2K\eta}}{N} \sum_{t=1}^{N} \left\| \psi_{\nu_1,t}(\theta) \psi_{\nu_1,t}^T(\theta) \right\|_{L_1}$$

(4.42)

Toujours dans [89] [90], les auteurs montrent que la norme matricielle

$$M_{\psi\psi} = \left\| \psi_t(\theta) \psi_t^T(\theta) \right\|_{L_1} \tag{4.43}$$

est bornée pour tout $\theta \in D_{\mathcal{M}}$ et $t > 0$. Sachant que par construction, le vecteur $\psi_{\nu_1,t}$ contient des valeurs nulles, alors $M_{\psi_{\nu_1}\psi_{\nu_1}} \leq M_{\psi\psi}$. En conséquence, il existe une valeur de K suffisamment grande telle que

$$\sup_{\theta \in D_{\mathcal{M}}} \left\| B_N^K(\theta) \right\|_{L_1} \leq 4K\eta e^{-2K\eta} M_{\psi\psi} \to 0 \tag{4.44}$$

Ceci montre que

$$\sup_{\theta \in D_{\mathcal{M}}} \left\| W''^{\nu_1}_N(\theta) + \frac{\eta}{N} \sum_{t \in \nu_1(\theta)} \frac{\partial \psi_t^T(\theta)}{\partial \theta} s_t(\theta) \right\|_{L_1} = 0 \tag{4.45}$$

ce qui termine la démonstration.

4.2 Convergences du PREC et de l'estimateur robuste en présence d'outliers

Nous allons énoncer et prouver un théorème sur la convergence uniforme du PREC lorsque les erreurs de prédiction contiennent des outliers d'innovation. Rappelons qu'une erreur de prédiction est considérée comme outlier d'innovation si $|\varepsilon_t(\theta)| > \eta$ pour k fixée. Choisir *convenablement* une valeur de k c'est définir une ρ_η-norme, donc un critère d'estimation robuste paramétré. Ce dernier doit converger vers une valeur limite, sous la condition $\theta \in D_{\mathcal{M}}$ où $D_{\mathcal{M}}$ est un compact. Nous supposons que les résidus contenant des outliers sont distribués selon le modèle de déviation distributionnelle GEM, donné par

$$\mathcal{P}_\Phi(\omega) = \{F | F = (1-\omega)\Phi + \omega H\} \tag{4.46}$$

où Φ est la distribution normale et ω, le niveau de contamination de Φ. Selon la règle (4.10), l'erreur de prédiction $\varepsilon_t(\theta)$ peut s'écrire

$$\varepsilon_t(\theta) = \varepsilon_{\nu_2,t}(\theta) + \varepsilon_{\nu_1,t}(\theta) \tag{4.47}$$

où $\varepsilon_{\nu_2,t}(\theta)$ sont les résidus dans l'invervalle $[-\eta, \eta]$ et $\varepsilon_{\nu_1,t}(\theta)$ ceux considérés comme outliers. Choisissons pour $\varepsilon_{\nu_2,t}(\theta)$ une expression analogue à (3.37)

$$\varepsilon_{\nu_2,t}(\theta) = \sum_{i \geq 1} d^\theta_{\nu_2,t}(i)\, u_{t-i} + \sum_{i \geq 0} \tilde{d}^\theta_{\nu_2,t}(i)\, e_{t-i} \tag{4.48}$$

où les filtres $d^\theta_{\nu_2,t}(i)$ et $\tilde{d}^\theta_{\nu_2,t}(i)$ sont uniformément stables en θ et t tels que $\left| d^\theta_{\nu_2,t}(i) \right| \leq \mu_i$, $\left| \tilde{d}^\theta_{\nu_2,t}(i) \right| \leq \mu_i$ pour tout $t \in \nu_2(\theta)$ et $\theta \in D_\mathcal{M}$ avec $\sum_{i \geq 0} \mu_i < \infty$. Les résidus considérés comme outliers peuvent s'exprimer sous la forme

$$\varepsilon_{\nu_1,t}(\theta) = \sum_{i \in \nu_1(\theta)} \Omega_i(\theta)\, \delta_{t,i} \tag{4.49}$$

où $\Omega_i(\theta)$ est le *i-ième* outlier d'innovation et $\delta_{t,i}$ la fonction de Kronecker. Considérons les hypothèses techniques **HT** suivantes

1. Le signal d'entrée u_t est borné et on a $\sup_t |u_t| = C_u$.

2. La séquence de variables aléatoires *iid* e_t est de moyenne nulle et de moments d'ordre $4 + \delta$ bornés, pour $\delta > 0$. Son moment d'ordre 2 est noté λ.

3. Le choix convenable de η borne les outliers, de valeur moyenne ϵ et d'amplitude $\sup_{i \in \nu_1(\theta)} |\Omega_i(\theta)| = \alpha$

Avant d'énoncer le théorème de convergence uniforme, considérons le lemme suivant

Lemme 3 *Posons* $R^N_r(\theta) = \sum_{t=r}^{N} \chi_t(\theta)$ *et* $\tilde{R}^N_r = \sup_{\theta \in D_\mathcal{M}} \left| R^N_r(\theta) \right|$, *où* $D_\mathcal{M}$ *est un sous-ensemble compact de* $\mathbb{R}^d$. *Si* $E_F \left(\tilde{R}^N_r \right)^2 \leq f_r(N)$ *où* $f_r(N)$ *est un*

68

polynôme en N de degré 0 où 1, alors

$$\sup_{k \in I_N} \frac{1}{k} \tilde{R}_1^N \to 0, \; a.p.1 \; quand \; N \to \infty \tag{4.50}$$

avec $I_N = \left[N^2, (N+1)^2 \right]$.

Théorème 5 *Considérons une structure de modèle $\mathcal{M}$ uniformément stable. Soit $D_{\mathcal{M}}$ un sous-ensemble compact de $\mathbb{R}^d$. Supposons que l'ensemble de données Z^∞ (Z^N quand $N \to \infty$) soit sujet à **HT**, alors*

$$\sup_{\theta \in D_{\mathcal{M}}} \left| W_N(\theta) - \bar{W}(\theta) \right| \to 0 \; a.p.1 \; quand \; N \to \infty \tag{4.51}$$

où $\bar{W}(\theta) = \lim_{N \to \infty} E_F W_N(\theta)$

Preuve du Lemme 3 :

Supposons $E\left(\tilde{R}_r^N \right)^2 \leq f_r(N)$, alors

$$E_F \left(\frac{1}{N^2} \tilde{R}_1^{N^2} \right)^2 = \frac{1}{N^4} E_F \left(\tilde{R}_1^{N^2} \right)^2 \leq \frac{f_1(N^2)}{N^4} \tag{4.52}$$

L'inégalité de Chebytshev donne

$$P\left(\frac{1}{N^2} \tilde{R}_1^{N^2} > \gamma \right) \leq \frac{1}{\gamma^2 N^4} E_F \left(\tilde{R}_1^{N^2} \right)^2 \tag{4.53}$$

En conséquence

$$\sum_{k=1}^{\infty} P\left(\frac{1}{k^2} \tilde{R}_1^{k^2} > \gamma \right) \leq C \sum_{k=1}^{\infty} \frac{f_1(k^2)}{k^4} < \infty \tag{4.54}$$

Par le lemme de Borel-Cantelli, nous obtenons

$$\frac{1}{k^2} \tilde{R}_1^{k^2} \to 0, \; a.p.1 \; quand \; k \to \infty \tag{4.55}$$

Définissons l'intervalle $I_N = \left[N^2, (N+1)^2 \right]$. Supposons que $\sup\limits_{k \in I_N} \frac{1}{k} \tilde{R}_1^k$ soit obtenue pour $k = k_N$ et $\theta = \theta_N$. Ainsi, quand $k_N = (N+1)^2$, nous avons

$$\sup_{k \in I_N} \frac{1}{k} \tilde{R}_1^k = \frac{1}{(N+1)^2} \left| \sum_{t=1}^{(N+1)^2} \chi_t(\theta_N) \right| \leq$$

$$\frac{1}{(N+1)^2} \left| \sum_{t=1}^{N^2} \chi_t(\theta_N) \right| + \frac{1}{(N+1)^2} \left| \sum_{t=N^2+1}^{(N+1)^2} \chi_t(\theta_N) \right| \qquad (4.56)$$

Alors

$$\sup_{k \in I_N} \frac{1}{k} \tilde{R}_1^k \leq \frac{1}{(N+1)^2} \tilde{R}_1^{N^2} + \frac{1}{(N+1)^2} \tilde{R}_{N^2+1}^{(N+1)^2} \qquad (4.57)$$

Puisque $\frac{1}{k^2} \tilde{R}_1^{k^2} \to 0$ a.p.1 quand $N \to \infty$, le premier terme à droite de (4.57) tend vers zéro. Pour le deuxième, nous avons

$$E_F \left(\frac{1}{(N+1)^2} \tilde{R}_{N^2+1}^{(N+1)^2} \right)^2 \leq \frac{f_{N^2+1} \left((N+1)^2 \right)}{(N+1)^4} \leq \frac{C}{N^2} \qquad (4.58)$$

Par l'inégalité de Chebytshev et par le lemme de Borel-Cantelli, ce terme tend vers zéro a.p.1 quand $N \to \infty$. En conséquence

$$\sup_{k \in I_N} \frac{1}{k} \tilde{R}_1^k, \text{ a.p.1 quand } N \to \infty \qquad (4.59)$$

Ce qui prouve le lemme. La preuve du théorème 5 est donnée en Annexe A.

Corollaire du théorème 5 : convergence de l'estimateur
Le corollaire de ce théorème de convergence du PREC en présence d'outliers Ω_k, montre que si D_C est un domaine de convergence défini par

$$D_C = arg \min_{\theta \in D_{\mathcal{M}}} \bar{W}(\theta) \qquad (4.60)$$

, le M-estimateur de Huber $\hat{\theta}_N^H$ converge alors vers la meilleure approximation disponible dans le structure de modèle $D_{\mathcal{M}}$ considérée et on a

$$\hat{\theta}_N^H \to D_C \text{ a.p.1 quand } N \to \infty \qquad (4.61)$$

Le théorème précédent et son corollaire ne peuvent être satisfaits que par un choix *convenable* de l'intervalle de bruit $\mathcal{I}_b^k$. En effet, pour l'utilisateur, le choix de k reste une tâche délicate. Il s'agit bien de proposer à travers k un estimateur robuste solution du problème de données contaminées, préalablement formalisé par le GEM définie par (4.46). Une valeur de k bien choisie devrait rapidement réduire l'*effet impulsionnel* de l'outlier d'innovation ainsi que sa propagation dans les erreurs de prédiction et dans le régresseur. Le rôle essentiel de la norme L_1 est de permettre un traitement rapide de ces outliers en atténuant leurs effets négatifs sur l'estimateur, et de rendre les résidus suivants plus petits, dans le but d'être traités par la norme L_2. Cette notion de propagation reste fondamentale, car ses conséquences directes ou indirectes décident de la convergence de l'estimateur robuste et de ses performances, et ses effets dépendent de la nature même de la régression. Il est important de préciser que la propagation d'outliers peut entraîner des cas singuliers d'occurrence de points de levage (leverage points) et le risque de rupture (breakdown points) de l'estimateur. Dans cette situation extrême, ces points ont une haute influence de position dans l'espace facteur $\mathcal{E}_f$, défini comme l'espace de dimension d lié à la matrice de régression donnée par

$$\Phi_N^T(\theta) = [\varphi_1(\theta) \, ... \varphi_N(\theta)] \tag{4.62}$$

où $\varphi_t(\theta)$ est le régresseur. Dans le cas particulier de la structure de modèle OE, le régresseur fait apparaître des points de levage, à cause du mécanisme interne de boucle de retour dans le modèle de prédiction $\hat{y}_t(\theta)$. La figure 4.1 montre la causalité d'apparition des outliers d'innovation par les outliers d'observation et le mécanisme interne de boucle de retour. Cette structure de modèle paramétrique fait craindre un point de rupture relativement bas, signifiant qu'un simple outlier d'innovation mal placé dans la séquence des erreurs de prédiction, occasionnerait des dommages majeurs dans la procédure d'estimation. Ceci est certainement vrai dans le cas où l'intervalle de bruit est $\mathcal{I}_b^k = [1, 2]$, puisqu'il ne privilégie ni la forte robustesse, ni la forte efficacité de l'estimateur. Nous pensons au contraire, que l'abaissement de la constante d'accord se traduisant par une extension de $\mathcal{I}_b^k$, va permettre de mieux *réguler* la procédure d'estimation. Intuitivement, la nature même de la structure de ces modèles, nous contraint de choisir un intervalle de bruit $\mathcal{I}_b^k$ différent c'est à dire $\mathcal{I}_b^k = [0.01, 2]$. Réduire k, c'est réduire rapidement l'effet impulsionnel de l'outlier d'innovation et sa propagation dans le régresseur puis dans les résidus. Nous privilégions la *robustesse impulsionnelle*, où la norme L_1 est focalisée sur l'occurence de l'outlier, contraignant ainsi les résidus suivants à être fortement réduits et à n'être traités que par la norme L_2. D'où l'intérêt dans les cas sévères de réduire la valeur de k. Ce constat a été mis en évidence dans [39]. Cependant, il nous appartient de vérifier que la recherche d'un estimateur significativement robuste ne se traduit pas par une perte importante de performance

4.3 Conclusion

Au début de ce chapitre, nous avons présenté un critère d'estimation robuste, basé sur la norme de Huber munie d'un paramètre ayant pour fonction d'ajuster la robustesse et l'efficacité de l'estimateur. Nous avons ainsi montré qu'en présence d'outliers d'innovation dans les erreurs de prédiction, ce critère convergeait uniformément vers un critère limite et que l'estimateur robuste convergeait aussi. Nous avons aussi justifié le choix d'un intervalle de bruit étendu vers les petites valeurs comme une conséquence de la nature de la régression du modèle de prédiction. Dans le chapitre suivant, nous traiterons des aspects techniques liés à l'estimation des structures de modèles pseudo-linéaires.

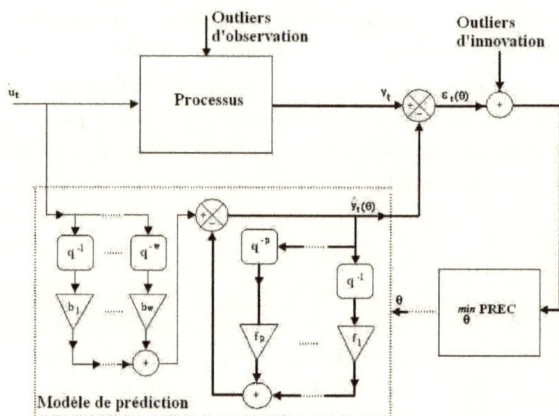

FIG. 4.1 – Causalité d'apparition des outliers d'innovation par les outliers d'observation. Il apparaît le mécanisme interne de boucle de retour dans le modèle de prédiction.

Chapitre 5

Performances de l'estimateur robuste : développement de l'approche L^ω-FTE

Ce chapitre traite de points techniques nouveaux qui n'existent pas dans les approches linéaires et associées telle que l'approche LPV, linéaire à paramètres variables ou LTV, linéaire à temps variables. En effet, il s'agit de linéariser les fonctions de transfert des modèles pseudolinéaires de prédiction que l'on cherche à estimer. Concrètement, il s'agit de déterminer la *limite* L (appelée aussi *ordre large*) des développements en série de Taylor du gradient $\psi_t(\theta)$ et du Hessien $\frac{\partial \psi_t(\theta)}{\partial \theta}$ de l'erreur de prédiction pour la structure de modèle OE. L'objectif est de linéariser ces expressions et d'en déduire celles du gradient et du Hessien du PREC. Ce chapitre aborde ensuite le problème de la distribution asymptotique de l'estimateur dans l'approche $\mathcal{I}_b^k$ étendu, au moyen de la convergence en loi de la suite de variables aléatoires $\sqrt{N}\left(\hat{\theta}_N^H - \theta_0\right)$. A partir des expressions asymptotiques du gradient et du Hessien du PREC, l'expression de la matrice de variance/covariance du M-estimateur de Huber dans l'approche L^ω-FTE est présentée.

5.1 Justification de l'approche

La démarche classique lorsque sont abordés les problèmes liés aux structures non linéaires, est d'essayer, dans la mesure du possible, d'effectuer une
linéarisation autour d'un point [22] et de limiter la longueur L de celle-ci, dans
le but de réduire le *coût* des calculs. Dans la suite de notre travail, nous nous
plaçons dans ce contexte, en proposant de limiter L tout en assurant la précision
requise des résultats numériques. A l'origine, cette linéarisation présente une
somme infinie et se place donc dans un cadre purement théorique et non calcu-
latoire. Limiter cette somme par un *ordre large* L se justifie donc. Cependant,
le choix de L ne doit pas résulter d'une quelconque méthode empirique, car
elle peut augmenter significativement le coût des calculs. Ce choix doit s'ap-
puyer sur un cadre formel, en montrant que l'approximation linéaire mène à
des bornes supérieures d'erreurs qui tendent vers zéro ou dans la mesure du
possible, qui tendent vers de très faibles valeurs. Ces problèmes appliqués aux
modèles paramétriques ont été menés à l'origine par [14] et [16]. Le premier a
traité l'aspect formel du problème en montrant qu'il était possible de limiter
un modèle et d'en donner un prédicteur fini. Le second l'a appliqué à un processus AR en établissant la consistence d'un estimé spectral. Cependant, Berk
ne justifie pas vraiment le choix de L et se contente d'une étude empirique.
Un premier travail faisant l'objet d'une avancée réelle sur la justification de L,
concerne celui réalisé par Mayne et Firoozan dans [104]. Ces auteurs ont étudié
une identification linéaire d'un processus ARMA, en essayant effectivement de
choisir L dans le but de réduire les *sévères efforts calculatoires* exigés par la
fonction de vraisemblance. Dans la conclusion de leur article, ils proposent que
L soit choisi comme la racine de la fonction de Lambert W, telle que $Le^L = z$ où
z est un nombre complexe dont la partie réelle est comprise entre $-1/e$ et 0 [41].
C'est finalement Al-Smadi dans [5] qui utilise la fonction de Lambert comme
ordre large, dans son algorithme basé sur les moindres carrés pour l'identification d'un modèle ARMA non-gaussien. Cependant, les valeurs de L ne sont pas
clairement justifiées. Le terme d'*ordre large* a été suggéré par Söderström dans

[120]. Les auteurs proposent une grande valeur de L sans réelle justification, dont l'objectif est d'approximer un modèle ARMA par un modèle AR. Les valeurs ainsi choisies s'appuient sur une méthode essentiellement empirique.

Ces études montrent qu'il est parfois difficile de donner *la raison* du choix de L dans le but de limiter une somme et d'en apporter toutes les justifications, qu'elles soient formelles et/ou expérimentales. Dans ce travail, nous allons au contraire, définir un cadre formel et nous montrerons par quelques résultats expérimentaux son application. Le point de départ concerne la structure non-linéaire de la relation reliant le gradient $\psi_t(\theta)$ au régresseur $\varphi_t(\theta)$, pour une structure de modèle pseudolinéaire donnée. Pour un modèle OE ou ARMAX, cette relation s'écrit

$$P(q,\theta)\,\psi_t(\theta) = \varphi_t(\theta) \tag{5.1}$$

où $P(q,\theta)$ est un polynôme monique. Dans la suite, nous nous focalisons au cas particulier du modèle OE, où $P(q,\theta) = F(q,\theta)$ et

$$\varphi_t(\theta) = \left[u_{t-1}...u_{t-w} \quad -\hat{y}_{t-1}(\theta)...-\hat{y}_{t-p}(\theta)\right]^T$$

[92](chapitre 10 p. 329). La relation (5.1) montre que le gradient $\psi_t(\theta)$ s'obtient en filtrant le régresseur $\varphi_t(\theta)$ par le filtre $1/F(q,\theta)$. En considérant la fonction de transfert

$$\Phi_p(q,\theta) = \frac{1}{F(q,\theta)} = \frac{1}{1 + \sum_{i=1}^{p} f_i q^{-i}} \tag{5.2}$$

, le gradient et le Hessien du modèle de prédiction $\hat{y}_t(\theta)$ s'écrivent respectivement

$$\psi_t(\theta) = \Phi_p(q,\theta)\,\varphi_t(\theta) \tag{5.3}$$

et

$$\frac{\partial}{\partial\theta}\psi_t^T(\theta) = \frac{-\frac{\partial}{\partial\theta}F(q,\theta)}{[F(q,\theta)]^2}\varphi_t^T(\theta) + \frac{1}{F(q,\theta)}\frac{\partial}{\partial\theta}\varphi_t^T(\theta) \tag{5.4}$$

Le développement fini en série de Taylor (L^ω-FTE) de (5.3) et (5.4) doit tenir compte de l'hypothèse que la fonction de transfert $\Phi_p(q,\theta)$ est stable pour tout $\theta \in D_{\mathcal{M}}$. Il semble tout naturel de penser que L dépend du placement des pôles de la fonction de transfert associée $\Phi_p(z,\theta)$ où $z \in \mathbb{C}$. Si ρ_k est le k-ième pôle de $\Phi_p(z,\theta)$, alors $\tilde{r} = \sup_k \rho_k$ est une information sur la valeur de L. Si nous considérons le disque ouvert de $\mathbb{R}^2$, $\Omega = \{(x,y)/x^2 + y^2 < 1\}$ et son bord $\partial\Omega = \{(x,y)/x^2 + y^2 = 1\}$, alors pour $\tilde{r}$ proche de $\partial\Omega$, la valeur de L augmentera. Dans le cas contraire L diminuera.

5.2 L^ω-FTE du gradient de $\varepsilon_t(\theta)$

Nous considérons l'hypothèse que la fonction de transfert $\Phi_p(z,\theta)$ est stable pour tout $\theta \in D_{\mathcal{M}}$. Elle peut s'écrire

$$\Phi_p(z,\theta) = 1 - \tilde{\Phi}_p(z,\theta) \tag{5.5}$$

avec

$$\tilde{\Phi}_p(z,\theta) = \frac{\tilde{N}(z,\theta)}{\tilde{D}(z,\theta)} = \frac{\phi_1 z^{p-1} + ... + \phi_p}{z^p + \phi_1 z^{p-1} + ... + \phi_p} \tag{5.6}$$

La nouvelle fonction de transfert $\tilde{\Phi}_p(z,\theta)$ présente p-pôles $\left\{\pi_k = \rho_k e^{j\tilde{\varphi}_k}\right\}_{k=1}^p$, avec $\rho_k < 1$ pour tout $k = 1...p$. Alors, un développement de Taylor en zéro de $\Phi_p(z,\theta)$ devient

$$\Phi_p(z,\theta) = \sum_{m=0}^{\infty} A_m^\theta z^{-m} \tag{5.7}$$

avec A_m^θ les coefficients de Taylor, donnés par

$$A_m^\theta = -\sum_{k=1}^{p} Res\left(\tilde{\Phi}_p; \pi_k\right) \pi_k^{m-1} \tag{5.8}$$

pour lesquels $A_0^\theta = 1$ et $A_m^\theta < 1$ $\forall m \geq 1$. $Res\left(\tilde{\Phi}_p; \pi_k\right) = \tilde{\mu}_k e^{j\tilde{\theta}_k}$ est le k-ième résidu de $\tilde{\Phi}_p(z,\theta)$ en p_k avec $\tilde{\mu}_k < 1$.

Le gradient devient alors

$$\psi_t(\theta) = \sum_{m=0}^{\infty} A_m^\theta \varphi_{t-m}(\theta) \tag{5.9}$$

où les coefficients de Taylor peuvent être approximés par

$$A_m^{\theta} \approx -2 \sum_{k=1}^{\mathcal{F}(p/2)} \tilde{\mu}_k \rho_k^{m-1} cos\left(\Omega_k^m\right) \tag{5.10}$$

et

$$\Omega_k^m = \begin{cases} \tilde{\theta}_k + (m-1)\,\tilde{\varphi}_k & \text{si } p = 2n \\ l\pi & \text{si } p = 2n+1, l = \{m, m-1, 1, 0\} \end{cases} \tag{5.11}$$

La fonction $\mathcal{F}(\bullet)$ est le plus proche entier inférieur ou égal à $\bullet$. L'objectif est maintenant de présenter cette nouvelle méthode de détermination de L de l'approximation linéaire du gradient.

La première étape consiste à prendre la valeur absolue des coefficients de Taylor A_m^{θ}. Nous avons $\left|A_m^{\theta}\right| \leq \tilde{\kappa}_m^{\theta}$ avec

$$\tilde{\kappa}_m^{\theta} = 2 \sum_{k=1}^{\mathcal{F}(p/2)} \tilde{\mu}_k \rho_k^{m-1} \left|cos\left(\Omega_k^m\right)\right| \tag{5.12}$$

Montrons que ces coefficients présentent des lobes pseudo-périodiques où $\mathcal{L}$ désigne la pseudo-période, et qu'il existe un entier k_0 tel que

$$\mathcal{L} = \mathcal{F}\left(\left|\pi\tilde{\varphi}_{k_0}^{-1}\right|\right) \tag{5.13}$$

Preuve :

L'expression $\left|cos\left(\Omega_k^m\right)\right|$ est maximale lorsque $2n\pi \leq \Omega_k^m \leq (2n+1)\pi$, avec $n \in \mathbb{Z}$. Alors $\underline{m}(k) \leq m \leq \overline{m}(k)$ où

$$\overline{m}(k) = 1 + \tilde{\varphi}_k^{-1}\left((2n+1)\pi - \tilde{\theta}_k\right) \tag{5.14}$$

et

$$\underline{m}(k) = 1 + \tilde{\varphi}_k^{-1}\left(2n\pi - \tilde{\theta}_k\right) \tag{5.15}$$

Il existe une valeur k_0 de k telle que

$$\mathcal{L} = \max_{k=k_0} \mathcal{F}\left(\left|\overline{m}(k) - \underline{m}(k)\right|\right) \tag{5.16}$$

78

La pseudo-période est alors donnée par

$$\mathcal{L} = \max_{k=k_0} \mathcal{F}\left(\left|\pi\tilde{\varphi}_k^{-1}\right|\right) = \mathcal{F}\left(\left|\pi\tilde{\varphi}_{k_0}^{-1}\right|\right) \tag{5.17}$$

La deuxième étape consiste à chercher l'enveloppe de décroissance passant
par les maxima des lobes. Chacun d'entre eux est donné par $\tilde{\kappa}_{m_r}^\theta$ avec $m_r = 1 + r\mathcal{L}$, $r = \{0, 1, ..., R\}$, $R \in \mathbb{N}$. R est un nombre significatif de lobes tel que
$\tilde{\kappa}_{m_r}^\theta < \tau$ où τ est un seuil fixé. Il semble en effet raisonnable d'imposer une
limite supérieure à τ au-delà desquels les maxima des lobes n'ont plus de réelle
signification. Ce seuil est fixé à 0.01 et le restera aussi pour l'ordre large du
Hessien, correspondant ainsi à 1% de $max\left(\tilde{\kappa}_m^\theta\right)$. Cette enveloppe est donnée
par la fonction

$$\xi_2^\theta(m) = \frac{\beta_1^\theta}{m^2} + \frac{\beta_2^\theta}{m^4} \tag{5.18}$$

où $\left(\beta_1^\theta, \beta_2^\theta\right)$ sont deux réels donnés par $\hat{\beta} = \hat{M}^{-1}\hat{\xi}$ avec $\hat{\beta} = \begin{bmatrix} \beta_1^\theta & \beta_2^\theta \end{bmatrix}^T$, $\hat{\xi} = \begin{bmatrix} \xi_2^\theta(m_1) & \xi_2^\theta(m_2) \end{bmatrix}^T$ et

$$\hat{M} = \begin{pmatrix} \frac{1}{m_1^2} & \frac{1}{m_1^4} \\ \frac{1}{m_2^2} & \frac{1}{m_1^4} \end{pmatrix} \tag{5.19}$$

L'ordre large L limitant l'approximation linéaire de $\psi_t(\theta)$ est donc la solution
de l'équation

$$\xi_2^\theta(L) = \tau \tag{5.20}$$

Nous obtenons alors

$$L_\theta^\tau = \mathcal{F}\left[\sqrt{\frac{1}{2\tau}\left(\sqrt{\left(\beta_1^\theta\right)^2 + 4\beta_2^\theta\tau} + \beta_1^\theta\right)}\right] \tag{5.21}$$

Cette expression montre deux dépendances, l'une explicite et l'autre implicite.
La dépendance explicite est liée au choix de τ. Le prendre trop grand, c'est
ne pas vérifier la maximisation de la borne supérieure de l'erreur entre ψ_t et
ψ_t^L (L^ω-FTE de ψ_t), et de prendre le risque d'avoir un développement de Taylor trop grand. Dans le cas contraire, c'est augmenter de façon conséquente le
temps de calcul de ψ_t^L. La dépendance implicite est celle liée aux coefficients β_1^θ

et β_2^θ, qui dépendent de θ et donc du résultat de l'estimation. Si l'estimateur est très perturbé par les outliers d'innovation, alors nous risquons de vérifier la condition $\tilde{r}$ *proche de* $\partial\Omega$. En conséquence, le nombre de lobes significatifs R va augmenter, et L va croître. Pour illustrer ceci, la figure 5.1 (gauche) montre les coefficients A_m^θ, $\tilde{\kappa}_m^\theta$ et $\xi_2^\theta\,(m)$ en fonction de m pour un modèle estimé OE(11,5) ($p = 11, w = 5$) avec une constante d'accord $k = 0.05$. Les données de sortie du processus simulé ont été contaminées par 5% d'outliers d'observation. Cette figure montre les lobes ainsi que l'effet rebond avec une pseudo-période $\mathcal{L}$ égale à 9. Le nombre de lobes significatifs est $R = 13$. L'enveloppe donnée par $\xi_2^\theta\,(m)$ associée à $\tau = 0.01$ fournit un ordre large $L_\theta^\tau = 119$. La figure 5.1 (droite) montre les coefficients A_m^θ, $\tilde{\kappa}_m^\theta$ et $\xi_2^\theta\,(m)$ en fonction de m pour un modèle estimé OE(11,5) avec une constante d'accord $k = 0.05$. Pour cet exemple, les données de sortie du processus ont été contaminées par 10% d'outliers d'observation. Avec ce taux plus élevé, le M-estimateur de Huber est plus perturbé, modifiant ainsi certaines caractéristiques. La pseudo-période reste égale à 9, mais le nombre de lobes significatifs passe à 24 et l'ordre large $L_\theta^\tau = 227$. Ces résultats montrent clairement l'*effet implicite*, dû aux résultats de l'estimation. Ces deux figures mettent en évidence le fait que les coefficients de Taylor A_m^θ tendent vers zéro pour m suffisamment grand. Il existe donc un ordre large L_θ^τ tel que $\left| A_{L_\theta^\tau}^\theta \right| \to 0$.

Considérons alors le théorème suivant

Théorème 6 *Soient* $\left\{ A_m^\theta \right\}_{m=0}^\infty \in \mathbb{R}$ *les coefficients de Taylor de (5.9) tels que* $\left| A_m^\theta \right| \leq 1$ *et* $\lim\limits_{m \to \infty} \left| A_m^\theta \right| \to 0$. *Il existe un ordre large* $L_\theta^\tau \in \mathbb{N}$ *pour lequel*

$$\sup_t \left\| \psi_t\,(\theta) - \psi_t^L\,(\theta) \right\|_{L_1} \leq \frac{C_\theta}{\left(L_\theta^\tau \right)^2} \tag{5.22}$$

où $\psi_t^L\,(\theta)$ *est la* L^ω-*FTE de* $\psi_t\,(\theta)$, $C_\theta \in \mathbb{R}$.

Preuve :

80

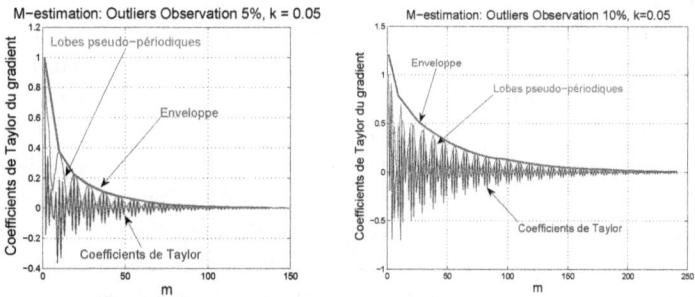

FIG. 5.1 – (gauche) : Coefficients A_m^{θ}, $\tilde{\kappa}_m^{\theta}$ et $\xi_2^{\theta}(m)$ en fonction de m pour un modèle estimé OE(11,5) ($p = 11, w = 5$) avec une constante d'accord $k = 0.05$. Le taux de contamination en outliers d'observation est de 5%. La pseudo-période est $\mathcal{L} = 9$, le nombre de lobes significatifs est $R = 13$ et l'ordre large vaut $L_{\theta}^{\tau} = 119$. (droite) : Coefficients A_m^{θ}, $\tilde{\kappa}_m^{\theta}$ et $\xi_2^{\theta}(m)$ en fonction de m pour un modèle estimé OE(11,5) ($p = 11, w = 5$) avec une constante d'accord $k = 0.05$. Le taux de contamination en outliers d'observation est de 10%. L'estimateur est plus perturbé, modifiant ainsi certains résultats. La pseudo-période reste égale à 9, mais le nombre de lobes significatifs passe à 24 et l'ordre large vaut 227.

A partir de (5.9) nous avons

$$\psi_t(\theta) = \sum_{m=0}^{L_\theta^\tau} A_m^\theta \varphi_{t-m}(\theta) + \sum_{m=L_\theta^\tau+1}^{\infty} A_m^\theta \varphi_{t-m}(\theta) \qquad (5.23)$$

Il vient que

$$\sup_t \left\| \psi_t(\theta) - \psi_t^L(\theta) \right\|_{L_1} \leq \sum_{m=L_\theta^\tau+1}^{\infty} \left| A_m^\theta \right| \sup_t \left\| \varphi_{t-m}(\theta) \right\|_{L_1} \qquad (5.24)$$

Dans [89] et [90], les auteurs partent de l'hypothèse que le régresseur $\varphi_l(\theta) \in \mathbb{R}^d$ est borné pour tout l. Soit $Y^\theta = \sup_l \left\| \varphi_l(\theta) \right\|_{L_1}$. Par ailleurs, puisque $\left| A_m^\theta \right| \leq \left| \xi_2^\theta(m) \right|$, alors

$$\sup_t \left\| \psi_t(\theta) - \psi_t^L(\theta) \right\|_{L_1} \leq Y^\theta \sum_{m=L_\theta^\tau+1}^{\infty} \frac{\left| \beta_2^\theta \right|}{m^4} \qquad (5.25)$$

Des calculs simples sur la somme de Riemann mènent à

$$\sum_{m=L_\theta^\tau+1}^{\infty} \frac{1}{m^4} \leq \frac{\pi^4}{18} \frac{1}{(L_\theta^\tau)^2} \qquad (5.26)$$

Par conséquent

$$\sup_t \left\| \psi_t(\theta) - \psi_t^L(\theta) \right\|_{L_1} \leq \frac{C_\theta}{(L_\theta^\tau)^2} \qquad (5.27)$$

avec $C_\theta = \frac{\pi^4}{18} Y^\theta \left| \beta_2^\theta \right|$.

Ce théorème montre qu'il existe un ordre large L suffisamment grand tel que

$$\psi_t^L(\theta) = \sum_{m=0}^{L_\theta^\tau} A_m^\theta \varphi_{t-m}(\theta) \qquad (5.28)$$

soit considérée comme une bonne approximation linéaire de $\psi_t(\theta)$. Soit $b_\theta^G = \frac{C_\theta}{(L_\theta^\tau)^2}$ la borne supérieure de l'erreur entre $\psi_t(\theta)$ et $\psi_t^L(\theta)$. Pour les deux

exemples cités précédemment, $b_\theta^G = 4.79 \times 10^{-4}$ pour une contamination de
5% et $b_\theta^G = 2.45 \times 10^{-3}$ pour une contamination de 10%. Ces deux valeurs
confirment les bonnes approximations linéaires effectuées par les ordres larges
$L_\theta^\tau = 119$ et $L_\theta^\tau = 227$.

Il est parfois utile dans certaines propriétés de convergence, de comparer
les quantités estimées en $\hat{\theta}_N^H$ aux quantités dites *vraies* en θ_0. Réitérons cette
approche aux coefficients de Taylor estimés en $\hat{\theta}_N^H$. Soient $A_k^{\hat{\theta}_N^H}$ ces coefficients
et $A_k^{\theta_0}$ les "vrais coefficients" en θ_0. Simplifions certaines notations : $\hat{L}_N = L_{\hat{\theta}_N^H}^\tau$,
$\hat{A}_k^N = A_k^{\hat{\theta}_N^H}$ et $A_k^0 = A_k^{\theta_0}$.
Considérons le théorème suivant

Théorème 7 *Soient deux vecteurs de dimension infinie donnés par*

$$\mathcal{A}^0 = \left[A_1^0, A_2^0 ... \right]^T \tag{5.29}$$

et

$$\hat{\mathcal{A}}^N = \left[\hat{A}_1^N \ \hat{A}_2^N ... \hat{A}_{\hat{L}_N}^N \ 0 \ 0 ..... \right]^T \tag{5.30}$$

alors

$$\left\| \mathcal{A}^0 - \hat{\mathcal{A}}_{\hat{L}_N}^N \right\|_{L_1} \leq \frac{\tilde{K}_{\theta_0}}{\left(\hat{L}_N\right)^2} \tag{5.31}$$

Preuve :

D'après [14] et [16], nous avons

$$\left\| \mathcal{A}^0 - \hat{\mathcal{A}}_{\hat{L}_N}^N \right\|_{L_1} = \sum_{k=1}^{\hat{L}_N} \left| A_k^0 - \hat{A}_k^N \right| + \sum_{k=\hat{L}_N+1}^{\infty} \left| A_k^0 \right| \tag{5.32}$$

où

$$\sum_{k=1}^{\hat{L}_N} \left| A_k^0 - \hat{A}_k^N \right| \leq \bar{K} \sum_{k=\hat{L}_N+1}^{\infty} \left| A_k^0 \right| \tag{5.33}$$

Par ailleurs, d'après le théorème 6, nous savons que

$$\sum_{k=\hat{L}_N+1}^{\infty} \left| A_k^0 \right| \le \frac{\tilde{C}_{\theta_0}}{\left(\hat{L}_N \right)^2} \tag{5.34}$$

ainsi

$$\left\| \mathcal{A}^0 - \hat{\mathcal{A}}_{\hat{L}_N}^N \right\|_{L_1} \le \frac{\tilde{K}_{\theta_0}}{\left(\hat{L}_N \right)^2} \tag{5.35}$$

Ce théorème signifie que tout vecteur infini avec un nombre limité de termes $\hat{\mathcal{A}}_{\hat{L}_N}^N$ non nuls tend asymptotiquement vers le *vrai vecteur* infini $\mathcal{A}^0$. Ce théorème montre que nous pouvons obtenir la L^ω-FTE de $\psi_t(\theta)$ avec la condition $\left| \hat{A}_{\hat{L}_N}^N \right| \to 0$.

5.3 L^ω-FTE du Hessien de $\varepsilon_t(\theta)$

L'objectif est de trouver la L^ω-FTE du Hessien de $\varepsilon_t(\theta)$. Dérivons $\psi_t^T(\theta)$ par rapport à θ. Nous obtenons

$$\frac{\partial}{\partial \theta} \psi_t^T(\theta) = \frac{\frac{-\partial}{\partial \theta} F(q, \theta)}{[F(q, \theta)]^2} \varphi_t^T(\theta) + \frac{1}{F(q, \theta)} \frac{\partial}{\partial \theta} \varphi_t^T(\theta) \tag{5.36}$$

Cette relation étant composée de deux termes, l'étude de la L^ω-FTE se fait donc en deux parties.

Considérons le premier terme à droite de l'égalité de (5.36). Posons alors

$$\Gamma(q, \theta) = \frac{\frac{-\partial}{\partial \theta} F(q, \theta)}{[F(q, \theta)]^2} \tag{5.37}$$

On peut facilement vérifier que

$$\Gamma(q, \theta) = \left[O_{w \times 1} \quad \frac{-q^{-1}}{[F(q, \theta)]^2} \cdots \frac{-q^{-p}}{[F(q, \theta)]^2} \right]^T \tag{5.38}$$

La fonction de transfert associée $\frac{-z^{-s}}{[F(z,\theta)]^2}$ où $z \in \mathbb{C}$ avec $1 \leq s \leq p$ possède p pôles simples et p pôles doubles et peut donc s'écrire

$$\frac{-z^{-s}}{[F(z,\theta)]^2} = \frac{-z^{2p-s}}{(z^p + f_1 z^{p-1} + \ldots + f_p)^2} = \sum_{k=1}^{p} \frac{\tilde{A}^s(z,\theta)}{\tilde{B}^s(z,\theta)} \qquad (5.39)$$

avec

$$\frac{\tilde{A}^s(z,\theta)}{\tilde{B}^s(z,\theta)} = \frac{r_{k,s}}{z - p_k} + \frac{\tilde{r}_{k,s}}{(z - p_k)^2} \qquad (5.40)$$

où $|p_k| < 1, \forall k$. Les (k,s)-résidus de $\frac{\tilde{A}^s(z,\theta)}{\tilde{B}^s(z,\theta)}$ s'obtiennent par

$$r_{k,s} = \left\{ \frac{d}{dz} \left[(z - p_k)^2 \frac{\tilde{A}^s(z,\theta)}{\tilde{B}^s(z,\theta)} \right] \right\}_{z=p_k} \qquad (5.41)$$

et

$$\tilde{r}_{k,s} = \left[(z - p_k)^2 \frac{\tilde{A}^s(z,\theta)}{\tilde{B}^s(z,\theta)} \right]_{z=p_k} \qquad (5.42)$$

Nous pouvons alors écrire

$$\frac{-z^{-s}}{[F(z,\theta)]^2} = \sum_{m=0}^{\infty} \sum_{k=1}^{p} \left(r_{k,s} p_k{}^m + m \tilde{r}_{k,s} p_k{}^{m-1} \right) z^{-(m+1)} \qquad (5.43)$$

Avec le changement de variables $[v = m + 1]$, (5.43) devient

$$\frac{-z^{-s}}{[F(z,\theta)]^2} = \sum_{v=1}^{\infty} \gamma_{v,s}^{\theta} z^{-v} \qquad (5.44)$$

dans laquelle les coefficients $\gamma_{v,s}^{\theta}$ sont donnés par

$$\gamma_{v,s}^{\theta} = \sum_{k=1}^{p} \left(r_{k,s} p_k{}^{v-1} + (v-1) \tilde{r}_{k,s} p_k{}^{v-2} \right) \qquad (5.45)$$

Nous obtenons alors

$$\Gamma(q,\theta) \varphi_t^T(\theta) = \sum_{v=1}^{\infty} X_v^{\theta} \varphi_{t-v}^T(\theta) \qquad (5.46)$$

avec

$$X_v^\theta = \left[O_{w \times 1} \gamma_{v,1}^\theta ... \gamma_{v,p}^\theta \right]^T \tag{5.47}$$

Le deuxième terme à droite de l'égalité de (5.36) devient

$$\frac{1}{F(q,\theta)} \frac{\partial}{\partial \theta} \varphi_t^T (\theta) = \sum_{k=0}^\infty A_k^\theta \frac{\partial}{\partial \theta} \varphi_{t-k}^T (\theta) \tag{5.48}$$

La $(d \times d)$-matrice, $\frac{\partial}{\partial \theta} \varphi_{t-k}^T (\theta)$ est donnée par

$$\frac{\partial}{\partial \theta} \varphi_{t-k}^T (\theta) = \begin{pmatrix} O_{w \times w} & M_{k,1}^\theta \\ O_{p \times w} & M_{k,2}^\theta \end{pmatrix} \tag{5.49}$$

avec

$$M_{k,1}^\theta = \begin{pmatrix} -\sum_{l=0}^\infty A_l^\theta u_{t-2-k-l} & ... & -\sum_{l=0}^\infty A_l^\theta u_{t-1-p-k-l} \\ ... & ... & ... \\ -\sum_{l=0}^\infty A_l^\theta u_{t-1-w-k-l} & ... & -\sum_{l=0}^\infty A_l^\theta u_{t-1-w-p-k-l} \end{pmatrix} \tag{5.50}$$

et

$$M_{k,2}^\theta = \begin{pmatrix} \sum_{l=0}^\infty A_l^\theta \hat{y}_{t-2-k-l} (\theta) & ... & \sum_{l=0}^\infty A_l^\theta \hat{y}_{t-1-p-k-l} (\theta) \\ ... & ... & ... \\ \sum_{l=0}^\infty A_l^\theta \hat{y}_{t-1-p-k-l} (\theta) & ... & \sum_{l=0}^\infty A_l^\theta \hat{y}_{t-1-2p-k-l} (\theta) \end{pmatrix} \tag{5.51}$$

On a alors

$$\frac{1}{F(q,\theta)} \frac{\partial}{\partial \theta} \varphi_t^T (\theta) = -\sum_{k=0}^\infty \sum_{l=0}^\infty A_k^\theta A_l^\theta \mathcal{R}_{t-k-l}^\theta \tag{5.52}$$

avec la $(d \times d)$-matrice, $\mathcal{R}_{t-k-l}^\theta$ définie par

$$\mathcal{R}_{t-k-l}^\theta = [0_{d \times w} \ \varphi_{t-1-k-l} (\theta) ... \varphi_{t-1-p-k-l} (\theta)] \tag{5.53}$$

A partir de ces résultats, le Hessien de l'erreur de prédiction devient

$$\frac{\partial}{\partial \theta} \psi_t^T (\theta) = \sum_{v=1}^\infty X_v^\theta \varphi_{t-v}^T (\theta) - \sum_{k=0}^\infty \sum_{l=0}^\infty A_k^\theta A_l^\theta \mathcal{R}_{t-k-l}^\theta \tag{5.54}$$

Nous devons maintenant chercher la L^ω-FTE de (5.54) et donc, dans un premier temps chercher le ou les ordres larges associés. Comme nous pouvons l'observer, cette expression est composée de deux termes. Le premier n'est pas fonction des coefficients A_k^θ. Nous pouvons en déduire qu'il existe un autre ordre large, dénoté $\bar{L}_\theta^\tau$ à déterminer. Quant au deuxième terme, il fait apparaître le produit $A_k^\theta A_l^\theta$. La somme peut ainsi être développée en L_θ^τ-termes. L'ordre large $\bar{L}_\theta^\tau$ est directement lié aux coefficients $\gamma_{v,s}^\theta$. En utilisant la même approche que pour les coefficients A_k^θ, l'expression $\left|\gamma_{v,s}^\theta\right|$ présentent des lobes pseudo-périodiques de pseudo-période donnée par (5.13). Chaque lobe a un maximum donné par $\left|\gamma_{v_r,s}^\theta\right|$ où $v_r = \frac{\mathcal{L}}{2} + r\mathcal{L}$, $r \in \bar{E}_\mathbb{N} = \{0, 1, ..., \bar{R}\}$. L'entier $\bar{R}$ représente le nombre de lobes significatifs tel que $\left|\gamma_{v_r,s}^\theta\right| < \tau$ pour lequel $\tau = 0.01$. L'enveloppe de $\left|\gamma_{v_r,s}^\theta\right|$ peut être représentée par la fonction

$$\xi_{4,s}^\theta (v) = \frac{\bar{\beta}_{1,s}^\theta}{v} + \frac{\bar{\beta}_{2,s}^\theta}{v^2} + \frac{\bar{\beta}_{3,s}^\theta}{v^3} + \frac{\tilde{\beta}_{4,s}^\theta}{v^4}, 1 \leq s \leq p \tag{5.55}$$

Pour chaque valeur de s, il existe alors un ordre large de $\left|\gamma_{v,s}^\theta\right|$, noté $\bar{L}_{s,\theta}^\tau$ racine de $\xi_{4,s}^\theta \left(\bar{L}_{s,\theta}^\tau\right) = \tau$. La résolution de cette équation d'ordre 4 aboutit à

$$\bar{L}_{s,\theta}^\tau = max \left(\Lambda_{s,\theta}^\tau, \bar{\Lambda}_{s,\theta}^\tau\right) \tag{5.56}$$

avec

$$\Lambda_{s,\theta}^\tau = \mathcal{F} \left(\frac{1}{\sqrt{\frac{\left(\bar{a}_{s,\theta}^\tau\right)^2 - 4\bar{b}_{s,\theta}^\tau} - \bar{a}_{s,\theta}^\tau}{2}} - \frac{\bar{b}_{s,\theta}^\tau}{4\bar{a}_{s,\theta}^\tau}} \right) \tag{5.57}$$

$$\bar{\Lambda}_{s,\theta}^\tau = \mathcal{F} \left(\frac{1}{\sqrt{\frac{\left(\bar{a}_{s,\theta}^\tau\right)^2 - 4\bar{c}_{s,\theta}^\tau} + \bar{a}_{s,\theta}^\tau}{2}} - \frac{\bar{b}_{s,\theta}^\tau}{4\bar{a}_{s,\theta}^\tau}} \right) \tag{5.58}$$

où $\bar{a}_{s,\theta}^\tau$ est la racine de

$$\left(\bar{a}_{s,\theta}^\tau\right)^6 + 2A_{s,\theta}^\tau \left(\bar{a}_{s,\theta}^\tau\right)^4 + \left[\left(A_{s,\theta}^\tau\right)^2 - 4C_{s,\theta}^\tau\right] \left(\bar{a}_{s,\theta}^\tau\right)^2 - \left(B_{s,\theta}^\tau\right)^2 = 0 \tag{5.59}$$

pour laquelle

$$\bar{b}_{s,\theta}^{\tau} = \frac{1}{2}\left[\left(\bar{a}_{s,\theta}^{\tau}\right)^2 + A_{s,\theta}^{\tau} - \frac{B_{s,\theta}^{\tau}}{\bar{a}_{s,\theta}^{\tau}}\right] \tag{5.60}$$

$$\bar{c}_{s,\theta}^{\tau} = \frac{1}{2}\left[\left(\bar{a}_{s,\theta}^{\tau}\right)^2 + A_{s,\theta}^{\tau} + \frac{B_{s,\theta}^{\tau}}{\bar{a}_{s,\theta}^{\tau}}\right] \tag{5.61}$$

$$A_{s,\theta}^{\tau} = \frac{\bar{\beta}_{2,s}^{\theta}}{\bar{\beta}_{4,s}^{\theta}} - \frac{3}{8}\left(\frac{\bar{\beta}_{3,s}^{\theta}}{\bar{\beta}_{4,s}^{\theta}}\right)^2 \tag{5.62}$$

$$B_{s,\theta}^{\tau} = \frac{1}{8}\left(\frac{\bar{\beta}_{3,s}^{\theta}}{\bar{\beta}_{4,s}^{\theta}}\right)^3 - \frac{1}{2}\frac{\bar{\beta}_{3,s}^{\theta}\bar{\beta}_{2,s}^{\theta}}{\left(\bar{\beta}_{4,s}^{\theta}\right)^2} + \frac{\bar{\beta}_{1,s}^{\theta}}{\bar{\beta}_{4,s}^{\theta}} \tag{5.63}$$

et

$$C_{s,\theta}^{\tau} = -\frac{3}{256}\left(\frac{\bar{\beta}_{3,s}^{\theta}}{\bar{\beta}_{4,s}^{\theta}}\right)^4 + \frac{1}{16}\frac{\bar{\beta}_{2,s}^{\theta}}{\bar{\beta}_{4,s}^{\theta}}\left(\frac{\bar{\beta}_{3,s}^{\theta}}{\bar{\beta}_{4,s}^{\theta}}\right)^2 - \frac{1}{4}\frac{\bar{\beta}_{3,s}^{\theta}\bar{\beta}_{1,s}^{\theta}}{\left(\bar{\beta}_{4,s}^{\theta}\right)^2} + \frac{\tau}{\bar{\beta}_{4,s}^{\theta}} \tag{5.64}$$

L'ordre large $\bar{L}_{\theta}^{\tau}$ est donné par

$$\bar{L}_{\theta}^{\tau} = max\left(\bar{L}_{1,\theta}^{\tau}, ..., \bar{L}_{p,\theta}^{\tau}\right) \tag{5.65}$$

Les figures 5.2 montrent deux exemples de coefficients $\gamma_{v,s}^{\theta}$, $\left|\gamma_{v,s}^{\theta}\right|$ ainsi que la fonction enveloppe $\xi_{4,s}^{\theta}(v)$ pour $s = 1$. Les modèles estimés sont les mêmes que ceux présentés pour le gradient. Pour le premier, la pseudo-période est égale à 9, le nombre de lobes significatifs vaut 24 et l'ordre large $\bar{L}_{\theta}^{\tau} = 238$. Pour le deuxième, la pseudo-période ne change pas, mais le nombre de lobes passe à 42 et l'ordre large est égal à 440. Ceci montre une nouvelle fois les conséquences sur la longueur de la linéarisation pour un taux de contamination différent. Cela peut paraître excessif, mais soulignons que les données du processus sont fortement contaminées, créant ainsi des outliers d'innovation de valeurs significatives avec des occurences régulières. Si le *coût* de cette linéarisation par L_{θ}^{τ} et $\bar{L}_{\theta}^{\tau}$ accroît la charge des calculs, la diminution de ces deux valeurs peut s'effectuer en augmentant le seuil τ. Une autre façon de diminuer ces valeurs serait, selon une hypothèse, de fortement robustifier l'estimation. Ce point reste encore à éclaircir et demande des investigations supplémentaires.

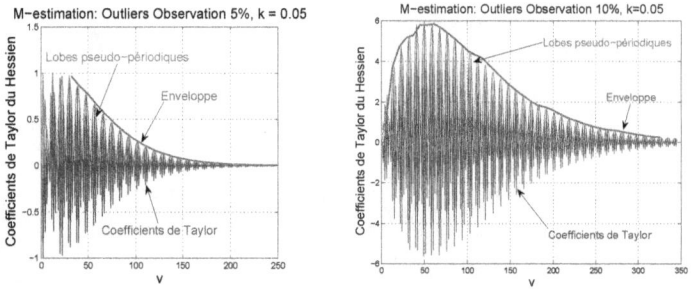

FIG. 5.2 – (gauche) : Coefficients $\gamma^\theta_{v,1}$, $\left|\gamma^\theta_{v,1}\right|$ et $\xi^\theta_{4,1}(v)$ en fonction de v pour un modèle estimé OE(11,5) avec une constante d'accord $k = 0.05$. Le taux de contamination en outliers d'observation est de 5%. La pseudo-période est $\mathcal{L} = 9$, le nombre de lobes significatifs est $R = 24$ et l'ordre large vaut $\bar{L}^\tau_\theta = 238$. (droite) : Coefficients $\gamma^\theta_{v,1}$, $\left|\gamma^\theta_{v,1}\right|$ et $\xi^\theta_{4,1}(v)$ en fonction de v pour un modèle estimé OE(11,5) avec une constante d'accord $k = 0.05$. Le taux de contamination en outliers d'observation est de 10%. Une nouvelle fois, l'estimateur est plus perturbé, modifiant certains résultats. La pseudo-période reste égale à 9, mais le nombre de lobes significatifs passe à 42 et l'ordre large vaut 440.

Énonçons le théorème de la L^ω-FTE du Hessien.

Théorème 8 *Considérons les deux ordres larges donnés respectivement par (5.21) et (5.65), alors*

$$\sup_t \left\| \frac{\partial}{\partial\theta}\psi^T_t(\theta) - \frac{\partial}{\partial\theta}\psi^{(L,L)T}_t(\theta) \right\|_{L_1} \leq \bar{\rho}^\theta \left(\frac{\mathcal{C}^\theta_1}{\left(\bar{L}^\tau_\theta\right)^2} + \frac{\mathcal{C}^\theta_2}{\left(L^\tau_\theta\right)^2} + \frac{\mathcal{C}^\theta_3}{\left(L^\tau_\theta\right)^4} \right) \quad (5.66)$$

Preuve :

A partir de (5.54), nous avons

$$\frac{\partial}{\partial\theta}\psi_t^T(\theta) = \sum_{v=1}^{\bar{L}_\theta^\tau} X_v^\theta \varphi_{t-v}^T(\theta) - \sum_{k=0}^{L_\theta^\tau}\sum_{l=0}^{L_\theta^\tau} A_k^\theta A_l^\theta \mathcal{R}_{t-k-l}^\theta$$

$$+ \sum_{v=\bar{L}_\theta^\tau+1}^{\infty} X_v^\theta \varphi_{t-v}^T(\theta) - 2\sum_{k=0}^{L_\theta^\tau}\sum_{l=L_\theta^\tau+1}^{\infty} A_k^\theta A_l^\theta \mathcal{R}_{t-k-l}^\theta - \sum_{k=L_\theta^\tau+1}^{\infty}\sum_{l=L_\theta^\tau+1}^{\infty} A_k^\theta A_l^\theta \mathcal{R}_{t-k-l}^\theta$$

$$(5.67)$$

Désignons la L^ω-FTE du Hessien par

$$\frac{\partial}{\partial\theta}\psi_t^{(\bar{L},L)T}(\theta) = \sum_{v=1}^{\bar{L}_\theta^\tau} X_v^\theta \varphi_{t-v}^T(\theta) - \sum_{k=0}^{L_\theta^\tau}\sum_{l=0}^{L_\theta^\tau} A_k^\theta A_l^\theta \mathcal{R}_{t-k-l}^\theta \qquad (5.68)$$

Il vient que

$$\sup_t \left\| \frac{\partial}{\partial\theta}\psi_t^T(\theta) - \frac{\partial}{\partial\theta}\psi_t^{(\bar{L},L)T}(\theta) \right\|_{L_1} \leq \sup_t Z_t^{\theta,\bar{L}} + \sup_t \Upsilon_t^{\theta,L} \qquad (5.69)$$

avec

$$Z_t^{\theta,\bar{L}} = \sum_{v=\bar{L}_\theta^\tau+1}^{\infty} \left\| X_v^\theta \varphi_{t-v}^T(\theta) \right\|_{L_1} \qquad (5.70)$$

et

$$\Upsilon_t^{\theta,L} = 2\sum_{k=0}^{L_\theta^\tau}\sum_{l=L_\theta^\tau+1}^{\infty} \left| A_k^\theta \right| \left| A_l^\theta \right| \left\| \mathcal{R}_{t-k-l}^\theta \right\|_{L_1} + \sum_{k=L_\theta^\tau+1}^{\infty}\sum_{l=L_\theta^\tau+1}^{\infty} \left| A_k^\theta \right| \left| A_l^\theta \right| \left\| \mathcal{R}_{t-k-l}^\theta \right\|_{L_1}$$

$$(5.71)$$

En supposant $Y^\theta = \sup_l \|\varphi_l(\theta)\|$ et sachant que $\left| \xi_{4,s}^\theta(v) - \frac{\bar{\beta}_{4,s}^\theta}{v^4} \right| \to 0$, alors

$$\sup_t Z_t^{\theta,\bar{L}} \leq Y^\theta \sum_{v=\bar{L}_\theta^\tau+1}^{\infty}\sum_{i=1}^{p} \xi_{4,i}^\theta(v) \qquad (5.72)$$

Il est facile de vérifier que $\sum\limits_{l=\bar{L}_\theta^\tau+1}^{\infty} \frac{1}{l^4} \leq \frac{\pi^4}{18} \frac{1}{\left(\bar{L}_\theta^\tau\right)^2}$ et en posant $\mathcal{C}_1^\theta = \frac{\pi^4}{18} \sum\limits_{i=1}^{p} \bar{\beta}_{4,i}^\theta$,

nous obtenons

$$\sup_t Z_t^{\theta,\bar{L}} \leq \frac{Y^\theta \mathcal{C}_1^\theta}{\left(\bar{L}_\theta^\tau\right)^2} \tag{5.73}$$

Soient respectivement $\Upsilon_{1,t}^{\theta,L}$ et $\tilde{\Upsilon}_{2,t}^{\theta,L}$ les premier et deuxième termes de $\Upsilon_t^{\theta,L}$. Supposons la matrice $\mathcal{R}_t^\theta$ bornée par le fait que celle-ci est composée des régresseurs $\varphi_t(\theta)$ qui sont eux-mêmes bornés. Posons alors $\sup\limits_t \left\| \mathcal{R}_t^\theta \right\|_{L_1} = \hat{\rho}^\theta$. Par ailleurs,

il est facile de vérifier que $\sum\limits_{k=1}^{L_\theta^\tau} \frac{1}{k^2} \leq \frac{\pi^2}{6}\left(1 + \frac{2}{\left(L_\theta^\tau\right)^2}\right)$ et $\sum\limits_{k=1}^{L_\theta^\tau} \frac{1}{k^4} \leq \frac{\pi^4}{90}\left(1 + \frac{5}{2\left(L_\theta^\tau\right)^2}\right)$.

Nous obtenons

$$\sup_t \Upsilon_{1,t}^{\theta,L} \leq \frac{\hat{\rho}^\theta \mathcal{C}_2^\theta}{\left(L_\theta^\tau\right)^2} \tag{5.74}$$

avec $\mathcal{C}_2^\theta = \beta_1^\theta \beta_2^\theta \frac{\pi^4}{18}\left(\frac{\pi^2}{3} + \frac{\pi^4}{45}\right)$,

$$\sup_t \Upsilon_{2,t}^{\theta,L} \leq \frac{\hat{\rho}^\theta \mathcal{C}_3^\theta}{\left(L_\theta^\tau\right)^4} \tag{5.75}$$

où $\mathcal{C}_3^\theta = \beta_1^\theta \beta_2^\theta \left(\frac{\pi^4}{18}\right)^2$.

En conséquence

$$\sup_t Z_t^{\theta,\bar{L}} + \sup_t \Upsilon_t^{\theta,L} \leq \hat{\rho}^\theta \left(\frac{\mathcal{C}_1^\theta}{\left(\bar{L}_\theta^\tau\right)^2} + \frac{\mathcal{C}_2^\theta}{\left(L_\theta^\tau\right)^2} + \frac{\mathcal{C}_3^\theta}{\left(L_\theta^\tau\right)^4} \right) \tag{5.76}$$

Ce qui prouve le théorème.

Il nous reste maintenant, à partir des L^ω-FTE établies précédemment, à déterminer celles du gradient et du Hessien du PREC.

5.4 L^ω-FTE du gradient et du Hessien du PREC

Rappelons que le gradient est donné par

$$W'_N(\theta) = \frac{1}{N} \sum_{t=1}^{N} \Psi_{t,\eta}(\varepsilon;\theta) \tag{5.77}$$

On peut alors déduire la L^ω-FTE de Ψ comme

$$\Psi_{t,\eta}^{L}(\varepsilon;\theta) = -\psi_{\nu_2,t}^{L}(\theta)\,\varepsilon_{\nu_2,t}(\theta) - \eta\psi_{\nu_1,t}^{L}(\theta)\,s_{\nu_1,t}(\theta) \tag{5.78}$$

C'est à dire, en utilisant (5.28)

$$\Psi_{t,\eta}^{L}(\varepsilon;\theta) = -\sum_{m=0}^{L_{\theta}^{\tau}} A_m^{\theta} J_{\nu_2,\nu_1}^{t,m}(\theta) \tag{5.79}$$

avec

$$J_{\nu_2,\nu_1}^{t,m}(\theta) = J_{\nu_2}^{t,m}(\theta) + J_{\nu_1}^{t,m}(\theta) \tag{5.80}$$

pour lesquels

$$J_{\nu_2}^{t,m}(\theta) = \varepsilon_{\nu_2,t}(\theta)\,\varphi_{\nu_2,t-m}(\theta) \tag{5.81}$$

$$J_{\nu_1}^{t,m}(\theta) = \eta s_{\nu_1,t}(\theta)\,\varphi_{\nu_1,t-m}(\theta) \tag{5.82}$$

La L^ω-FTE du gradient du PREC devient alors

$$W'^{L}_{N}(\theta) = -\frac{1}{N}\sum_{t=1}^{N}\sum_{m=0}^{L_{\theta}^{\tau}} A_m^{\theta} J_{\nu_2,\nu_1}^{t,m}(\theta) \tag{5.83}$$

Celle du Hessien s'écrit $W''^{L,\bar{L}}_{N}(\theta) = W''^{\nu_2,L,\bar{L}}_{N}(\theta) + W''^{\nu_1,L,\bar{L}}_{N}(\theta)$, avec

$$W''^{\nu_2,L,\bar{L}}_{N}(\theta) = \frac{-1}{N}\sum_{t=1}^{N}\sum_{v=1}^{L_{\theta}^{\tau}} X_v^{\theta}\varphi_{\nu_2,t-v}^{T}(\theta)\,\varepsilon_{\nu_2,t}(\theta) + \frac{1}{N}\sum_{t=1}^{N}\sum_{k=0}^{L_{\theta}^{\tau}}\sum_{l=0}^{L_{\theta}^{\tau}} A_k^{\theta} A_l^{\theta} \mathcal{P}_{\nu_2,t,k,l}^{\theta} \tag{5.84}$$

et

$$W''^{\nu_1,L,\bar{L}}_{N,\eta}(\theta) = \frac{-\eta}{N}\sum_{t=1}^{N}\sum_{v=1}^{\bar{L}_{\theta}^{\tau}} X_v^{\theta}\varphi_{\nu_1,t-v}^{T}(\theta)\,s_{\nu_1,t}(\theta) +$$

$$\frac{\eta}{N}\sum_{t=1}^{N}\sum_{k=0}^{L_{\theta}^{\tau}}\sum_{l=0}^{L_{\theta}^{\tau}} A_k^{\theta} A_l^{\theta} \mathcal{R}_{\nu_1,t-k-l}^{\theta} s_{\nu_1,t}(\theta) \tag{5.85}$$

$\mathcal{P}_{\nu_2,t,k,l}^{\theta} = \mathcal{R}_{\nu_2,t-k-l}^{\theta}\varepsilon_{\nu_2,t}(\theta) + \varphi_{\nu_2,t-m}(\theta)\,\varphi_{\nu_2,t-l}^{T}(\theta)$ et $\mathcal{R}_{\nu_2,t-k-l}^{\theta} = \mathcal{R}_{t-k-l}^{\theta}$ si $t-k-l \in \nu_2(\theta)$, $\mathcal{R}_{\nu_1,t-k-l}^{\theta} = \mathcal{R}_{t-k-l}^{\theta}$ si $t-k-l \in \nu_1(\theta)$.

5.5 Le problème de la distribution asymptotique dans l'approche $\mathcal{I}_b^k$ étendu

Dans le chapitre 2, nous avons vu que pour un faible niveau de contamination ω dans le modèle de déviation distributionnelle donné par

$$\mathcal{P}_\Phi(\omega) = \{F | F = (1-\omega)\Phi + \omega H\} \qquad (5.86)$$

où Φ est la distribution normale et pour un M-estimateur de Huber Fisher-consistant, alors

$$\mathcal{L}_F\left(\sqrt{N}\left(\hat{\theta}_N^H - \theta(F)\right)\right) \to \mathcal{N}\left(0, \mathcal{C}(\omega, \theta(F))\right) \qquad (5.87)$$

Pour maximiser la matrice asymptotique de variance/covariance $\mathcal{C}(\omega, \theta(F))$, il existe une distribution $\tilde{F} \in \mathcal{P}_\Phi(\omega)$ dont la densité correspondante $\tilde{f}$ est liée à la ρ_η-norme de Huber. Cette borne supérieure s'écrit

$$\sup_{F \in \mathcal{P}_\Phi(\omega)} \mathcal{C}(\omega, \theta(F)) = \mathcal{C}\left(\omega, \theta\left(\tilde{F}\right)\right) = I_\omega\left(\tilde{F}\right)^{-1} \qquad (5.88)$$

où $I_\omega\left(\tilde{F}\right)$ est la matrice d'information de Fisher. Considérer ω faible, c'est choisir une constante d'accord $k \in [1, 2]$, donc un facteur d'échelle dans l'intervalle de bruit classique $[\sigma, 2\sigma]$. Dans ce cas précis, la relation (5.87) est vérifiée et la distribution asymptotique est une loi normale $\mathcal{N}$.

Cette approche infinitésimale a été largement traitée dans la littérature. Cela signifie que même en présence d'outliers dans les résidus, le modèle de distribution asymptotique reste gaussien. Le problème est beaucoup moins trivial lorsque la constante d'accord sort de ce classique intervalle de bruit. Rappelons qu'à l'origine, l'extension de cet intervalle vers les petites valeurs se justifie par les très mauvais résultats de l'identification d'un actionneur piezoélectrique, lorsque $k \in [1, 2]$. En effet, le signal des micro-déplacements (voir figure 6.1 (droite) chapitre 6), fourni par les gauges de déformation, ne fait pas clairement apparaître des outliers d'observation. Ce constat se réfère aux remarques mentionnées par Huber [71] (chapitre 1 pp. 4-7), où il semble parfois difficile de détecter par quelques moyens que se soit ces données atypiques. Pourtant, ces outliers d'observation non visibles et non détectables, ont engendré des outliers d'innovation, faisant échoué les méthodes classiques d'estimation, telles que les méthodes LSE, 3σ-RFC et même la M-estimation de Huber avec $k \in [1, 2]$. La non trivialité du problème est illustrée par la FDP des erreurs de prédiction de deux modèles OE(12,9) (figure 5.3) (gauche) et OE(12,12) (figure 5.3) (droite), respectivement pour $k = 0.0625$ et $k = 0.0875$. Ces FDP présentent a priori, des propriétés de densités bimodales, signifiant une forte contamination des résidus estimés ainsi qu'une forte déviation distributionnelle du GEM, c'est-à-dire avec $\omega > 0.1$ correspondant ainsi à $k < 0.1$. Une remarque de Huber et Ronchetti dans [71] (chapitre 4 p. 95) peut nous aider. Elle se réfère à l'**exemple 4.2** de ce même chapitre (p. 83). Dans celui-ci, ils considèrent le GEM donné par (5.86) et précisent que la distribution $\tilde{F}$ contenue dans le GEM, minimisant l'information de Fisher a pour FDP

$$\tilde{f}(X) = \frac{1 - \omega}{\sigma \sqrt{2\pi}} e^{\frac{-\rho_\eta(X)}{\sigma^2}} \tag{5.89}$$

avec,

$$\rho_\eta(X) = \begin{cases} \frac{X^2}{2} & \text{si } |X| \leq \eta \\ \eta |X| - \frac{\eta^2}{2} & \text{si } |X| > \eta \end{cases} \tag{5.90}$$

Ils considèrent le cas où le niveau de contamination ω tend vers 1, donnant une constante d'accord proche de 0, d'après la relation $2\frac{\varphi(k)}{k} - 2\Phi(-k) = \frac{\omega}{1-\omega}$. Il s'ensuit que $\tilde{f}(X) \to 0$, signifiant qu'il n'y a pas de distribution limite propre. Mais, le M-estimé efficient asymptotiquement pour $\tilde{F}$, tend vers une distribution limite non triviale, correspondant à un estimateur LSAD. Les auteurs précisent aussi qu'il pourrait être présomptueux de désigner la médiane comme l'estimateur le plus robuste. Cependant, ils soulignent que sa plus importante contribution concerne la minimisation du biais maximum de l'estimateur.

Nous voyons que le problème n'est pas simple, car, dans l'exemple du processus

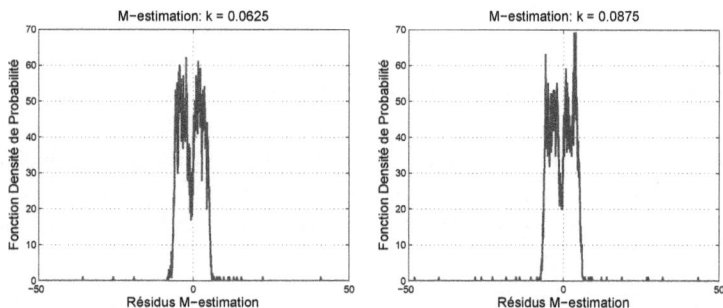

FIG. 5.3 – (gauche) : Fonction de densité de probabilité des résidus M-estimés sur un système piézoélectrique pour une constante d'accord $k = 0.0625$. Le modèle paramétrique estimé est un OE(12,9). Cette figure fait clairement apparaître une densité bimodale. (droite) : Fonction de densité de probabilité des résidus M-estimés sur un système piézoélectrique pour une constante d'accord $k = 0.0875$. Le modèle paramétrique estimé est un OE(12,12). La bimodalité de la densité apparaît de nouveau.

piézoélectrique, la non-trivialité de la FDP se traduit vers une FDP aux propriétés bimodales et non pas vers une FDP aux propriétés laplaciennes. Que faut-il conclure de ces constats et remarques ?

On ne peut bien évidemment pas remettre en question le théorème central limite, mais il n'est appliquable que pour de faibles valeurs de ω. Dans le cas contraire, c'est à dire celui qui fait l'objet de notre étude, où $\mathcal{I}_b^k$ est étendu vers les petites valeurs, la loi de distribution asymptotique de $\sqrt{N}\left(\hat{\theta}_N^H - \theta_0\right)$ où θ_0, est désignée par $\mathcal{L}_F^\omega$, de moyenne nulle et de matrice de variance/covariance asymptotique $\mathcal{C}\left(\omega, \theta_0\right)$. On peut alors s'écrire

$$F \to \int \mathcal{L}_F^\omega\left(\hat{\theta}_N^H\right) \tag{5.91}$$

Nous dirons alors que toute sva de la forme $\sqrt{N}\left(\hat{\theta}_N^H - \theta_0\right)$, a pour loi de distribution asymptotique

$$\sqrt{N}\left(\hat{\theta}_N^H - \theta_0\right) \in \mathcal{A}s\mathcal{L}_F^\omega \tag{5.92}$$

vérifiant la condition

$$\mathcal{L}_F^\omega \to \mathcal{N}, \text{ quand } \omega \to 0 \tag{5.93}$$

La loi de distribution asymptotique normale pour des faibles niveaux de contamination, $\omega < 0.1$ correspondant à $k \geq 1$, traduit le fait que pour une infinité de résidus, même en présence d'outliers d'innovation, la distribution de ces résidus est asymptotiquement normale. L'estimation robuste effectuée est majoritairement L_2 et très peu L_1. Cela reste vrai uniquement lorsque les outliers d'innovation sont peu nombreux et avec des amplitudes faibles. L'estimation est alors faiblement perturbée et évite les points de cassure et de levage. Dans le cas contraire, l'estimation robuste n'est plus majoritairement L_2 et la contribution L_1 n'est plus négligeable, même en présence d'une infinité de résidus. La loi de distribution asymptotique, donnée par $\mathcal{L}_F^\omega$, présentent alors des propriétés non triviales.

5.6 Matrice de variance-covariance asymptotique du M-estimateur de Huber

L'objectif est de donner une formulation de la matrice de variance/covariance asymptotique $\mathcal{C}(\omega, \theta_0)$ pour ensuite déduire celle de $\hat{\theta}_N^H$. Pour déterminer $\mathcal{C}(\omega, \theta_0)$, nous devons d'abord exprimer la Q_ω^M-matrice dénotée $Q^M(\omega, \theta_0, L_0)$ et le Hessien limite $\bar{W}''(\omega, \theta_0, L_0) = \lim_{N \to \infty} E_F W_N''(\theta_0)$, dans lesquelles L_0 est l'ordre large donné par $L_0 = \lim_{N \to \infty} L_{\hat{\theta}_N^H}^\tau$.

5.6.1 Expression de la Q_ω^M-matrice et du Hessien limite

Rappelons que le M-estimateur de Huber $\hat{\theta}_N^H$ est donné par

$$\hat{\theta}_N^H = \arg\min_{\theta \in D_\mathcal{M}} W_N(\theta) \tag{5.94}$$

avec pour critère d'estimation robuste

$$W_N(\theta) = \frac{1}{N} \sum_{t=1}^N \frac{\varepsilon_{\nu_2,t}^2(\theta)}{2} + \frac{\eta}{N} \sum_{t=1}^N (|\varepsilon_{\nu_1,t}(\theta)| - \frac{\eta s_{\nu_1,t}^2(\theta)}{2}) \tag{5.95}$$

Puisque le M-estimateur minimise le gradient de $W_N(\theta)$ par rapport à θ, il en résulte que

$$W_N'(\hat{\theta}_N^H) = 0 \tag{5.96}$$

Supposons maintenant que le sous-ensemble D_C dans lequel le M-estimateur $\hat{\theta}_N^H$ converge, consiste en un seul point θ_0. Un développement en série de Taylor de $W_N'(\theta)$ autour de θ_0 mène à

$$\hat{\theta}_N^H - \theta_0 = -W_N''(\xi_N)^{-1} W_N'(\theta_0) \tag{5.97}$$

avec $\xi_N \in \mathbb{R}^d$ tel que $\theta_0 \leq \xi_N \leq \hat{\theta}_N^H$. Dans le chapitre 4, le théorème 5 montre la convergence uniforme en θ du PREC dans un sous-ensemble compact $D_\mathcal{M}$, c'est à dire $\sup_{\theta \in D_\mathrm{M}} \left\| W_N(\theta) - \bar{W}(\theta) \right\| \overset{p.s.}{\to} 0$. Par des arguments analogues, il devrait être possible de montrer la convergence uniforme du Hessien, c'est-à-dire $\sup\limits_{\theta \in D_M} \left\| W_N''(\theta) - \bar{W}''(\omega, \theta) \right\| \overset{p.s.}{\to} 0$. Sachant que $\hat{\theta}_N^H \overset{p.s.}{\to} \theta_0$ p.s., alors

$$W_N''(\xi_N) \to \bar{W}''(\omega, \theta_0), \text{ a.p.1 quand } N \to \infty \tag{5.98}$$

où $\bar{W}''(\omega, \theta_0) = \lim\limits_{N \to \infty} E_F W_N''(\theta_0)$. En supposant la matrice $\bar{W}''(\omega, \theta_0)$ inversible, pour N suffisamment grand, nous avons

$$\hat{\theta}_N^H - \theta_0 = -\bar{W}''(\omega, \theta_0)^{-1} W_N'(\theta_0) \tag{5.99}$$

Il est facile de montrer que la matrice de variance/covariance asymptotique de $\sqrt{N}\left(\hat{\theta}_N^H - \theta_0\right)$ est donnée par

$$\mathcal{C}(\omega, \theta_0) = \bar{W}''(\omega, \theta_0)^{-1} \left(\lim\limits_{N \to \infty} N E_F W_N'(\theta_0) W_N'(\theta_0)^T \right) \bar{W}''(\omega, \theta_0)^{-1} \tag{5.100}$$

dans laquelle la Q_ω^M-matrice s'écrit

$$Q^M(\omega, \theta_0) = \lim\limits_{N \to \infty} N E_F W_N'(\theta_0) W_N'(\theta_0)^T \tag{5.101}$$

c'est à dire

$$Q^M(\omega, \theta_0) = \lim\limits_{N \to \infty} \frac{1}{N} \sum_{t=1}^{N} \sum_{u=1}^{N} E_F \Psi_{t,\eta}(\varepsilon; \theta_0) \Psi_{u,\eta}^T(\varepsilon; \theta_0) \tag{5.102}$$

L'expression (5.102), ne fait a priori, aucune distinction sur la nature de la régression, tant que la Ψ-fonction est exprimée avec $\psi_t(\theta)$. Si cela reste vérifié, alors

$$\psi_t(\theta) = \begin{cases} \varphi_t & \text{pour une structure de modèle linéaire} \\ \psi_t^L(\theta) & \text{pour une structure de modèle pseudolinéaire} \end{cases} \tag{5.103}$$

Pour une structure de modèle linéaire, l'ordre large L est nul et le régresseur est indépendant de θ. Cela signifie que l'approche L^ω peut être étendue aux modèles linéaires (**ML**) comme un cas particulier, avec la condition

$$\text{ML} \Longleftrightarrow \begin{cases} L_\theta^\tau = 0 \\ \psi_t(\theta) = \psi_t^0(\theta) = \varphi_t \end{cases} \tag{5.104}$$

et dans le cas de modèles pseudolinéaires (**MPL**)

$$\text{MPL} \iff \begin{cases} L_\theta^\tau \neq 0 \\ \psi_t(\theta) = \psi_t^L(\theta) = \sum_{m=0}^{L_\theta^\tau} A_m^\theta \varphi_{t-m}(\theta) \end{cases} \qquad (5.105)$$

Cette approche généralise le contexte L^ω, où la distinction entre les structures
ne se fait finalement que sur la valeur de l'ordre large L et le régresseur.
Ainsi, à partir de la L^ω-FTE de la Ψ-fonction donnée par (5.78), la Q_ω^M-matrice
s'écrit alors pour les **ML** et **MPL**

$$Q^M(\omega, \theta_0, L_0) = \lim_{N \to \infty} \frac{1}{N} \sum_{t=1}^{N} \sum_{u=1}^{N} E_F \Psi_{t,\eta}^L(\varepsilon; \theta_0) \Psi_{u,\eta}^L(\varepsilon; \theta_0)^T \qquad (5.106)$$

Dans le but de déterminer cette dernière expression de manière plus expli-
cite, simplifions certaines quantités : $L_{\theta_0}^\tau = L_0$, $A_m^{\theta_0} = A_m^0$, $\varepsilon_{\nu_2,t}(\theta_0) = \varepsilon_{\nu_2,t}^0$,
$s_{\nu_1,t}(\theta_0) = s_{\nu_1,t}^0$ et $\varphi_{\nu_i,t-m}(\theta_0) = \varphi_{\nu_i,t-m}^0$, $i = 1, 2$. Nous supposons que $\varepsilon_{\nu_2,t}^0$
and $\varphi_{\nu_2,t-m}^0$ sont des variables aléatoires indépendantes pour tout $m \in [0, L_0]$.
Ceci est d'abord vérifié pour un **ML** où le régresseur φ_t n'est fonction que des
entrée/sortie u_{t-i}/y_{t-j} ($i > 0$, $j > 0$), ensuite pour un **MPL** où le régresseur
φ_t^0 dépend de u_{t-i}, $\hat{y}_{t-j}^0$ ($i > 0$, $j > 0$) dans le cas d'un modèle OE et de u_{t-i},
y_{t-j}, ε_{t-k}^0 ($i > 0$, $j > 0$, $k > 0$) dans le cas d'un modèle ARMAX.
L'espérance mathématique E_F de la matrice $\Psi_{t,\eta}(\varepsilon; \theta_0) \Psi_{u,\eta}(\varepsilon; \theta_0)^T$ contient
quatre expressions

$$\sum_{m=0}^{L_0} \sum_{n=0}^{L_0} A_m^0 A_n^0 E_F \varepsilon_{\nu_2,t}^0 \varepsilon_{\nu_2,u}^0 E_F \varphi_{\nu_2,t-m}^0 \varphi_{\nu_2,u-n}^{0\ T} \qquad (5.107)$$

$$\eta^2 \sum_{m=0}^{L_0} \sum_{n=0}^{L_0} A_m^0 A_n^0 E_F s_{\nu_1,t}^0 s_{\nu_1,u}^0 E_F \varphi_{\nu_1,t-m}^0 \varphi_{\nu_1,u-n}^{0\ T} \qquad (5.108)$$

$$\eta \sum_{m=0}^{L_0} \sum_{n=0}^{L_0} A_m^0 A_n^0 E_F \varepsilon_{\nu_2,t}^0 s_{\nu_1,u}^0 E_F \varphi_{\nu_2,t-m}^0 \varphi_{\nu_1,u-n}^{0\ T} \qquad (5.109)$$

et

$$\eta \sum_{m=0}^{L_0} \sum_{n=0}^{L_0} A_m^0 A_n^0 E_F \varepsilon_{\nu_2,u}^0 s_{\nu_1,t}^0 E_F \varphi_{\nu_1,t-m}^0 {\varphi_{\nu_2,u-n}^0}^T \qquad (5.110)$$

Pour (5.107), parce que $\varepsilon_{\nu_2,t}^0 \overset{p.s.}{\rightarrow} e_{\nu_2,t}^0$ où $e_{\nu_2,t}^0$ sont des variables aléatoires indépendantes, alors $E_F \varepsilon_{\nu_2,t}^0 \varepsilon_{\nu_2,u}^0 = 0$ pour $t \neq u$. Dans le cas où $t = u$, nous avons

$$E_F \left(\varepsilon_{\nu_2,t}^0 \right)^2 = \frac{1-\omega}{\sigma \sqrt{2\pi}} \int_{-\eta}^{\eta} \varepsilon^2 e^{\frac{-\varepsilon^2}{2\sigma^2}} d\varepsilon \qquad (5.111)$$

Avec le changement de variables $X = \frac{\varepsilon}{\sigma}$ et sachant que $\lambda_0 = \sigma^2$, il vient que

$$E_F \left(\varepsilon_{\nu_2,t}^0 \right)^2 = \frac{2\lambda_0 (1-\omega)}{\sqrt{2\pi}} \int_0^k X^2 e^{\frac{-X^2}{2}} dX \qquad (5.112)$$

Une simple intégration par parties montre que

$$\int_0^k X^2 e^{\frac{-X^2}{2}} dX = \frac{1}{2} \sqrt{2\pi} - \sqrt{2\pi} \Phi(-k) - k\sqrt{2\pi} \varphi(k) \qquad (5.113)$$

Nous obtenons

$$E_F \left(\varepsilon_{\nu_2,t}^0 \right)^2 = \lambda_0 (1-\omega) [1 - 2k\varphi(k) - 2\Phi(-k)] \qquad (5.114)$$

A partir de la relation entre le niveau de contamination ω et la constante d'accord k donnée par $2\frac{\varphi(k)}{k} - 2\Phi(-k) = \frac{\omega}{1-\omega}$, nous écrivons

$$E_F \left(\varepsilon_{\nu_2,t}^0 \right)^2 = \lambda_0 [1 - A(\omega)] \qquad (5.115)$$

avec

$$A(\omega) = 2(1-\omega) \frac{1+k^2}{k} \varphi(k), A(\omega) \in [0 \ \ 1[\qquad (5.116)$$

L'expression (5.115) n'est autre que la variance des résidus dans l'ensemble ν_2 et il semble normal de n'avoir qu'une fraction de la variance λ_0. L'erreur faite sur celle-ci est caractérisée par la fonction $A(\omega)$. Lorsque la présence d'outliers d'innovation est faible, cela correspond à ω faible. Nous retrouvons alors le résultat classique où

$$E_F \left(\varepsilon_{\nu_2,t}^0\right)^2 \to E_\Phi \left(\varepsilon_t^0\right)^2 \to E_\Phi \left(e_t^0\right)^2 = \lambda_0 \qquad (5.117)$$

Dans toute la suite, nous poserons

$$\lambda(\omega) = \lambda_0 \left(1 - A(\omega)\right) \qquad (5.118)$$

Pour l'expression (5.108), parce que $s_{\nu_1,t}^0$ sont des variables aléatoires indépendantes, alors $E_F s_{\nu_1,t}^0 s_{\nu_1,u}^0 = 0$ si $t \neq u$. Dans le cas où $t = u$, nous obtenons

$$E_F \left(s_{\nu_1,t}^0\right)^2 = \frac{2(1-\omega) e^{\frac{k^2}{2}}}{\sigma\sqrt{2\pi}} \int\limits_\eta^\infty e^{\frac{-k\varepsilon}{\sigma}} d\varepsilon \qquad (5.119)$$

Avec le changement de variables $X = \frac{\varepsilon}{\sigma}$, il vient immédiatement que

$$E_F \left(s_{\nu_1,t}^0\right)^2 = \frac{2(1-\omega)}{k} \varphi(k) \qquad (5.120)$$

et

$$\eta^2 E_F \left(s_{\nu_1,t}^0\right)^2 = 2\lambda_0 (1-\omega) k\varphi(k) = \lambda_0 B(\omega) = \mu(\omega) \qquad (5.121)$$

où $B(\omega) = 2(1-\omega) k\varphi(k)$.

Quant aux quantités (5.109) et (5.110), celles-ci sont nulles puisque $\varepsilon_{\nu_2,u}^0$ et $s_{\nu_1,t}^0$ sont des variables aléatoires indépendantes, prenant leurs valeurs à des index temporels dans deux ensembles différents ν_2 et ν_1, respectivement. En conséquence, la Q_ω^M-matrice s'écrit

$$Q^M(\omega, \theta_0, L_0) = \lambda(\omega) R_{\nu_2}^{L_0}(\omega, \theta_0) + \mu(\omega) R_{\nu_1}^{L_0}(\omega, \theta_0) \qquad (5.122)$$

avec

$$R_{\nu_i}^{L_0}(\omega, \theta_0) = \sum_{m=0}^{L_0} \sum_{n=0}^{L_0} A_m^0 A_n^0 \bar{E}_F \varphi_{\nu_i,t-m}^0 \varphi_{\nu_i,t-n}^0{}^T, i = 1, 2 \qquad (5.123)$$

101

Le Hessien limite est issu des expressions (5.84) et (5.85). On obtient alors

$$\bar{W}'''^{\nu_2,L_0,\bar{L}_0}(\omega,\theta_0) = \sum_{v=1}^{\bar{L}_0} X_v^0 \bar{E}_F \varphi_{\nu_2,t-v}^0 \,^T \bar{E}_F \varepsilon_{\nu_2,t}^0 + \sum_{k=0}^{L_0}\sum_{l=0}^{L_0} A_k^0 A_l^0 \bar{E}_F \mathcal{P}_{\nu_2,t,k,l}^0 \quad (5.124)$$

$$\bar{W}'''^{\nu_1,L_0,\bar{L}_0}(\omega,\theta_0) = -\eta \sum_{v=1}^{\bar{L}_0} X_v^0 \varphi_{\nu_1,t-v}^0 \,^T s_{\nu_1,t}^0 + \eta \sum_{k=0}^{L_0}\sum_{l=0}^{L_0} A_k^0 A_l^0 \bar{E}_F \mathcal{R}_{\nu_1,t-k-l}^0 \bar{E}_F s_{\nu_1,t}^0$$

$$\quad (5.125)$$

Sachant que $E_F \varepsilon_{\nu_2,t}^0 \overset{p.s.}{\to} E_F e_{\nu_2,t}^0 \overset{p.s.}{\to} E_F e_t^0 \overset{p.s.}{\to} 0$ et $E_F s_{\nu_1,t}^0 \overset{p.s.}{\to} E_F s_t^0 \overset{p.s.}{\to} 0$, les
expressions (5.124) et (5.125) deviennent

$$\bar{W}'''^{\nu_2,L_0,\bar{L}_0}(\omega,\theta_0) = \sum_{k=0}^{L_0}\sum_{l=0}^{L_0} A_k^0 A_l^0 \bar{E}_F \varphi_{\nu_2,t-m}^0 \varphi_{\nu_2,t-n}^0 \,^T \quad (5.126)$$

et

$$\bar{W}'''^{\nu_1^0,L_0,\bar{L}_0}(\omega,\theta_0) = 0 \quad (5.127)$$

Le Hessien limite est donnée par

$$\bar{W}''(\omega,\theta_0,L_0) = R_{\nu_2}^{L_0}(\omega,\theta_0) \quad (5.128)$$

Dans l'approche L^ω, la matrice $\mathcal{C}(\omega,\theta_0)$ de la distribution asymptotique $\mathcal{L}_F^\omega$,
devient alors $\mathcal{C}(\omega,\theta_0,L_0)$ et prend la forme suivante

$$\mathcal{C}^M(\omega,\theta_0,L_0) = \lambda(\omega)\left[R_{\nu_2}^{L_0}(\omega,\theta_0)^{-1} + \mathcal{S}_M^{L_0}(\omega,\theta_0)\right] \quad (5.129)$$

avec

$$\mathcal{S}_M^{L_0}(\omega,\theta_0) = \mathcal{R}(\omega) R_{\nu_2}^{L_0}(\omega,\theta_0)^{-1} R_{\nu_1}^{L_0}(\omega,\theta_0) R_{\nu_2}^{L_0}(\omega,\theta_0)^{-1} \quad (5.130)$$

expression dans laquelle, $\mathcal{R}(\omega) = \frac{B(\omega)}{1-A(\omega)}$.

Remarques :

La matrice $\mathcal{S}_M^{L_0}(\omega, \theta_0)$ fait clairement apparaître la mixité de la ρ_η-norme. En effet, dans le cas où les résidus estimés présentent une densité d'outliers d'innovation $\delta_N^{\nu_1}(\theta) = \frac{1}{N}\sum_{t=1}^{N}|\varepsilon_{\nu_1,t}(\theta)|$ relativement faible, se traduisant par $card\,[\nu_1(\theta)] \to$ 0, $R_{\nu_1}^{L_0}(\omega, \theta_0)$ tend vers la matrice nulle et le niveau de contamination ω tend vers zéro. Nous retrouvons la relation (3.45) du contexte des moindres carrés où $\lambda(\omega) \to \lambda_0$ et

$$R_{\nu_2}^{L_0}(\omega, \theta_0) \to \bar{E}_\Phi \psi_t(\theta_0)\,\psi_t^T(\theta_0) \tag{5.131}$$

Soulignons qu'avec la définition de la densité des outliers d'innovation, le critère d'estimation robuste s'écrit

$$W_N(\theta) = \frac{1}{2N}\sum_{t=1}^{N}\left(\varepsilon_{\nu_2,t}^2(\theta) - \eta^2 s_{\nu_1,t}^2(\theta)\right) + \eta \delta_N^{\nu_1}(\theta) \tag{5.132}$$

De (5.132), nous pouvons faire deux constatations. Premièrement, le PREC est proportionnel à la densité des outliers, dont η s'en trouve être son coefficient. Deuxièmement, ce critère est composé d'un terme borné

$$\frac{1}{2N}\sum_{t=1}^{N}\left(\varepsilon_{\nu_2,t}^2(\theta) - \eta^2 s_{\nu_1,t}^2(\theta)\right)$$

et d'un terme qui l'est moins. Il est facile de montrer que

$$\sup_\theta |W_N(\theta)| \leq \eta^2 + \eta \sup_\theta |\delta_N^{\nu_1}(\theta)| \tag{5.133}$$

Pour η fixé, impliquant à une certaine densité $\delta_N^{\nu_1}(\theta)$, si $\theta \in D_\mathcal{M}$, alors, la borne supérieure du PREC est seulement proportionnelle au maximum de la densité. C'est donc elle qui descide de la valeur maximale du PREC.

Il reste à déduire de (5.129) la L^ω-matrice de variance/covariance asymptotique du M-estimateur de Huber. Celle-ci est donnée par

$$cov\left(\hat{\theta}_N^H\right)_{\omega, L_0} \sim \frac{\lambda(\omega)\left[R_{\nu_2}^{L_0}(\omega, \theta_0)^{-1} + \mathcal{S}_M^{L_0}(\omega, \theta_0)\right]}{N} \tag{5.134}$$

Il est cependant pertinent de fournir une expression *calculable* de (5.134), lorsque l'utilisateur possède N points de mesures et un estimateur $\hat{\theta}_N^H$. Ainsi

$$cov\left(\hat{\theta}_N^H\right)_{\omega,\hat{L}_N} = \frac{\hat{\lambda}_N\left(\omega\right)\left[R_{\nu_2}^{\hat{L}_N}\left(\omega,\hat{\theta}_N^H\right)^{-1} + \mathcal{S}_M^{\hat{L}_N}\left(\omega,\hat{\theta}_N^H\right)\right]}{N} \qquad (5.135)$$

peut être considéré comme un estimé de (5.134), avec

$$\hat{\lambda}_N\left(\omega\right) = \frac{1 - A\left(\omega\right)}{N}\sum_{t=1}^{N}\varepsilon_t^2(\hat{\theta}_N^H) \qquad (5.136)$$

un estimé de $\lambda\left(\omega\right)$ et $\hat{L}_N$ un estimé de l'ordre large L_0, donné par

$$L_{\hat{\theta}_N^H}^\tau = \mathcal{F}\left[\sqrt{\frac{1}{2\tau}\left(\sqrt{\left(\beta_1^{\hat{\theta}_N^H}\right)^2 + 4\beta_2^{\hat{\theta}_N^H}\tau} + \beta_1^{\hat{\theta}_N^H}\right)}\right] \qquad (5.137)$$

5.7 Conclusion

Ce chapitre a présenté une nouvelle approche pour déterminer les ordres larges des approximations linéaires du gradient et du Hessien de l'erreur de prédiction. Ceci pour en déduire la Ψ-fonction, le gradient et le Hessien du PREC. Nous avons aussi souligné la difficulté d'entrevoir une solution concernant la distribution asymptotique de $\sqrt{N}\left(\hat{\theta}_N^H - \theta_0\right)$ lorsque les erreurs de prédiction présentent une densité d'outliers d'innovation relativement importante. Par ailleurs, nous savons que cette densité varie en fonction du seuil η imposé par la constante d'accord k. L'intérêt de descendre k est de traiter le plus rapidement possible, l'*effet impulsionnel* de l'outlier survenant dans les résidus, pour contraindre les suivants à ne rester que dans l'intervalle $[-\eta, \eta]$, c'est à dire, à n'être traités que par la norme L_2. Cependant, comme nous l'avons illustré avec l'exemple de l'identification, le problème n'est pas simple.

Bien que cela soit un cas particulier, il est nécessaire de se poser la question de savoir ce qu'advient la distribution des résidus contenant des outliers à répétition, sachant qu'il est inconcevable de les détecter et de les filtrer par un quelconque filtre nettoyeur, dont la conséquence est de supprimer des informations sur la dynamique du modèle. Par conséquent, il est important de mettre l'accent sur ce problème, en proposant une loi de distribution asymptotique non triviale, inconnue, $\mathcal{L}_F^\omega$, de moyenne nulle et de matrice de variance/covariance $cov\left(\hat{\theta}_N^H\right)_{\omega,L_0}$, tenant compte du niveau de contamination du GEM.

Notons enfin que la matrice de variance/covariance asymptotique est indispensable sous plusieurs raisons. Premièrement, elle sert d'indicateur dans la phase de l'estimation quant à la dispersion des paramètres des modèles estimés, et deuxièmement, elle est nécessaire à la détermination du critère RFPE.

Le chapitre suivant étudiera les limites de l'estimateur robuste à travers les conséquences des points de levage dans une structure de modèle pseudolinéaire OE dans l'approche L^ω.

Chapitre 6

Limites de l'estimateur robuste : réduction de la sensibilité du biais du M-estimateur de Huber aux points de levage

Ce chapitre commence par l'analyse de la propagation des outliers dans les régressions des modèles ARX et OE. L'idée est de faire une étude comparative modèles linéaires/modèles pseudolinéaires. Comme une conséquence de cette propagation, le délicat problème du traitement des points de levage, relatif à la structure de modèle pseudolinéaire OE est abordé. Nous allons effectivement montrer que la réduction de la constante d'accord k dans la norme de Huber, réduit sensiblement le biais de l'estimateur, lorsque survient de tels points. Pour cela, nous proposons une loi qui facilite le choix de la norme de Huber, comme une solution au problème de ces points. Des simulations de types Monte Carlo ont été conduites sur un processus simulé OE(11,5) pour mettre en application ce cadre formel. En plus du biais comme indicateur de la robustesse, nous proposons d'analyser la justesse du modèle (model fit) ainsi que le comportement de la contribution L_1. Les résultats sont présentés et discutés.

6.1 Analyse de la propagation des outliers dans les régressions ARX et OE.

Nous avons vu dans le chapitre 4 que les convergences du PREC et de l'estimateur robuste ne peuvent être satisfaites que par un choix *convenable* de l'intervalle de bruit $\mathcal{I}_b^k$. Pour l'utilisateur, le choix de k reste une tâche délicate. Il est important de montrer que celui-ci dépend de la structure de modèle avec laquelle doit être effectuée l'estimation robuste. Une valeur bien choisie devrait rapidement réduire l'*effet impulsionnel* de l'outlier d'innovation ainsi que sa propagation dans les erreurs de prédiction et dans le régresseur. Le rôle essentiel de la norme L_1 est de permettre un traitement rapide de ces outliers en atténuant leurs effets négatifs sur l'estimateur, et de rendre les résidus suivants plus petits, dans le but d'être traités avantageusement par la norme L_2. Cette notion de propagation demeure fondamentale, car ses conséquences directes ou indirectes décident de la convergence de l'estimateur robuste, et ses effets dépendent de la nature même de la régression. Dans le cas extrême des points de levage, ces derniers ont une haute influence de position dans l'espace facteur $\mathcal{E}_f$, défini comme l'espace de dimension d lié à la matrice de régression donnée par

$$\Phi_N^T (\theta) = [\varphi_1 (\theta) ... \varphi_N (\theta)] \tag{6.1}$$

où $\varphi_t (\theta)$ est le régresseur du modèle de prédiction. Etudions maintenant la propagation des outliers dans les deux types de régression.

Dans le cas des modèles linéaires, le régresseur étant indépendant de θ, il n'y a pas de point de levage, puisque le vecteur ne dépend pas des innovations. Le cas particulier de la structure de modèle ARX illustre ce propos. En effet, son régresseur ne dépend que des mesures entrée/sortie (u_t/y_t) du processus et est défini par

$$\varphi_t = [-y_{t-1}... - y_{t-p} \ u_{t-1}...u_{t-w}]^T \tag{6.2}$$

Pour ce type de modèle, les erreurs de prédiction sont données par

$$\varepsilon_t(\theta) = A(q, \theta)y_t - B(q, \theta)u_t \tag{6.3}$$

Considérons maintenant n outliers d'observation $\left(\tilde{\Omega}_i\right)_{1 \le i \le n}$ arrivant aux dates $t_{\tilde{\Omega}_i}$ dans la série temporelle y_t du processus. Le principe est de distinguer les mesures dites "typiques", notées $y_t^{\bar{\Omega}}$, où $\bar{\Omega}$ est l'ensemble des index temporels de ces mesures, de celles dites "atypiques", c'est à dire les outliers d'observation. Le signal de sortie peut alors s'écrire

$$y_t = y_t^{\bar{\Omega}} + \sum_{k \in \phi_{W_y}} \tilde{\Omega}_k \delta_{t,k} \tag{6.4}$$

où ϕ_{W_y} est l'*ensemble des fenêtres $\tilde{\Omega}$-temporelles* des outliers d'observation, tels que $\bar{\Omega} \cup \phi_{W_y} = N$.

En insérant (6.4) dans (6.3), l'erreur de prédiction donnée par (4.47) devient

$$\varepsilon_{\nu_2,t}(\theta) = y_t^{\bar{\Omega}} + \sum_{m=1}^{p} a_m^H y_{t-m}^{\bar{\Omega}} - \sum_{m=1}^{w} b_m^H u_{t-m} \tag{6.5}$$

et

$$\varepsilon_{\nu_1,t}(\theta) = \sum_{k \in \phi_{W_y}} \tilde{\Omega}_k \delta_{t,k} + \sum_{k \in \phi_{W_y}} \sum_{m=1}^{p} a_m^H \tilde{\Omega}_k \delta_{t-m,k} \tag{6.6}$$

pour lesquelles a_m^H et b_m^H sont les paramètres au sens de Huber du modèle.

Les relations (6.5) et (6.6) montrent clairement la causalité des outliers d'innovation à travers la structure du modèle. Chaque outlier d'observation $\tilde{\Omega}_i$ provoque des outliers d'innovation $\Omega_k(\theta)$, tels que $|\Omega_k(\theta)| > \eta$. Par (4.49), nous avons

$$\sum_{k \in \nu_1(\theta)} \Omega_k(\theta) \delta_{t,k} = \sum_{k \in \phi_{W_y}} \tilde{\Omega}_k \delta_{t,k} + \sum_{k \in \phi_{W_y}} \sum_{m=1}^{p} a_m^H \tilde{\Omega}_k \delta_{t-m,k} \tag{6.7}$$

De cette égalité, on peut déduire deux caractéristiques importantes des outliers d'innovation :

- leurs amplitudes $\Omega_k(\theta)$.
- leur nombre, donné par le *cardinal* de l'ensemble d'index ν_1.

Pour cette dernière caractéristique, plaçons-nous dans le cas le plus défavorable où deux outliers d'observation $\tilde{\Omega}_k$ et $\tilde{\Omega}_{k+1}$ apparaissent aux index temporels $t_{\tilde{\Omega}_k}$ et $t_{\tilde{\Omega}_{k+1}}$ respectivement. Nous disons que la propagation des outliers d'innovation dépend de la comparaison entre l'écart $\Delta_k = t_{\tilde{\Omega}_{k+1}} - t_{\tilde{\Omega}_k}$, $1 \leq k \leq n-1$ et le nombre p de paramètres du polynôme $A(q,\theta)$. Ainsi, pour s variant de 0 à $p+1$, le cardinal de $\nu_1(\theta)$ est donné par

$$card\,[\nu_1(\theta)] = \begin{cases} card\left[\bigcup_{i=1}^{n}\left\{t_{\tilde{\Omega}_i}+s\right\}\right] & \text{si } \Delta_k < p \\ (p+1)\,card\left[\phi_{W_y}\right] & \text{si } \Delta_k \geq p \end{cases} \tag{6.8}$$

Dans le cas particulier où il n'y a qu'un seul outlier $\tilde{\Omega}_k$, l'écart Δ_k est alors négatif et le cardinal de $\nu_1(\theta)$ vérifie la première condition de (6.8).

La relation (6.8) montre bien qu'une succession d'outliers $\tilde{\Omega}_k$ contribue à entretenir la propagation des outliers Ω_k dans les erreurs de prédiction. Nous voyons par ailleurs que la limitation du nombre p de paramètres du polynôme monique $A(q,\theta)$ implique la limitation de la propagation des outliers d'innovation.

La propagation des outliers se retrouve aussi dans l'évolution du régresseur φ_t du modèle de prédiction. Si $\phi_{W_\varphi}^{(i)}$ est le i-ième *ensemble des fenêtres φ-temporelles* des outliers d'observation $\tilde{\Omega}_i$ défini par $\phi_{W_\varphi}^{(i)} = \left\{t_{\tilde{\Omega}_i}+1,...,t_{\tilde{\Omega}_i}+p\right\}$ et $\phi_{W_\varphi}^G = \bigcup_{i=1}^{n}\phi_{W_\varphi}^{(i)}$ l'ensemble global de ces fenêtres, alors le nombre d'outliers présents dans le régresseur par effet de propagation est donné par

$$card\left[\phi_{W_\varphi}^G\right] = p + \sum_{k=1}^{n-1}k\mathbf{1}_{\Delta_k>p} + \sum_{k=1}^{n-1}\Delta_k\mathbf{1}_{\Delta_k\leq p} \tag{6.9}$$

où $\mathbf{1}_x$ est l'opérateur unité tel que $\mathbf{1}_x = 1$ si la condition x est vraie et 0 sinon. Ces résultats montrent que pour cette structure de modèle paramétrique, l'absence de successions d'outliers d'observation limite la propagation d'outliers d'innovation. Celle-ci sera d'autant plus limitée que le cardinal de $\nu_1(\theta)$ sera réduit. Cette réduction peut se réaliser pour des valeurs de la constante d'accord k choisie dans un certain intervalle $\mathcal{I}_b^k$ *standard*, "passe-partout", donné par $\mathcal{I}_b^k = [1, 2]$. Par exemple, Chang dans [31] choisi $k = 1.5$, Maronna dans [99](chapitre 3 p. 61) choisi $k = 1.37$ ou bien Sen Roy dans [117] prend la valeur $k = 1.57$. Ces valeurs se justifient par la caractère limité de l'effet de propagation pour ce type de modèle. Cet effet est réduit si le nombre d'outliers d'observation l'est aussi et si l'amplitude de chacun d'eux est faible. C'est effectivement le cas des études citées ci-dessus.

Précisons que le choix de k peut être vu comme un *compromis* entre robustesse et efficacité d'un estimateur : "Plus de robustesse si k est petit et plus d'efficacité si k est grand.", dit E.M. Ronchetti. Ce même auteur rajoute que, pour une application donnée, si l'efficacité n'est pas un problème central, alors, on peut choisir de très petites valeurs de k pour obtenir plus de robustesse. L'automaticien retrouvera le classique compromis robustesse/performance pour le contrôle, mais cette fois au niveau de l'estimateur pour l'identification. Le choix de $k = 1.345$ est déterminée en exigeant que l'efficacité soit de 95%, impliquant une "prime d'assurance d'efficacité" de 5% contre les déviations distributionnelles du modèle. En conclusion, pour cette structure de modèle paramétrique, l'intervalle de bruit $\mathcal{I}_b^k = [1, 2]$ correspond à une estimation pour laquelle, le nombre, synonyme de densité, et l'amplitude des outliers d'innovation sont restreints, menant à un estimateur robuste et efficace.

Dans le cas contraire où la densité et/ou le niveau est plus importante, pour ce type de régression et dans l'approche erreur de prédiction, l'intervalle pourra être étendu vers les basses valeurs, c'est à dire $\mathcal{I}_b^k = [0.5, 2]$. Voir chapitre 8 quant à l'utilisation de cet intervalle de bruit pour l'identification de processus réels.

Dans le cas des modèles pseudolinéaires, le régresseur dépendant de θ, un risque de points de levage subsiste. Pour une structure de modèle OE, le vecteur régresseur est donné par

$$\varphi_t(\theta) = \left[u_{t-1}...u_{t-w} \ -\hat{y}_{t-1}(\theta)...-\hat{y}_{t-p}(\theta) \right]^T \tag{6.10}$$

dans lequel, le modèle de prédiction retardé s *fois* $(1 \leq s \leq p)$, est donné par $\hat{y}_{t-s}(\theta) = \varphi_{t-s}^T(\theta)\theta$. Nous pouvons alors déduire l'expression suivante

$$\hat{y}_t(\theta) = b_1 u_{t-1} + ... + b_w u_{t-w} - f_1 \hat{y}_{t-1}(\theta) - ... - f_p \hat{y}_{t-p}(\theta) \tag{6.11}$$

Ce mécanisme interne de boucle de retour provoque un phénomène de propagation d'outliers dans ce vecteur, et donc l'occurrence de points de levage. En s'appuyant sur le même raisonnement que pour celui des modèles linéaires, supposons que la sortie y_t soit donnée par (6.4), alors, les erreurs de prédiction s'écrivent

$$\varepsilon_t(\theta) = y_t^{\tilde{\Omega}} + \sum_{k \in \phi_{W_y}} \tilde{\Omega}_k \delta_{t,k} - F(q,\theta)^{-1} B(q,\theta) u_t \tag{6.12}$$

Considérons la fonction de transfert $F(q,\theta)^{-1}$ stable pour tout $\theta \in D_{\mathcal{M}}$. Un développement en série de Taylor en zéro conduit à $F(q,\theta)^{-1} = \sum_{m \geq 0} \mathcal{A}_m(\theta) q^{-m}$, où $\mathcal{A}_m(\theta)$ sont les coefficients de Taylor tels que $\mathcal{A}_0(\theta) = 1$. Les résidus deviennent alors

$$\varepsilon_t(\theta) = y_t^{\tilde{\Omega}} + \sum_{k \in \phi_{W_y}} \tilde{\Omega}_k \delta_{t,k} - \sum_{m \geq 0} \sum_{i=1}^{w} \mathcal{A}_m(\theta) b_i^H u_{t-m-i} \tag{6.13}$$

A la différence de (6.5) et (6.6) qui sont des sommes finies, l'expression (6.13) est une somme infinie, liée à la nature nonlinéaire du régresseur. L'aspect infini de (6.13) et le mécanisme de récurcivité de (6.11) complique fortement l'analyse du phénomène de propagation des outliers. Afin de mieux comprendre ce mécanisme de cause à effet *Outliers d'observation* $\tilde{\Omega}_m \Rightarrow$ *Outliers d'innovation* $\Omega_k(\theta)$, dû à la boucle interne de contre-réaction, la figure 6.1 (gauche) illustre le phénomène. Elle montre également la boucle de calcul des innovations. Les erreurs de prédiction arrivent séquentiellement dans le PREC, dont la minimisation fournie un estimé qui est lui-même réinjecté dans le modèle de prédiction.

La figure 6.1 (gauche) fait apparaître la double boucle de contre-réaction.

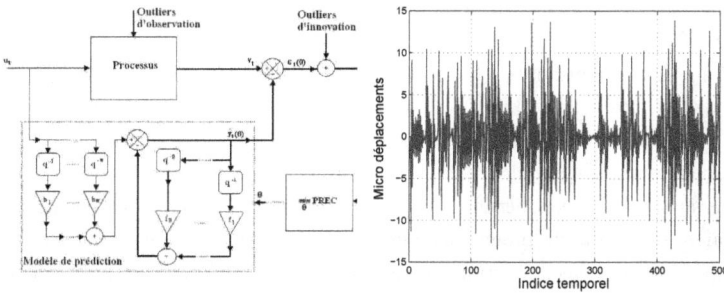

FIG. 6.1 – (gauche) : Causalité d'apparition des outliers d'innovation $\Omega_k(\theta)$ par les outliers d'observation $\tilde{\Omega}_m$. Le mécanisme interne de boucle de retour dans le modèle de prédiction apparaît clairement. (droite) : Signal des micro-déplacements d'un capteur/actionneur piézoélectrique. Les outliers d'observation $\tilde{\Omega}_m$ sont difficiles à reconnaître.

Cette structure de modèle paramétrique fait craindre un point de rupture relativement bas, signifiant qu'un simple outlier d'innovation mal placé dans le temps, et n'ayant pas nécessairement une très grande amplitude, peut devenir un point de levage, occasionnant des dommages majeurs dans la procédure d'estimation. Ceci est probablement vrai dans le cas où l'intervalle de bruit $\mathcal{I}_b^k = [1, 2]$, puisqu'il ne privilégie ni la forte robustesse, ni la forte efficacité de l'estimateur. Intuitivement, la nature même de la structure des modèles étudiés, nous a mené à choisir un intervalle de bruit $\mathcal{I}_b^k$ différent (voir chapitre 4 §4.2). Réduire k, c'est réduire rapidement l'effet impulsionnel de l'outlier d'innovation et sa propagation dans le régresseur puis dans les résidus. Nous privilégions la *robustesse impulsionnelle*, où la norme L_1 est focalisée sur l'occurence de l'outlier, entraînant une forte réduction des résidus suivants pouvant être par la suite traités avantageusement par la norme L_2. D'où l'intérêt dans les cas sévères de réduire la valeur de k. Ce constat a été mis en évidence dans [39]. En effet, dans cette étude sur la modélisation black-box d'un capteur/actionneur piézoélectrique, les micro-déplacements de celui-ci ont engendré des outliers d'innovation importants, obligeant à réduire la valeur de k, bien en deçà du classique intervalle de bruit [1, 2]. Les meilleurs modèles ont été estimés pour $k = 0.0625$ et $k = 0.0875$. Les estimations pour les valeurs typiques de k ainsi qu'une estimation seuillée à 3σ, c'est-à-dire une approche filtre robuste, n'ont pas apporté de réels bénéfices pour la robustesse et pour les performances. Par la suite, il a été prouvé que diminuer k, contribuait à diminuer la borne supérieure du biais de l'estimateur contre les points de levage, et donc indirectement, à améliorer la qualité du modèle, tout en garantissant la robustesse de l'estimateur. Ce travail a aussi corroboré les remarques faites dans le chapitre 2 au sujet de la *détection* des outliers d'observation. Des résultats détaillés seront présentés dans les chapitres suivants, mais nous pouvons d'ores et déjà constater sur la figure 6.1 (droite) illustrant le signal de ces micro-déplacements, qu'il est très difficile, voire impossible, de reconnaître les outliers d'observation. Pour cette application, ces *points atypiques* font partie intégrante de la dynamique du système, comme le confirme les spécialistes du domaine. Les détecter et les supprimer enlève des informations sur cette dynamique. Le recours aux estimateurs classiques, moindres carrés ou robuste-3σ, n'ont pas permis d'obtenir de résultats satisfaisants. Cet exemple illustre bien la difficulté mentionnée par Huber concernant la distinction entre points typiques et points atypiques.

Une des conséquences de la propagation des outliers est l'occurrence de points de levage. La difficulté du traitement de ces points réside dans le fait qu'à un instant donné, avec une amplitude donnée, ils peuvent causer la divergence du critère d'estimation et par voie de conséquence la divergence de l'estimateur. Dans la suite de ce chapitre, nous nous proposons d'étudier ce cas limite de l'estimateur robuste.

6.2 Les points de levage

Il nous appartient après l'analyse qualitative menée précédemment, de proposer une étude quantitative du phénomène. Dans ce sens, nous allons proposer
une loi à partir de laquelle, lorsqu'un point de levage $\mathcal{L}^p$ survient dans les erreurs
de prédiction, un abaissement de k réduit le biais de l'estimateur. Définissons
maintenant le cadre théorique qui va nous permettre d'établir cette loi. Tout
d'abord, le modèle de variation distributionnelle reste le même, puisqu'il s'agit
du GEM donné par

$$\mathcal{P}_{\Phi}\left(\omega\right) = \{F|F = \left(1 - \omega\right)\Phi + \omega H\} \tag{6.14}$$

Pour un M-estimateur de Huber $\hat{\theta}_N^H$, de distribution empirique F_N, (6.14)
s'écrit

$$\mathcal{P}_{\Phi_N}\left(\omega\right) = \{F_N|F_N = \left(1 - \omega\right)\Phi_N + \omega H_N\} \tag{6.15}$$

Le biais maximum du M-estimateur de Huber devient

$$\sup_{F_N \in \mathcal{P}_{\Phi_N}(\omega)} \left|\hat{\theta}_N^H - \theta_0\right| = \hat{b}_N\left(\omega\right) \tag{6.16}$$

A partir de la courbe influence et du *gross error sensitivity* (GES) en $\hat{\theta}_N^H$, le
biais maximum prend la forme suivante

$$\sup_{F_N \in \mathcal{P}_{\Phi_N}(\omega)} \left|\hat{\theta}_N^H - \theta_0\right| \cong \omega \sup_{\varepsilon_{t_\Omega}} \left|IC\left(\varepsilon_{t_\Omega}; \hat{\theta}_N^H\right)\right| \tag{6.17}$$

où ε_{t_Ω} représente l'outlier d'innovation à la date t_Ω.

Dans le chapitre 5 nous avons défini le cadre mathématique de l'approche L^ω-
FTE et ses applications. Il va en être de même pour la courbe influence, pour
laquelle nous allons définir sa L^ω-FTE notée alors $IC\left(\varepsilon; L_0, \theta_0\right)$.

6.3 L^ω-FTE de la courbe influence

Reprenons l'équation implicite donnée par (4.2)

$$\frac{1}{N} \sum_{t=1}^{N} \Psi_{t,\eta}\left(\varepsilon; \hat{\theta}_N^H\right) = 0 \qquad (6.18)$$

Celle-ci dans l'approche L^ω-FTE prend la forme suivante

$$\frac{1}{N} \sum_{t=1}^{N} \Psi_{t,\eta}^L\left(\varepsilon; \hat{\theta}_N^H\right) = 0 \qquad (6.19)$$

L'objectif premier est de travailler avec la fonctionnelle asymptotique de (6.19) en $\theta(F)$. Celle-ci s'écrit

$$\int \Psi_\eta^L\left(\varepsilon; \theta(F)\right) dF = 0 \qquad (6.20)$$

La L^ω-FTE asymptotique de la courbe influence est définie par

$$IC\left(\varepsilon; L, \theta(\Phi)\right) = \left(\frac{\partial\theta(F)}{\partial\omega}\right)_{\omega=0} \qquad (6.21)$$

En remplaçant F par son expression et en l'insérant dans (6.20), nous obtenons

$$\int \Psi_\eta^L\left(\varepsilon; \theta(F)\right) d\left[(1-\omega)\Phi + \omega\delta_\varepsilon\right] = \int \Psi_\eta^L\left(\varepsilon; \theta(F)\right) d\Phi$$

$$+\omega \int \Psi_\eta^{L_\theta^\tau}\left(\varepsilon; \theta(F)\right) d\left[\delta_\varepsilon - \Phi\right] \qquad (6.22)$$

En dérivant (6.22) par rapport à ω, il vient que

$$\frac{\partial}{\partial\omega} \int \Psi_\eta^L\left(\varepsilon; \theta(F)\right) d\Phi + \int \Psi_\eta^L\left(\varepsilon; \theta(F)\right) d\left[\delta_\varepsilon - \Phi\right]$$

$$+\omega\frac{\partial}{\partial\omega} \int \Psi_\eta^L\left(\varepsilon; \theta(F)\right) d\left[\delta_\varepsilon - \Phi\right] = 0 \qquad (6.23)$$

Evaluons (6.23) en $\omega = 0$, impliquant alors $F = \Phi$. Dans ce cas, le dernier terme à gauche de l'égalité de (6.23) est nulle. Par ailleurs, supposons les conditions de

régularités vérifiées ainsi que la Fisher-consistance en Φ de $\int \Psi_\eta^L \left(\varepsilon; \theta\left(\Phi\right)\right) d\Phi$.
Il s'ensuit que

$$\int \Psi_\eta^L \left(\varepsilon; \theta\left(\Phi\right)\right) d\Phi = 0 \tag{6.24}$$

L'équation (6.23) se réduit à

$$\int \left(\frac{\partial}{\partial \omega} \Psi_\eta^L \left(\varepsilon; \theta\left(F\right)\right)\right)_{\omega=0} d\Phi + \int \Psi_\eta^L \left(\varepsilon; \theta\left(F\right)\right) d\delta_\varepsilon = 0 \tag{6.25}$$

En posant $\theta\left(\Phi\right) = \theta_0$ et $L = L_0$, la courbe influence peut alors être écrite comme

$$IC\left(\varepsilon; L_0, \theta_0\right) = -\left[\int \left(\frac{\partial}{\partial X} \Psi_\eta^{L_0} \left(\varepsilon; X\right)^T\right)_{\theta_0} d\Phi\right]^{-1} \Psi_\eta^{L_0} \left(\varepsilon; \theta_0\right) \tag{6.26}$$

Par ailleurs, rappelons que la matrice Hessienne représente la dérivée de la Ψ-fonction par rapport à θ et que sa L^ω-FTE est

$$W_N'' \left(\theta, L, \bar{L}\right) = \frac{1}{N} \sum_{t=1}^N \frac{\partial}{\partial \theta} \Psi_{t,\eta}^L \left(\varepsilon; \theta\right)^T \tag{6.27}$$

En θ_0, elle prend la forme d'une fonctionnelle donnée par

$$W_N'' \left(\theta_0, L_0, \bar{L}_0\right) = \int \left(\frac{\partial}{\partial X} \Psi_\eta^{L_0} \left(r; X\right)^T\right)_{\theta_0} \frac{1}{N} \sum_{t=1}^N \delta_{\varepsilon_t} dr \tag{6.28}$$

Nous obtenons alors

$$\lim_{N \to \infty} W_N'' \left(\theta_0, L_0, \bar{L}_0\right) = E_\Phi \left[\left(\frac{\partial}{\partial \theta} \Psi_{t,\eta}^{L_0} \left(\varepsilon; \theta\right)^T\right)_{\theta_0}\right] \tag{6.29}$$

En détails, la matrice $\frac{\partial}{\partial \theta} \Psi_{t,\eta}^{L_0} \left(\varepsilon; \theta\right)^T$ est donnée par

$$-\frac{\partial}{\partial \theta} \psi_{\nu_2,t}^{(L_0,\bar{L}_0)} \left(\theta\right)^T \varepsilon_{\nu_2,t}(\theta) + \psi_{\nu_2,t}^{L_0}(\theta) \psi_{\nu_2,t}^{L_0}(\theta)^T - \eta \frac{\partial}{\partial \theta} \psi_{\nu_1,t}^{(L_0,\bar{L}_0)} \left(\theta\right)^T s_{\nu_1,t}(\theta)$$

$$+\eta \psi_{\nu_1,t}^{L_0}(\theta) \psi_{\nu_1,t}^{L_0}(\theta)^T g_t^K \left(\theta\right) \tag{6.30}$$

où $g_t^K(\theta) = 4Ke^{-2K|\varepsilon_t(\theta)|}$ (voir 4.23). Nous savons qu'il y a un réel K_0 telle que pour $K > K_0$, $g_t^K(\theta) \to 0$. Avec la notation $\varepsilon_{\nu_2,t}(\theta_0) = \varepsilon_{\nu_2,t}^0$ et $s_{\nu_1,t}(\theta_0) = s_{\nu_1,t}^0$, il vient que

$$\frac{\partial}{\partial\theta}\Psi_{t,\eta}^{L_0}(\varepsilon;\theta)^T = -\left(\frac{\partial}{\partial\theta}\psi_{\nu_2,t}^{(L_0,\bar{L}_0)}(\theta)^T\right)_{\theta_0}\varepsilon_{\nu_2,t}^0 + \psi_{\nu_2,t}^{L_0}(\theta_0)\psi_{\nu_2,t}^{L_0}(\theta_0)^T$$

$$-\eta\left(\frac{\partial}{\partial\theta}\psi_{\nu_1,t}^{(L_0,\bar{L}_0)}(\theta)^T\right)_{\theta_0}s_{\nu_1,t}^0 \qquad (6.31)$$

Supposons les conditions de régularité et de Fisher-consistance en θ_0 vérifiées, alors $E_\Phi\varepsilon_{\nu_2,t}^0 \overset{p.s.}{\to} E_\Phi e_{\nu_2,t}^0 \overset{p.s.}{\to} E_\Phi e_t^0 \overset{p.s.}{\to} 0$ et $E_\Phi s_{\nu_1,t}^0 \overset{p.s.}{\to} E_\Phi s_t^0 \overset{p.s.}{\to} 0$. La L^ω-FTE de la courbe influence s'écrit

$$IC(\varepsilon;L_0,\theta_0) = -\left[E_\Phi\left\{\psi_{\nu_2,t}^{L_0}(\theta_0)\psi_{\nu_2,t}^{L_0}(\theta_0)^T\right\}\right]^{-1}\Psi_\eta^{L_0}(\varepsilon;\theta_0) \qquad (6.32)$$

où $\psi_t^{L_0}(\theta_0) = \sum\limits_{m=0}^{L_0}A_m^0\varphi_{t-m}^0$ et $\Psi_{t,\eta}^{L_0}(\varepsilon;\theta_0) = -\psi_{\nu_2,t}^{L_0}(\theta_0)\varepsilon_{\nu_2,t}^0 - \eta\psi_{\nu_1,t}^{L_0}(\theta_0)s_{\nu_1,t}^0$.

Pour N suffisamment grand et pour un M-estimateur donné, $IC\left(\varepsilon_t;\hat{L}_N,\hat{\theta}_N^H\right)$ peut être utilisé comme un estimé de $IC(\varepsilon;L_0,\theta_0)$, avec

$$IC\left(\varepsilon_t;\hat{L}_N,\hat{\theta}_N^H\right) = \left[\frac{1}{N}\sum_{t=1}^N\psi_{\nu_2,t}^{\hat{L}_N}(\hat{\theta}_N^H)\psi_{\nu_2,t}^{\hat{L}_N}(\hat{\theta}_N^H)^T\right]^{-1}$$

$$\times\left(\psi_{\nu_2,t}^{\hat{L}_N}(\hat{\theta}_N^H)\varepsilon_{\nu_2,t}(\hat{\theta}_N^H) + \eta\psi_{\nu_1,t}^{\hat{L}_N}(\hat{\theta}_N^H)s_{\nu_1,t}(\hat{\theta}_N^H)\right) \qquad (6.33)$$

6.4 L^ω-FTE du biais maximum

Dans la section précédente nous avons établi l'expression de la courbe influence dans l'approche L^ω-FTE. Il est alors possible d'exprimer le biais maximum du M-estimateur de Huber. Nous allons ainsi montrer que la borne supérieure du biais, est proportionnelle à la fois au point de levage $\mathcal{L}^p$ et à une nouvelle fonction $f^\omega(k)$ possédant la propriété d'atténuer l'effet de $\mathcal{L}^p$ par diminution de k. Considérons le théorème suivant

Théorème 9 *Soit F_N la distribution empirique du GEM et soit $IC\left(\varepsilon_t; \hat{L}_N, \hat{\theta}_N^H\right)$
la L^ω-FTE de la courbe influence en $\hat{\theta}_N^H$, alors la L^ω-FTE du biais maximum
est donnée par*

$$b_N^\omega(k) \le \hat{\kappa}^N f^\omega(k) |\mathcal{L}^p| \tag{6.34}$$

*où $f^\omega(k) = \omega k(\omega)$ que nous appelerons fonction accord et $\hat{\kappa}^N$ un terme
indépendant de ω.*

Preuve :

Le développement de Taylor de la forme fonctionnelle de $\theta(F)$ donne

$$\theta(F) = \theta_0 + \theta'(F - \Phi) + rem(F - \Phi) \tag{6.35}$$

Si la L^ω-FTE de la courbe influence existe, un développement de Von Mises
mène à

$$\theta(F) = \theta_0 + \int IC(\varepsilon; L_0, \theta_0) d(F - \Phi) + rem(F - \Phi) \tag{6.36}$$

Puisque $\int IC(\varepsilon; L_0, \theta_0) d\Phi = 0$ (Fisher-consistance en Φ), nous avons

$$\theta(F) = \theta_0 + \int IC(\varepsilon; L_0, \theta_0) dF + rem(F - \Phi) \tag{6.37}$$

Pour $F = F_N$ où F_N est la distribution empirique donnée par $F_N = \frac{1}{N} \sum_{t=1}^{N} \mathbf{1}_{\{\varepsilon_t < \varepsilon\}}$
avec $\mathbf{1}_{\{\bullet\}}$ la fonction pas-unité, il vient que

$$\int IC(\varepsilon; L_0, \theta_0) dF = \frac{1}{N} \sum_{t=1}^{N} IC\left(\varepsilon_t; \hat{L}_N, \hat{\theta}_N^H\right) \tag{6.38}$$

En prenant la norme de (6.33), posons

$$\hat{\mathcal{M}}^{\hat{L}_N} = \sup_{\varepsilon_t} \left\| \left[\frac{1}{N} \sum_{t=1}^{N} \psi_{\nu_2,t}^{\hat{L}_N}(\hat{\theta}_N^H) \psi_{\nu_2,t}^{\hat{L}_N}(\hat{\theta}_N^H)^T \right]^{-1} \right\| \tag{6.39}$$

Un estimé du GES devient alors

$$\hat{\gamma}_N^* \leq \hat{\mathcal{M}}^{\hat{L}_N} k(\omega) \sigma \left(\sup_{\varepsilon_t} \left\| \psi_{\nu_2,t}^{\hat{L}_N}(\hat{\theta}_N^H) \right\| + \sup_{\varepsilon_t} \left\| \psi_{\nu_1,t}^{\hat{L}_N}(\hat{\theta}_N^H) \right\| \right) \tag{6.40}$$

Ljung et Caines dans [89] et [90] ont montré que $\sup_{\varepsilon_t} \|\psi_t(\theta)\| \leq \mathcal{C} \|\mathcal{E}\|$, où

$\|\mathcal{E}\| = \sup_{\theta} \left\| [\varepsilon_1(\theta) ... \varepsilon_N(\theta)]^T \right\|$.

Definissons le point de levage $\mathcal{L}^p$ tel que

$$\|\mathcal{E}\| = |\mathcal{L}^p| = \sup_{\hat{\theta}_N^H} \left\| \left[\varepsilon_1\left(\hat{\theta}_N^H\right) ... \varepsilon_N\left(\hat{\theta}_N^H\right) \right]^T \right\| \tag{6.41}$$

Sachant que $\psi_{\nu_2,t}^{\hat{L}_N}(\hat{\theta}_N^H) + \psi_{\nu_1,t}^{\hat{L}_N}(\hat{\theta}_N^H) = \psi_t^{\hat{L}_N}(\hat{\theta}_N^H)$, $t = 1...N$, alors $\left\| \psi_{\nu_i,t}^{\hat{L}_N}(\hat{\theta}_N^H) \right\| \leq$
$\left\| \psi_t^{\hat{L}_N}(\hat{\theta}_N^H) \right\|$, $i = 1, 2$.

En conséquence, le biais maximum donné par (6.17) s'écrit

$$b_N^\omega(k) \leq \hat{\kappa}^N f^\omega(k) |\mathcal{L}^p| \tag{6.42}$$

avec $\hat{\kappa}^N = 2\sigma \mathcal{C} \hat{\mathcal{M}}^{\hat{L}_N}$.

6.5 Les performances limites de l'estimateur robuste

Il faut considérer le résultat de ce théorème comme **la justification** du choix de $\mathcal{I}_b^k$ étendu vers les petites valeurs de k. Premièrement, et cela ne semble pas surprenant, la borne supérieure de (6.42) est proportionnelle au point de levage $\mathcal{L}^p$. Comme nous l'avons déjà mentionné, le point de levage est par définition le point hautement sensible qui dégrade l'estimateur. Plus grande est son amplitude, plus grande est la borne supérieure du biais maximum. Ceci est maintenant vérifié par ce théorème. Deuxièmement, cette borne est également proportionnelle à la *fonction accord* $f^\omega(k)$. Nous allons montrer que cette fonction présente la propriété de diminuer l'effet du point de levage pour des petites valeurs de k. Par ailleurs, il est fondamental de noter que cette borne dépend directement de la ρ_η-norme, puisque celle-ci est fixée par le facteur d'échelle η, c'est à dire par k. Nous voyons ici, l'action directe de cette constante d'accord ainsi que son rôle crucial. Fixer *convenablement* k revient à accorder la norme de Huber afin de résoudre le problème de la robustesse, mais aussi à agir sur le biais de l'estimateur, donc sur ses performances, par l'intermédiaire de la nouvelle fonction $f^\omega(k)$, dont le principal effet est de réduire l'influence de $\mathcal{L}^p$. De la relation $2\frac{\varphi(k)}{k} - 2\Phi(-k) = \frac{\omega}{1-\omega}$, pour k fixée, nous pouvons déduire ω et représenter l'allure de la courbe $\omega = f(k)$ comme cela est illustré dans la figure 6.2.

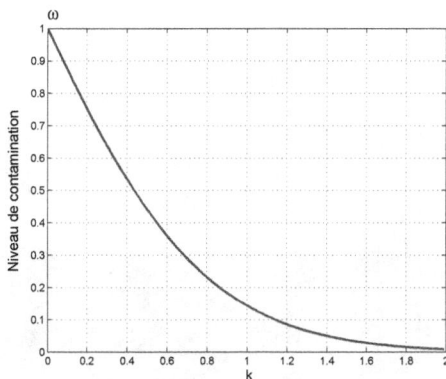

FIG. 6.2 – Niveau de contamination du GEM en fonction de la contante d'accord k.

Corollaire du théorème 9

La courbe de la figure 6.2 étant monotone décroissante, elle admet une réciproque f^{-1}. Nous pouvons alors déduire la *fonction accord* $f^{\omega}(k)$ dépendant de k dont il est facile de montrer qu'elle peut être approximée par un polynôme de degré cinq, comme suit

$$f^{\omega}(k) \approx 0.034k^5 - 0.316k^4 + 1.113k^3 - 1.773k^2 + 1.088k - 0.002 \qquad (6.43)$$

La représentation graphique de la *fonction accord* est donnée dans la figure 6.3. Cette courbe passe par un maximum à $k = 0.5$, dans laquelle nous avons fais apparaître deux sous-domaines (pointillés) $\mathcal{D}_e^k$ et $\mathcal{D}_c^k$, traduisant respectivement le cas étendu où la constante d'accord est petite, et le cas classique, où $k \in [1, 1.5]$.

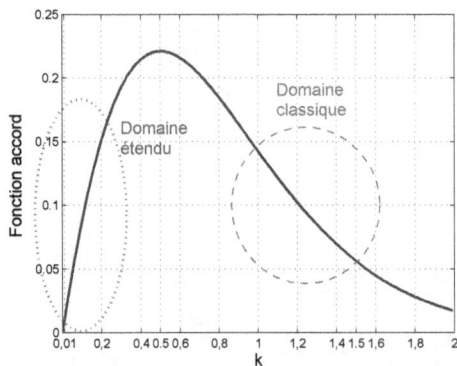

FIG. 6.3 – *Fonction accord* $f^{\omega}(k)$. Deux sous-domaines (pointillés) apparaissent, $\mathcal{D}_e^k$ comme le domaine étendu aux petites valeurs de k et $\mathcal{D}_c^k$ comme le domaine classique où $k \in [1, 1.5]$.

L'ensemble dans lequel est définie $f^{\omega}(k)$ peut être séparé en deux sous-intervalles $\mathcal{I}_l^k =]0, 0.5]$, nommé *intervalle d'accord* et $\mathcal{I}_h^k = [0.5, 2]$. Cette courbe montre que l'intervalle de bruit étendu $\mathcal{I}_b^k$ est donné par

$$\mathcal{I}_b^k = \mathcal{I}_l^k \cup \mathcal{I}_h^k \tag{6.44}$$

Dans la littérature, le choix de l'intervalle de bruit dit *classique*, se focalisait uniquement sur l'intervalle $\mathcal{I}_h^k$ dans lequel on retrouve le **domaine classique** $\mathcal{D}_c^k$ (cercle en pointillés) avec les valeurs $k = 1$, $k = 1.345$ et $k = 1.5$. Il est facile de montrer que dans $\mathcal{I}_h^k$, la *fonction accord* peut être approximée sous la forme d'un polynôme comme suit

$$h(k) = 0.086k^2 - 0.386k + 0.441 \tag{6.45}$$

Par exemple, dans l'intervalle $[1.345, 1.5]$, la sensibilité s_h^k devient

$$s_h^k = \left| \frac{\Delta h(k)}{\Delta k} \right| \approx 0.14 \tag{6.46}$$

De la même façon, dans $\mathcal{I}_l^k$, la *fonction accord* s'écrit elle aussi sous la forme d'un polynôme, donné par

$$l(k) \cong -1.063k^2 + 0.961k \tag{6.47}$$

Par exemple, dans l'intervalle $[0.04, 0.05]$, il vient que

$$s_l^k = \left| \frac{\Delta l(k)}{\Delta k} \right| \approx 0.87 \tag{6.48}$$

Nous avons alors

$$s_l^k \approx 6 s_h^k \tag{6.49}$$

Ce résultat montre que dans le sous-intervalle $\mathcal{I}_l^k$, la **capacité** à réduire l'influence du point de levage est six fois plus importante que dans $\mathcal{I}_h^k$. Nous mettons ici l'accent, sur le principal inconvénient de choisir la constante d'accord dans l'intervalle $\mathcal{I}_h^k$ et plus précisément dans le **domaine classique** $\mathcal{D}_c^k$. La sensibilité s_h^k est trop faible pour être capable de réduire l'effet dommageable du point de levage sur la borne supérieure du biais maximum. Cette réduction de l'effet de $\mathcal{L}^p$ est nettement plus sensible dans $\mathcal{I}_l^k$.

Par ailleurs, le sens de variation du polynôme $l\,(k)$ est différent de celui de $h\,(k)$. Pour une même valeur f_1 de $f^\omega\,(k)$, il y a deux valeurs possibles de k, k_l^1 et k_h^1, respectivement dans $\mathcal{I}_l^k$ et dans $\mathcal{I}_h^k$. Soit f_2 une autre valeur de $f^\omega\,(k)$ telle que $f_2 < f_1$. Dans $\mathcal{I}_l^k$, compte tenu du sens de variation de $l\,(k)$, nous avons $k_l^2 < k_l^1$, ce qui aura pour effet d'augmenter la contribution L_1 dans la procédure d'estimation. La réduction de k a donc un double effet : il permet de réduire la sensibilité aux points de levage et de borner les erreurs de prédiction par un accroissement de la contribution L_1.

A contrario, dans $\mathcal{I}_h^k$, compte tenu de la variation de $h\,(k)$, nous avons $k_h^2 > k_h^1$, augmentant ainsi la contribution L_2. Il y a dans ce cas là, deux effets antagonistes. Un effet positif, où la diminution de $f^\omega\,(k)$ laisse présager que l'on va réduire la sensibilité à $\mathcal{L}^p$ et un effet négatif, où l'augmentation du facteur d'échelle η, contraint l'estimateur à être moins robuste, par l'élèvation de l'amplitude des erreurs de prédiction.

Dans la littérature, le choix de la constante d'accord dans $\mathcal{D}_c^k$ vient du fait que peu d'outliers d'innovation avec de faibles amplitudes sont présents dans les erreurs de prédiction. Pour tout $k \in \mathcal{D}_c^k$, cela conduit à $\omega < 0.15$, comme le montre la figure 6.2. La faible valeur du niveau de contamination indique que le GEM est lui aussi faiblement perturbé, autrement dit, que le modèle de variation distributionnelle s'écarte peu de la distribution normale.

Mais nous pouvons aller plus loin dans l'analyse et les conséquences de ce théorème quant au choix de la constante d'accord dans $\mathcal{D}_e^k$. En effet, ce choix répond bien à la robustesse impulsionnelle, dans laquelle il est important d'agir rapidement par la norme L_1, afin d'éviter le phénomène de propagation, donc de formation de points de levage, dans le but d'atténuer significativement les forts résidus, quels qu'ils soient et quelque soit le moment où ils surviennent. Nous pouvons ainsi étendre l'application de ce théorème aux forts résidus, sans que ceux-là aient des propriétés de points de levage. L'intérêt de l'estimation en norme $L_2 - L_1$ est bien de faire de l'estimation L_1 qu'en cas de présence de forts résidus, voire de points de levage, et de réduire le plus rapidement possible leurs effets néfastes sur le résultat final.

L'objectif est maintenant de montrer par des simulations de Monte Carlo, que la réduction de k atténue l'effet des points de levage dans le biais de l'estimateur.

6.6 Résultats des simulations

6.6.1 Présentation

Nous allons montré par des simulations de Monte Carlo, l'intérêt d'étendre $\mathcal{I}_b^k$ vers les petites valeurs de k, pour contraindre la fonction accord à diminuer, dans le but de compenser l'effet du point de levage. Le processus simulé $\mathcal{P}_0$ générant les données y_t^0 est un Output Error avec $p = 11$ et $w = 5$, noté OE(11,5) :

$$\mathcal{P}_0 : \begin{cases} y_t^0 = \frac{B(q,\theta_0)}{F(q,\theta_0)} u_t + e_t^0 \\ \theta_0 = [\theta_0^B, \theta_0^F] \\ e_t^0 \in \mathcal{N}(0, 0.1) \end{cases} \tag{6.50}$$

Les vrais paramètres θ_0^B et θ_0^F sont donnés dans le tableau 6.1

TAB. 6.1 – Paramètres $\theta_0^B = \{b_n^0\}_{n=1}^5$ et $\theta_0^F = \{f_n^0\}_{n=1}^{11}$ de $\mathcal{S}_0$: OE(11,5).

n	1	2	3	4	5	6	7	8	9	10	11
b_n^0	−0.069	−0.168	0.134	0.225	−0.024	0	0	0	0	0	0
f_n^0	0.286	−0.845	0.270	0.711	−0.348	−0.017	0.257	0.086	0.031	0.159	0.030

Nous avons également considéré un processus avec un retard pur $d = 3$, compté en nombre entier de période d'échantillonnage. Celle-ci est donnée par $T_e = 500\mu s$. Le nombre de tirages de Monte Carlo est de 100 et le nombre de points de mesures est $N = 1000$. Le signal exogène d'excitation u_t est une

Séquence Binaire Pseudo Aléatoire (SBPA) [83] suffisamment excitant et persistant, de niveau ± 15 et de longueur $\mathcal{L}_{SBPA} = 1023$. Le rapport signal/bruit est fixé à $25dB$. Dans le but de se placer dans un cas défavorable, une LS-estimation a été conduite lors de la phase d'initialisation de la procédure d'estimation robuste.

Les points de levage dans les erreurs de prédiction ont été déclenchés par l'insertion de valeurs élevées d'outliers d'observation $\hat{O}_{out}$ dans y_t^0, avec $10 \leq \hat{O}_{out} \leq 1 \times 10^5$. Cependant, les points de levage ont commencé à se déclencher pour des valeurs supérieures à 100. Ainsi, toutes les courbes suivantes seront représentées en fonction de $100 \leq \hat{O}_{out} \leq 1 \times 10^5$. Par ailleurs, nous avons préservé lors des tirages de Monte Carlo, le caractère aléatoire de l'occurrence de l'outlier d'observation. Soit donc t_{Ω_1} le moment de cette occurrence. Les tests ont été réalisés avec un, deux puis trois outliers d'observation $\hat{O}_{out}$ dans y_t^0, afin de créer une succession de points de levage, proches ou non, et d'analyser leurs effets sur l'estimateur. L'étude va donc se découper en trois parties.

6.6.2 Etude des points de levage dans le cas d'un seul outlier d'observation

Notre démarche pour donner naissance à des points de levage est la suivante. Nous augmentons progressivement l'amplitude de $\hat{O}_{out}$ de la valeur 100 jusqu'à la valeur 1×10^5 pour une constante d'accord $k \in \mathcal{I}_l^k$ et $k \in \mathcal{I}_h^k$. Par exemple, pour une certaine valeur de k choisie dans $\mathcal{I}_l^k$, lorsqu'un point de levage apparaît, se traduisant par un mauvais biais et une petite valeur du fit, pour le même niveau de $\hat{O}_{out}$ ayant déclenché ce point, nous descendons la constante d'accord. Ceci a normalement pour effet de réduire le biais maximum, par l'intermédiaire de $f^\omega(k)$, et d'augmenter le fit du modèle estimé. C'est exactement ce que nous constatons. Cependant, avant d'étudier les comportements du biais, du fit et de la fonction de contribution L_1, nous pouvons analyser l'effet de $\hat{O}_{out}$ sur le maximum de l'outlier d'innovation dans les résidus, dénoté

125

$$\hat{I}_{out} = \sup_{\hat{\theta}_N^H} \varepsilon_{t_{\Omega_1}} \left(\hat{\theta}_N^H \right).$$

Etudions le d'abord dans $\mathcal{I}_l^k$ puis dans $\mathcal{I}_h^k$. Dans $\mathcal{I}_l^k$, pour $k \leq 0.5$, lorsque nous avons $\hat{I}_{out} = \sup_{\hat{\theta}_N^H} \varepsilon_{t_{\Omega_1}} \left(\hat{\theta}_N^H \right) = y_{t_{\Omega_1}} = \hat{O}_{out}$, cela signifie que le modèle de prédiction est tel que $\sup_{\hat{\theta}_N^H} \hat{y}_{t_{\Omega_1}} \left(\hat{\theta}_N^H \right) \neq 0$, parce que $\sup_{\hat{\theta}_N^H} \hat{y}_{t_{\Omega_1}} \left(\hat{\theta}_N^H \right) << y_{t_{\Omega_1}}$.

Dans ce cas de figure, nous dirons qu'il n'y a *pas de points de levage*. A contrario, lorsque $\hat{I}_{out} \neq \hat{O}_{out}$, cela signifie qu'il y a *points de levage*. En conséquence, $\sup_{\hat{\theta}_N^H} \hat{y}_{t_{\Omega_1}} \left(\hat{\theta}_N^H \right) \neq 0$ et $\sup_{\hat{\theta}_N^H} \hat{y}_{t_{\Omega_1}} \left(\hat{\theta}_N^H \right) >> y_{t_{\Omega_1}}$.

La figure 6.4 (gauche) illustre ces propos. Nous voyons que lorsque $100 \leq \hat{O}_{out} \leq 3000$ pour $k = 0.5$, alors $\hat{I}_{out} = \hat{O}_{out}$. Lorsque $\hat{O}_{out} = 3500$, survient un point de levage dans les résidus avec $\mathcal{L}^p = 35006$ et $\hat{I}_{out} \neq \hat{O}_{out}$. Pour la même valeur de $\hat{O}_{out}$ et jusqu'à $\hat{O}_{out} = 1 \times 10^5$, mais avec $k = 0.1$, nous retrouvons l'égalité $\hat{I}_{out} = \hat{O}_{out}$. Ce *phénomène de présence* des points de levage pour $k \in \mathcal{I}_l^k$ est absent lorsque k est choisi dans $\mathcal{I}_h^k$. Comme le montre la figure 6.4 (droite), pour $k = 1.345$, $k = 1.5$ et $k = 2$, nous avons toujours la relation $\hat{I}_{out} = \hat{O}_{out}$, laissant supposer qu'il n'y a pas de points de levage. Pourtant, les résultats présentés dans la suite, montrent de mauvaises estimations dans cet intervalle. Nous voyons que le terme $\hat{I}_{out}$, pour $k \in \mathcal{I}_l^k$, par sa sensibilité, peut indiquer la présence de points de levage. Cette sensibilité est néanmoins inexistante dans $\mathcal{I}_h^k$.

Focalisons-nous maintenant sur le biais de l'estimateur et le fit du modèle. Par le terme $\hat{I}_{out}$, nous savons qu'un point de levage est crée lorsque $\hat{O}_{out} = 3500$. Ceci est effectivement vérifié dans le biais $\left| \hat{\theta}_N^H - \theta_0 \right|$ représenté dans la figure 6.5 (gauche). A cette valeur de $\hat{O}_{out}$, pour $k = 0.5$, le biais devient maximal, égal à 1.117 et redevient beaucoup plus petit lorsque $k = 0.1$. Nous traduisons par l'expérience la loi donnée par le théorème 9. Réduire k revient à réduire le biais et ainsi compenser l'effet du point de levage par l'action de la *fonction accord*. Par la suite, le biais se maintient à des valeurs raisonnables, même lorsque l'outlier d'observation présente des niveaux très importants. La figure

6.5 (droite) illustre la réaction du biais lorsque k est choisi dans $\mathcal{I}_h^k$, et ce, pour les valeurs classiques, $k = 1.345$, $k = 1.5$ et $k = 2$. Pour une augmentation de $\hat{O}_{out}$, nous voyons une croissance du biais pour des valeurs croissantes de k. Ces résultats sont en accord avec les conclusions du paragraphe précédent, où nous avons insisté sur le fait que lorsque k augmente dans $\mathcal{I}_h^k$, cela force l'estimation à être à tendance L_2, et donc, à être très sensible aux outliers d'innovation, dégradant ainsi le biais.

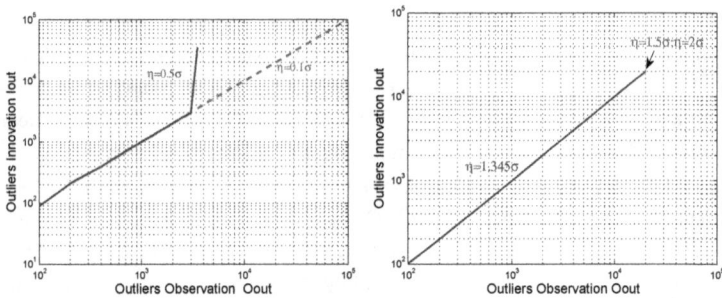

FIG. 6.4 – (gauche) : $\hat{I}_{out}$ en fonction de $\hat{O}_{out}$. Des points de levage apparaissent à $\hat{O}_{out} = 3500$ pour $k = 0.5$. Ils disparaissent pour $k = 0.1$. La fonction $\hat{I}_{out}$ est donc sensible à ces points. (droite) : Pour les valeurs classiques $k = 1.345$, $k = 1.5$ et $k = 2$, il n'y a pas de sensibilité de $\hat{I}_{out}$ pour ces points.

La réponse du fit du modèle traduit bien l'impact de l'outlier d'innovation dans l'estimation. Celle-ci est bien entendu corrélée avec la réponse du biais de l'estimateur. En effet, lorsque $k = 0.5$, le fit présente de bonnes valeurs jusqu'à $\hat{O}_{out} = 3000$ avec une moyenne de 86%. Au point de levage, lorsque $\hat{O}_{out} = 3500$, sa valeur descend à 26.7% et remonte pour le même point à 82.94% lorsque $k = 0.1$, comme le montre la figure 6.6 (gauche). La figure 6.6 (droite), quant à elle, illustre la réaction du fit pour $k = 1.345$, $k = 1.5$ et

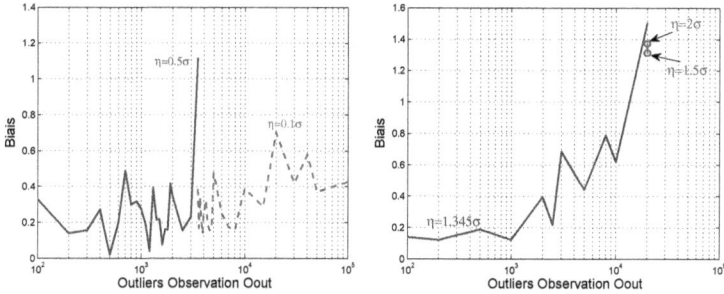

FIG. 6.5 – (gauche) : Biais de l'estimateur $\left| \hat{\theta}_N^H - \theta_0 \right|$ en fonction de $\hat{O}_{out}$. Au
point de levage, celui-ci devient maximal pour $k = 0.5$ et diminue lorsque $k = 0.1$. (droite) : Le biais présente des valeurs croissantes lorsque $\hat{O}_{out}$ augmente,
pour $k = 1.345$, $k = 1.5$ et $k = 2$.

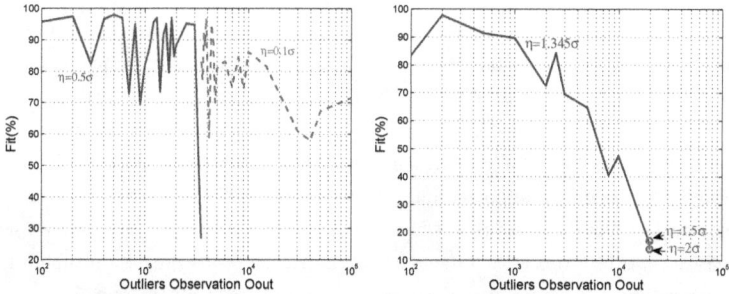

FIG. 6.6 – (gauche) : Fit du modèle en fonction de $\hat{O}_{out}$. Au point de levage,
celui-ci devient minimal pour $k = 0.5$ et augmente à nouveau lorsque $k = 0.1$.
(droite) : Le fit présente des valeurs décroissantes lorsque $\hat{O}_{out}$ augmente, pour
$k = 1.345$, $k = 1.5$ et $k = 2$.

$k = 2$. Il se comporte relativement bien pour $k = 1.345$, jusqu'à $\hat{O}_{out} = 1000$.
Au-delà, la décroissante est brutale.

Analysons maintenant la réponse de la fonction de contribution L_1. La figure 6.7
(gauche) montre les variations de cette fonction, traduisant une forte sensibilité
dans la procédure de l'estimation. Cette fonction ne semble pas, a priori, réagir
différemment au point de levage lorsque $\hat{O}_{out} = 3500$. Cependant, elle présente
une valeur de 0.6% pour $k = 0.5$ et une valeur de 0.1% lorsque $k = 0.1$.
L'estimation fait donc six fois plus de contribution L_1 au point de levage. Même
si les valeurs de cette fonction sont petites, le ratio entre elles ne l'est pas. Cette
sensibilité est inexistante pour des valeurs de k choisies dans $\mathcal{I}_h^k$. La figure 6.7
(droite) illustre cette constatation, où l'on peut observer une constance de cette
fonction pour des valeurs de $\hat{O}_{out}$ allant de 200 jusqu'à 20000. Ce résultat peut
être interprété comme une saturation de la contribution L_1 où son manque
de sensibilité ne fait que conforter les mauvais résultats des estimations. Nous
pouvons en conclure que les variations de cette fonction traduisent l'action de
la contribution L_1 à traiter les outliers d'innovation et notamment les points
de levage.

Il nous faut maintenant commenter les FDP des erreurs de prédiction (résidus
de Huber) lorsque $k = 0.5$ et $k = 0.1$ aux points de levage, provoqués par
$\hat{O}_{out} = 3500$. Bien que les résidus s'étendent sur un très large intervalle dans
ce cas là, pour des considérations de lecture, nous avons représenté ces FDP
seulement dans l'intervalle $[-40, +40]$, c'est-à-dire autour de leur partie centrale. Ceci permet d'apporter une analyse plus fine. La figure 6.8 (gauche)
montre la FDP des résidus lorsque $k = 0.5$ aux point de levage. Celle-ci ne
présente pas les propriétés d'une densité gaussienne et ses queues ont une certaine épaisseur. Cela montre qu'en présence d'outliers et plus particulièrement
de points de levage, la FDP résultante est contaminée fortement. Elle est à
comparer avec la FDP lorsque $k = 0.1$ et $\hat{O}_{out} = 3500$. Dans la figure 6.8
(droite) apparaît clairement une FDP avec une partie centrale moins large que
la précédente. Cela se traduit par une déviation standard plus petite. La raison

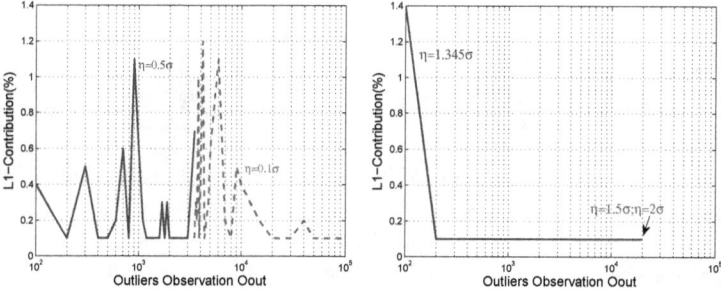

FIG. 6.7 – (gauche) : Fonction de contribution L_1. Les variations de celle-ci sont bien visibles et traduisent l'action de la norme L_1 dans la procédure d'estimation. (droite) : L'absence de variations pour de grandes valeurs de $\hat{O}_{out}$ signifie que la norme L_1 agit de la même manière, quelque soit le niveau des outliers d'innovation. Ceci peut être considéré comme un *phénomène de saturation*.

est que pour cette valeur de k, le biais est meilleur, le fit aussi et l'estimateur est plus robuste. Cela signifie que la FDP est moins perturbée par les outliers.

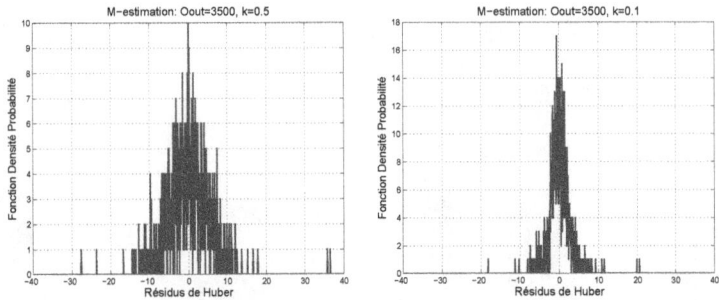

FIG. 6.8 – (gauche) : FDP des résidus de Huber lorsque $k = 0.5$. Celle-ci fait apparaître d'épaisses queues, conséquence des points de levage. (droite) : FDP des résidus pour $k = 0.1$. La densité est moins perturbée, les queues moins épaisses. Ces résultats confirment la bonne tenue du biais et du fit pour cette valeur de k.

Le dernier indicateur sur les conséquences des points de levage dans l'estimateur robuste, concerne la réponse fréquentielle du modèle estimé (RFME) sur l'intervalle de Shannon $[0, 1000Hz]$. Celle-ci est comparée à l'estimation spectrale du processus simulé. Rappelons que l'estimation spectrale utilise l'approche de Blackman-Tukey [92](chapitre 6 p. 181). La figure 6.9 (gauche) montre la RFME OE(11,5) au point de levage $\mathcal{L}^p = 35006$, lorsque $\hat{O}_{out} = 3500$ et pour $k = 0.5$. Celle-ci est fortement perturbée, surtout dans l'intervalle $[100, 1000Hz]$. Le fit de ce modèle est de 26.7% et le biais de 1.117. Au contraire, la figure 6.9 (droite) montre une meilleure estimation du modèle, puisqu'il présente un biais de 0.385 et un fit de 82.94%. Sa RFME présente de très bonnes caractéristiques sur l'ensemble de l'intervalle de Shannon et particulièrement en très basses fréquences.

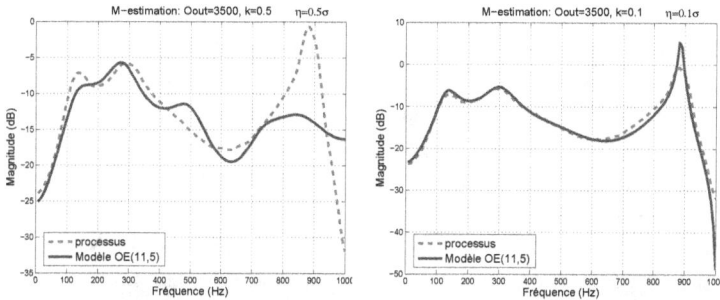

FIG. 6.9 – (gauche) : RFME OE(11,5) comparée à l'estimation spectrale du processus (pointillés) au point de levage $\mathcal{L}^p = 35006$ lorsque $k = 0.5$. Cette RFME ne présente pas de bonnes caractéristiques fréquentielles. (droite) : RFME OE(11,5) comparée à l'estimation spectrale du processus en absence de points de levage lorsque $k = 0.1$. Ce modèle montre de bonnes propriétés fréquentielles, notamment en basses fréquences.

Après avoir analysé les conséquences des points de levage provoqués par un seul outlier d'observation, nous allons maintenant procéder à l'étude de tous ces indicateurs lorsque deux outliers d'observation sont insérés aléatoirement dans le signal de sortie du processus.

6.6.3   Etude des points de levage dans le cas de multiples outliers d'observation

La démarche d'obtention de points de levage est identique à celle de l'étude précédente. L'intérêt est d'insérer aléatoirement deux puis trois outliers d'observation, qui, compte tenu des tirages de Monte Carlo, peuvent être très éloignés ou très proches. Cela provoque des points de levage distants ou non. L'étude précédente a montré que lorsqu'un seul outlier d'observation est inséré dans y_t^0 et déclenche un ou des points de levage pour $k = 0.5$, une diminution de k ($k = 0.1$) a suffi pour réduire le biais et augmenter le fit. Ce faible écart entre ces deux valeurs de k est à mettre en relation avec l'unique d'outlier d'observation, mais surtout avec un nombre très limité de forts outliers d'innovation où se trouvent des points de levage. Dans cette nouvelle étude, où sont injectés deux puis trois outliers d'observation, les conséquences dans les résidus sont plus importantes et de très forts niveaux sont attendus. Comme nous allons le montrer, en présence de deux outliers d'observation, lorsque des points de levage sont déclenchés avec $k = 0.5$, leur suppression s'établit pour une valeur de k plus faible que 0.1, plus précisément, pour $k = 0.05$. En présence de trois outliers d'observation, cette suppression ne s'effectue que pour des valeurs de k inférieure à 0.05. L'accroissement des outliers d'observation oblige donc à diminuer la valeur de k pour lutter contre les points de levage. L'analyse de leurs effets se focalise sur les résultats des *indicateurs* suivants : le biais de l'estimateur, le fit du modèle, la fonction contribution L_1, la réponse fréquentielle et la FDP des erreurs de prédiction.

– Cas de deux outliers d'observation

La figure 6.10 (gauche), montre la réponse du biais de l'estimateur lorsque survient un point de levage. Son instabilité pour $k = 0.5$ avec un pic à 0.85, contraint à diminuer k jusqu'à la valeur 0.05. Pour $\hat{O}_{out} = 6800$, le biais prend la valeur 1.1923 et retombe à 0.1904 lorsque $k = 0.04$. Cela est encore vrai quand $\hat{O}_{out} = 10500$ puisque le biais est égal à 1.278 et redescend à 0.25 pour $k = 0.03$. Ces résultats confirment à nouveau le thèorème 9 et le choix de k dans le domaine $\mathcal{D}_e^k$. Pour les valeurs classiques de k, comme cela est illustré dans la figure 6.10 (droite), le biais présente de fortes variations, traduisant une forte instabilité de l'estimateur.

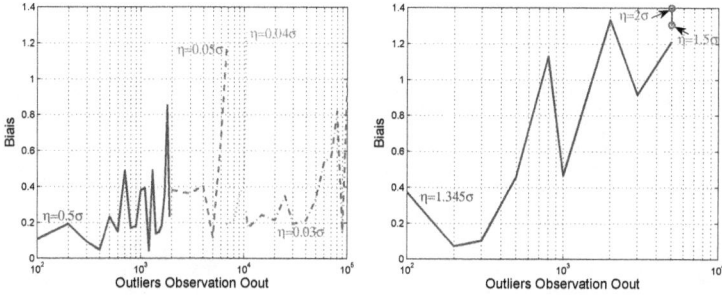

FIG. 6.10 – (gauche) : Biais de l'estimateur $\left| \hat{\theta}_N^H - \theta_0 \right|$ en fonction de $\hat{O}_{out}$. Au point de levage, celui-ci devient maximal pour $k = 0.05$ et diminue lorsque $k = 0.04$. Même phénomène lorsque k passe de 0.04 à 0.03. (droite) : Le biais présente de fortes variations, traduisant une forte instabilité de l'estimateur. Cependant, pour $k = 1.345$, $k = 1.5$ et $k = 2$, les valeurs du biais restent élevées.

La figure 6.11 (gauche) montre l'instabilité du fit lorsque $k = 0.5$, avec une faible valeur (60%) pour $\hat{O}_{out} = 700$. Celui-ci remonte à de bons niveaux pour $k = 0.05$. Mais au point de levage, sa valeur retombe à 25.88%. Pour $\hat{O}_{out} = 6800$ avec $k = 0.04$, le fit prend la valeur 75.91%, mais chute à 21.33% lorsque $\hat{O}_{out} = 10500$. Il repasse à 83.9% lorsque $k = 0.03$. Dans la figure 6.11 (droite), lorsque $k = 1.345$, le fit présente de bonnes valeurs jusqu'à $\hat{O}_{out} = 500$. Il diminue fortement, pour remonter et à nouveau redescendre à de valeurs très faibles. Le changement de la constante d'accord ne suffit pas à augmenter le fit.

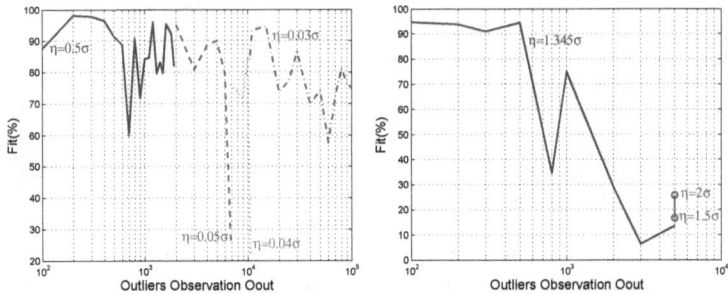

FIG. 6.11 – (gauche) : Fit du modèle en fonction de $\hat{O}_{out}$. Au point de levage, celui-ci devient minimal pour $k = 0.05$ et augmente à nouveau lorsque $k = 0.04$. Cela se reproduit aussi lorsque k passe de 0.04 à 0.03. (droite) : Le fit présente de fortes variations traduisant une instabilité de l'estimateur. On remarque quand même une certaine croissance lorsque $\hat{O}_{out} \geq 300$ augmente.

Pour $k < 0.5$, la fonction de contribution L_1 présente toujours des variations à l'augmentation de $\hat{O}_{out}$, même si ses niveaux sont faibles ($\leq 10\%$), comme le montre la figure 6.12 (gauche). Pour $k > 1$, même si cette fonction présente un pic lorsque $\hat{O}_{out} = 800$, ses valeurs restent faibles et nous pouvons constater le manque de variations lorsque $\hat{O}_{out}$ augmente, traduisant phénomène de saturation (6.12 (droite)).

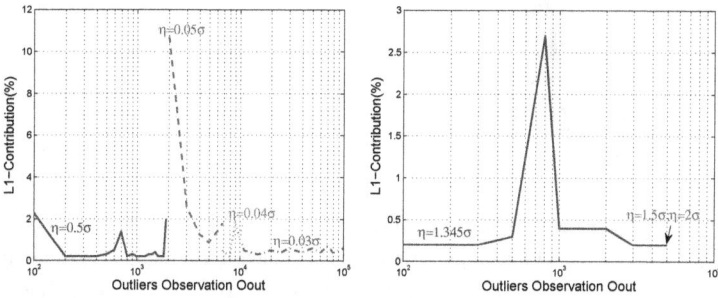

FIG. 6.12 – (gauche) : Fonction de contribution L_1 lorsque $k < 0.5$. Les variations de celle-ci sont bien visibles et traduisent l'action de la norme L_1 dans la procédure d'estimation. (droite) : Les faibles valeurs de cette fonction et le manque de variations, sauf pour $\hat{O}_{out} = 800$, traduisent le phénomène dit de *saturation*.

Les figures 6.13 comparent les FDP des résidus de Huber pour $k = 0.05$ (gauche) et $k = 0.04$ (droite) lorsque $\hat{O}_{out} = 6800$, valeur qui déclenche un point de levage d'amplitude $\mathcal{L}^p = 10729$. Nous nous focalisons sur la partie centrale de la FDP, plus précisément dans l'intervalle $[-40, +40]$, bien que les résidus s'étendent sur un très large intervalle. Lorsque $k = 0.05$, la FDP présente une épaisseur de queue avec une partie centrale large, traduisant l'instabilité de l'estimateur aux points de levage. La partie centrale de la FDP est plus fine lorsque $k = 0.04$. Ses queues sont moins épaissent et l'estimateur a de meilleures propriétés.

Cela se vérifie par l'étude de la réponse en fréquence des modèles estimés lorsque $k = 0.05$ et $k = 0.04$ au point de levage $\mathcal{L}^p = 10729$. La figure 6.14

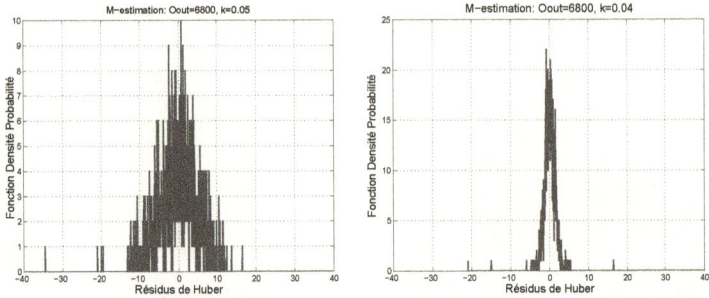

FIG. 6.13 – (gauche) : FDP des résidus de Huber lorsque $k = 0.05$ lorsque $\hat{O}_{out} = 6800$. Celle-ci fait apparaître d'épaisses queues, conséquence des points de levage. (droite) : FDP des résidus pour $k = 0.04$. La densité est moins perturbée, les queues moins épaisses. Ces résultats confirment la bonne tenue du biais et du fit pour cette valeur de k.

(gauche) montre la RFME OE(11,5) comparée à l'estimation spectrale du processus lorsque $k = 0.05$. Sa dynamique n'est pas bonne, surtout en basses fréquences, puisque le fit du modèle est égal à 25.88%. Les dommages causés par le point de levage sont clairement illustrés. Bien au contraire, pour la valeur $k = 0.04$, le fit du modèle est de 75.91%, traduisant une très bonne dynamique du modèle estimé, notamment dans les basses fréquences. Ceci est illustré dans la figure 6.14 (droite).

- **Cas de trois outliers d'observation**

La figure 6.15 (gauche) fait clairement apparaître des points de levages lorsque $\hat{O}_{out} = 400$, $\hat{O}_{out} = 500$, $\hat{O}_{out} = 800$, $\hat{O}_{out} = 9600$ et $\hat{O}_{out} = 12000$ lorsque $k \in \mathcal{I}_b^k$, plus précisément pour $k = 0.5$, $k = 0.1$, $k = 0.05$, $k = 0.04$ et $k = 0.02$ respectivement. Dans chacun de ces cas, le biais diminue pour une valeur de la constante d'accord plus petite que la précédente, pour laquelle un point de levage est survenu. Lorsque $k \in \mathcal{I}_h^k$, le biais est très perturbé et présente des

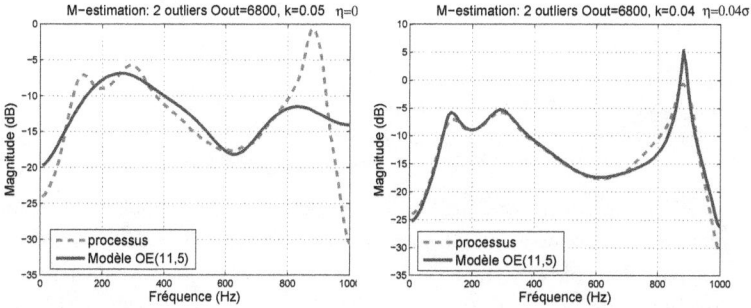

FIG. 6.14 – (gauche) : RFME OE(11,5) comparée à l'estimation spectrale du
processus (pointillés) au point de levage $\mathcal{L}^p = 10729$ lorsque $k = 0.05$. Cette
RFME ne présente pas de bonnes caractéristiques fréquentielles. (droite) :
RFME OE(11,5) comparée à l'estimation spectrale du processus en absence
de points de levage lorsque $k = 0.04$. Ce modèle montre de bonnes propriétés
fréquentielles, notamment en basses fréquences.

valeurs qui dénotent une instabilité de l'estimateur, comme le montre la figure 6.15 (droite).

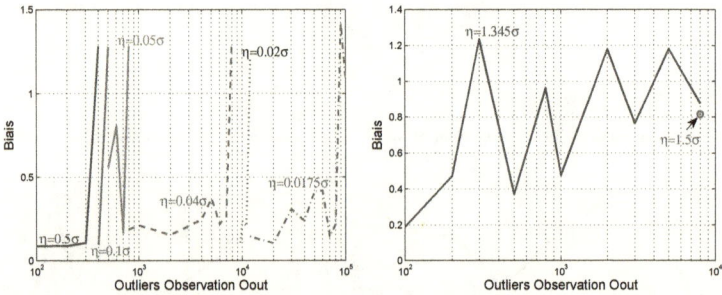

FIG. 6.15 – (gauche) : Biais de l'estimateur $\left| \hat{\theta}_N^H - \theta_0 \right|$ en fonction de $\hat{O}_{out}$. Au point de levage, celui-ci devient maximal pour une valeur k et minimal lorsque k est plus petit. (droite) : Le biais présente de fortes variations, traduisant une forte instabilité de l'estimateur. Cependant, pour $k = 1.345$ et $k = 1.5$, les valeurs du biais restent élevées.

Les résultats du fit comme le montrent la figure 6.16 (gauche) sont corrélées avec ceux du biais. Aux mêmes points de levage, pour une certaine valeur de k, le fit diminue fortement. Il augmente aussi fortement lorsque la valeur de k est choisie plus petite. Pour la dernière valeur de k ($k = 0.0175$), lorsque l'amplitude de l'outlier d'observation devient très grande, la valeur du fit commence à diminuer de manière significative, ce qui est *a priori*, tout à fait normal. Pour $k = 1.345$, le fit présente de fortes variations lorsque $\hat{O}_{out}$ augmente tout en diminuant continuellement, comme cela est illustré dans la figure 6.16 (droite).

Contrairement aux deux premières analyses, la fonction de contribution L_1, comme le montre la figure 6.17 (gauche), présente de fortes valeurs ($>$ 20%) pour $k = 0.1$ et $k = 0.05$, puis revient à des niveaux comparables aux

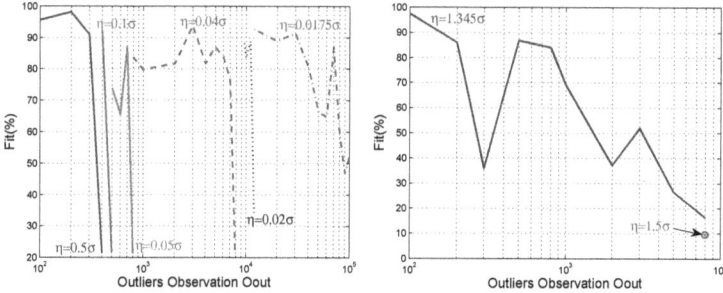

FIG. 6.16 – (gauche) : Fit du modèle en fonction de $\hat{O}_{out}$. Au point de levage, celui-ci devient minimal pour une valeur de k et augmente à nouveau lorsque elle diminue. (droite) : Le fit présente de fortes variations traduisant une instabilité de l'estimateur. On remarque la décroissance du fit lorsque $\hat{O}_{out}$ augmente.

études précédentes, c'est-à-dire inférieures à 10%. Ce résultat s'explique par l'accumulation de points de levage, d'amplitude $\mathcal{L}^p \approx 50000$ lorsque $k = 0.1$ et $\mathcal{L}^p \approx 20000$ lorsque $k = 0.05$. Les valeurs de cette fonction redeviennent faibles lorsque $k < 0.05$. Lorsque les valeurs de la constante d'accord sont choisies dans l'intervalle classique, les faibles valeurs de cette fonction et le manque de variations, sauf pour $\hat{O}_{out} = 300$, traduisent du même phénomène dit de *saturation*, mentionné dans l'étude précédente.

Les figures 6.18 montrent deux exemples de FDP des résidus de Huber lorsque $\hat{O}_{out} = 9600$, pour $k = 0.025$ et $k = 0.02$. Nous pouvons remarquer une nouvelle fois certaines similarités avec les FDP commentées lors des analyses précédentes. En effet, lorsque les résidus ont des points de levage, la distribution de ceux-là présente des queues épaisses et sa partie centrale est large, comme le montre la figure 6.18 (gauche). Bien au contraire, lorsque les résidus ne contiennent pas de points de levage, la partie centrale est beaucoup moins large et les queues de la densité sont moins longues et moins épaisses.

140

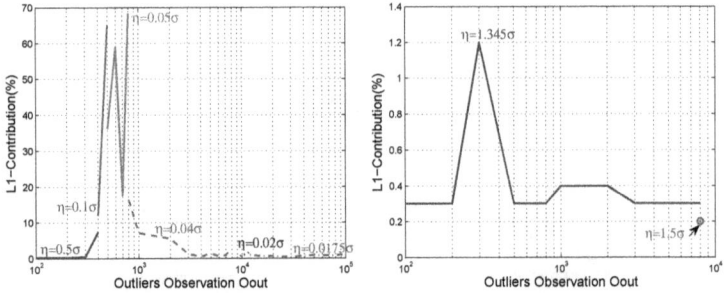

FIG. 6.17 – (gauche) : Fonction de contribution L_1. Les variations de celle-ci sont bien visibles et traduisent l'action de la norme L_1 dans la procédure d'estimation. (droite) : Les faibles valeurs de cette fonction et le manque de variations, sauf pour $\hat{O}_{out} = 300$, traduisent une nouvelle fois le phénomène dit de *saturation*.

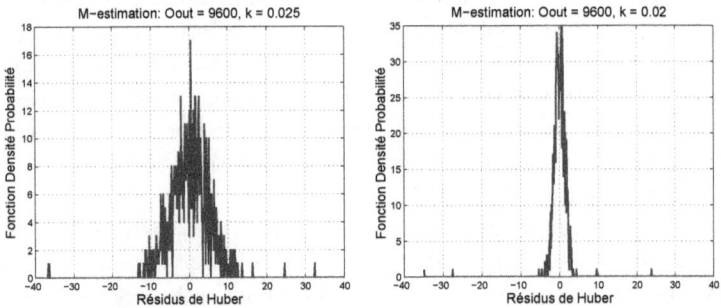

FIG. 6.18 – (gauche) : FDP des résidus de Huber lorsque $k = 0.025$ lorsque $\hat{O}_{out} = 9600$. Celle-ci fait apparaître d'épaisses queues, conséquence des points de levage. (droite) : FDP des résidus pour $k = 0.02$. La densité est moins perturbée, les queues moins épaisses. Ces résultats confirment la bonne tenue du biais et du fit pour cette valeur de k.

La FDP de la figure 6.18 (gauche) est la conséquence d'une mauvaise estimation en présence de points de levage. Le modèle estimé en lien avec cette densité est représenté dans la figure 6.19 (gauche). L'épaisseur et la longueur des queues de la FDP des résidus ne laisse aucun doute sur le résultat final concernant la dynamique du modèle sur l'intervalle de Shannon. Cependant, ce modèle présente quand même, de correctes caractéristiques en basses fréquences. Sa dynamique ne se détériore qu'à partir de $400Hz$. Dans le cas où la FDP est beaucoup moins perturbée, le modèle estimé en lien avec l'estimation des résidus, présente de bonnes caractéristiques sur la totalité de l'intervalle de Shannon. Sa dynamique est très convenable, en basses fréquences, comme cela est illustré dans la figure 6.19 (droite).

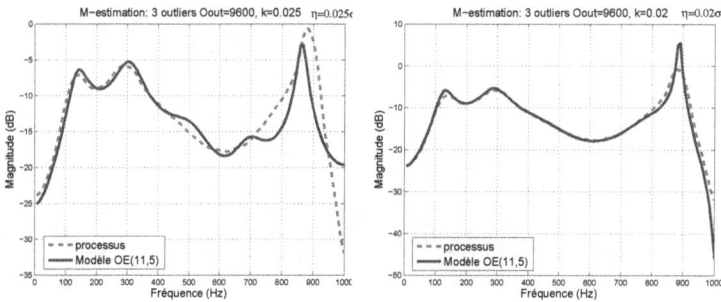

FIG. 6.19 – (gauche) : RFME OE(11,5) comparée à l'estimation spectrale du processus (pointillés) au point de levage lorsque $k = 0.025$. Cette RFME ne présente une bonne dynamique jusqu'à $400Hz$, mais celle-ci se dégrade à partir de cette fréquence. (droite) : RFME OE(11,5) comparée à l'estimation spectrale du processus en absence de points de levage lorsque $k = 0.02$. Ce modèle présente une bonne dynamique, à partir des très basses fréquences jusqu'à la fréquence de Shannon.

Les tableaux 6.2 et 6.3 font une synthèse complète des résultats. Ils regroupent les paramètres estimés, le biais de l'estimateur, le fit du modèle et la fonction de contribution L_1. Nous avons indiqué la présence ou non de points de levage.

TAB. 6.2 – Paramètres estimés, biais, fit et fonction de contribution L_1 pour différentes valeurs de k, en présence d'un puis de deux outliers d'observation $\hat{O}_{out}$.

Points de levage	Un outlier d'observation		Deux outliers d'observation			
	oui	non	oui	non	oui	non
θ_0	$k = 0.5$	$k = 0.1$	$k = 0.05$	$k = 0.04$	$k = 0.04$	$k = 0.03$
$b_1^0 = -0.069$	-0.0687	-0.0761	-0.0687	-0.0714	-0.0666	-0.0714
$b_2^0 = -0.168$	-0.1451	-0.1488	-0.1518	0.1745	-0.1499	-0.1618
$b_3^0 = 0.134$	0.1063	0.1722	0.1269	0.1137	0.1190	0.1438
$b_4^0 = 0.225$	0.0938	0.1869	0.0823	0.2323	0.0854	0.2148
$b_5^0 = -0.024$	0.1098	-0.0566	0.1337	7.6×10^{-6}	0.1351	-0.0377
$f_1^0 = 0.286$	0.0371	0.0703	-0.0112	0.3901	0.00078	0.2075
$f_2^0 = -0.845$	-0.0327	-0.9072	-0.0029	-0.8130	-0.0017	-0.8690
$f_3^0 = 0.270$	0.0313	0.4490	-0.0128	0.2545	0.0019	0.3884
$f_4^0 = 0.711$	0.2626	0.6071	0.1801	0.6782	-0.0015	0.6151
$f_5^0 = -0.348$	0.0301	-0.4908	-0.0162	-0.2580	0.0010	-0.4093
$f_6^0 = -0.017$	0.1574	0.0956	0.0565	0.0044	-0.0020	0.1070
$f_7^0 = 0.257$	0.0360	0.1918	-0.0156	0.2115	-0.00069	0.1900
$f_8^0 = 0.086$	-0.0128	0.0177	0.0095	0.1254	-0.0014	0.0167
$f_9^0 = 0.031$	0.0482	0.0698	-0.0021	0.0876	0.00072	0.1146
$f_{10}^0 = 0.159$	0.1506	0.1073	0.0164	0.1060	-0.0013	0.1221
$f_{11}^0 = 0.030$	0.0419	-0.0377	-0.0017	0.0889	0.0013	-0.0025
$\hat{O}_{out}$	3500	3500	6800	6800	10500	10500
$\hat{I}_{out}$	35006	3506	10729	6807	20649	10501
Biais	1.117	0.385	1.1923	0.1904	1.2807	0.2612
Fit(%)	26.7	82.94	25.88	75.91	21.33	83.9
$L_1C(\%)$	0.7	1	1.79	0.5	1.69	0.8

TAB. 6.3 – Paramètres estimés, biais, fit et fonction de contribution L_1 pour différentes valeurs de k, en présence de trois outliers d'observation $\hat{O}_{out}$.

θ_0	Trois outliers d'observation							
	$k = 0.5$	$k = 0.1$	$k = 0.1$	$k = 0.05$	$k = 0.05$	$k = 0.04$	$k = 0.04$	$k = 0.03$
Points de levage	oui	non	oui	non	oui	non	oui	non
$b_1^0 = -0.069$	-0.0670	-0.0702	-0.069	-0.0734	-0.0649	-0.0720	-0.0700	-0.0700
$b_2^0 = -0.168$	-0.1461	-0.1636	-0.1523	-0.1912	-0.1518	-0.1731	-0.1484	-0.1602
$b_3^0 = 0.134$	0.1207	0.1461	0.1176	0.0761	0.1142	0.1200	0.1232	0.1523
$b_4^0 = 0.225$	0.0859	0.2152	0.0880	0.2620	0.0803	0.2319	0.0620	0.2098
$b_5^0 = -0.024$	0.1364	-0.0359	0.1433	0.0595	0.1451	-0.0018	0.1376	-0.0401
$f_1^0 = 0.286$	-0.0003	0.2219	-0.0097	0.6497	-0.0023	0.3731	-0.0003	0.1677
$f_2^0 = -0.845$	-0.0012	-0.8570	-0.0155	-0.7287	-0.0018	-0.7998	-0.0011	-0.8311
$f_3^0 = 0.270$	-0.0009	0.3124	-0.0198	-0.0000008	0.0003	0.2113	-0.0004	0.3380
$f_4^0 = 0.711$	-0.0010	0.6868	0.0687	0.7657	0.0004	0.6921	-0.0008	0.6205
$f_5^0 = -0.348$	0.0008	-0.3571	0.0107	-0.0983	0.0027	-0.0395	0.0007	-0.3440
$f_6^0 = -0.017$	-0.00007	-0.0183	0.0056	-0.0913	-0.0050		-0.0002	0.0140
$f_7^0 = 0.257$	0.0008	0.2422	-0.0023	0.2369	-0.0021	0.2210	0.0006	0.1786
$f_8^0 = 0.086$	-0.0011	0.1119	-0.0043	0.1436	-0.0044	0.1455	-0.0008	0.1200
$f_9^0 = 0.031$	-0.00006	0.0119	-0.0001	0.1011	0.0026	0.0420	0.0003	0.0289
$f_{10}^0 = 0.159$	-0.0002	0.1347	0.0019	0.1699	0.0030	0.1294	-0.0002	0.1117
$f_{11}^0 = 0.030$	0.0015	0.0484	0.0016	0.0775	0.0031	0.0887	0.0011	0.0326
$\hat{O}_{out}$	400	400	500	500	800	800	7900	7900
$\hat{I}_{out}$	67308	405.52	50574	504	21396	805.4	36×10^5	7902
Biais	1.2815	0.0965	1.2771	0.5593	1.2830	0.1876	1.2819	0.1960
Fit(%)	21.42	92.27	21.86	73.92	21.37	83.81	21.41	88.48
$L_1 C(\%)$	7.4	12	65.13	36.16	68.33	16.28	2.69	0.79

144

6.7 Conclusion

Dans ce chapitre, nous avons commencé par une étude comparative modèles linéaires/modèles pseudolinéaires, plus particulièrement modèles ARX/modèles OE, de la propagation des outliers et de leur causalité, à la fois dans les erreurs de prédiction et dans leurs régresseurs. Cette étude a permis de déterminer précisément pour la structure de modèle ARX, la quantité et les amplitudes respectives des outliers, à la fois dans les erreurs de prédiction et dans le régresseur. Il a été précisé pour ce type de régression, que lorsque la densité d'outliers d'innovation est petite et que les amplitudes associées ne sont pas significatives, l'intervalle de bruit est choisi pour assurer un bon compromis robustesse/performances de l'estimateur. Dans le cas contraire où la densité est plus importante, l'intervalle est étendu dans les petites valeurs et devient $\mathcal{I}_b^k = [0.5, 2]$. Il en est tout autrement pour les modèles pseudolinéaires, où dans ce type de régression, le mécanisme interne de boucle de retour pour estimer le modèle de prédiction peut engendrer des points de levage. L'étude de la propagation des outliers dans les résidus a montré ses limites et n'a pas permis de définir en profondeur un cadre formel. Les difficultés surgissent et des investigations devront être entreprises. Pour ce type de régression, il a été cependant montré tout l'intérêt d'étendre l'intervalle de bruit dans les petites valeurs. Ceci pour contraindre la norme L_1 à agir rapidement aux occurrences des outliers et de réduire leurs effets, soumettant l'estimateur à être plus robuste, sans pour autant dégrader l'efficacité. Le choix de ce nouvel intervalle de bruit s'est porté sur $\mathcal{I}_b^k = [0.01, 2]$.

Par ailleurs, nous avons présenté une étude des points de levage dans la procédure d'estimation de modèles OE. Il a d'abord été établi un théorème, montrant la réduction du biais maximum de l'estimateur en ces points, par l'action d'une fonction accord. Nous avons montré que cette fonction est définie suivant deux sous-intervalles dont l'un est le classique intervalle de bruit où l'on retrouve les valeurs typiques de la constante d'accord et l'autre où l'on retrouve les petites valeurs de k, dans lequel, cette fonction présente la propriété de décroître lorsque k décroît. Cet effet réduit l'action du point de levage et diminue la sensibilité du biais de l'estimateur en ces points. Après avoir mené une étude quantitative, une étude qualitative a fait l'objet d'une campagne d'estimation dans le but de valider les conclusions de ce théorème. Nous avons effectivement montré que la diminution de k vers les petites valeurs, réduit le biais de l'estimateur et augmente le fit du modèle lorsque survient un ou des points de levage. Ces résultats ont révélé un fait majeur relatif à la fonction de contribution L_1. Bien que ses valeurs soient faibles, traduisant une estimation très majoritairement L_2, cela suffit à robustifier l'estimateur. Cela dénote une forte sensibilité de l'estimateur à la norme L_1. Même si sa contribution reste très faible, son action est essentielle à la convergence de l'estimateur. Cette remarque importante confirme l'intérêt de l'utilisation de la norme L_1 pour robustifier la norme L_2.

Le chapitre suivant présentera les outils de validation de modèle, notamment, une version robuste du critère FPE pour les modèles pseudolinéaires dans l'approche L^ω, ainsi qu'un nouveau critère décisionnel d'aide au choix d'un modèle.

Chapitre 7

Outils de validation de modèles en identification en norme $L_2 - L_1$

Ce chapitre est consacré à la validation de modèles et plus particulièrement à la version robuste dans le contexte L^ω-FTE du critère FPE. Ce L^ω-RFPE généralise le critère robuste de Maronna [99], uniquement donné pour les modèles linéaires (cf. chapitre 3 §3.5.3). Cette nouvelle version tient compte de la structure de modèle $\mathcal{M}$, du niveau de contamination du modèle de déviation distributionnelle GEM ainsi que de l'approche L-FTE. Dans ce chapitre, sera également présenté, un nouvel outil décisionnel pour le choix du modèle estimé : la fonction de contribution L_1. C'est un outil de validation et d'aide à la décision, permettant non seulement de confirmer le choix de modèles proposés par les critères classiques, mais aussi de mettre en évidence la pertinence d'autres modèles. Ces outils sont validés par des expériences, simulations et données réelles, et les résultats sont commentés et discutés.

7.1 Critère L^ω-RFPE

L'objectif est de proposer un test statistique à partir de quantités calculables dans le but de valider un modèle candidat parmi n modèles. Pour cela, nous devons disposer d'un estimateur $\hat{\theta}_N^H$, donné par la minimisation d'un critère d'estimation. Dans l'hypothèse théorique où nous disposons de tous les ensembles de données possibles et de taille aussi grande que nécessaire, nous pouvons utiliser la valeur limite du critère d'estimation $\bar{W}\left(\omega, \hat{\theta}_N^H\right)$ comme mesure scalaire de la qualité du modèle, de manière à se placer dans les meilleures conditions possibles, en prenant son espérance sur l'ensemble des jeux de données Z^N. Le modèle estimé correspondant $m = \mathcal{M}\left(\hat{\theta}_N^H\right)$ doit être considéré à son tour comme une variable aléatoire, et par conséquent, la fonction mesurant le fit du modèle, c'est à dire le critère limite, l'est aussi.

Nous retiendrons alors comme mesure de la qualité d'une structure de modèle $\mathcal{M}$, l'espérance E_F de ce modèle prise par rapport aux différents estimateurs possibles $\hat{\theta}_N^H$

$$\bar{\mathcal{J}}\left(\mathcal{M}; \omega, \hat{L}_N\right) = E_F \bar{W}\left(\omega, \hat{\theta}_N^H\right) \tag{7.1}$$

Il reste maintenant à exprimer (7.1) uniquement à partir des données d'estimation. Il faudra approximer cette relation à partir des données disponibles et en particulier $W_N\left(\hat{\theta}_N^H\right)$. Les hypothèses suivantes permettent de répondre à cette interrogation :

- $\mathcal{S}_0 \in \mathcal{M}$.
- Les paramètres du modèle sont identifiables et donc $\bar{W}''(\omega, \theta_0, L_0)$ est inversible.
- Les données de validation possèdent les mêmes propriétés statistiques du deuxième ordre que les données d'estimation.

Soit θ_0 le minimum de $\bar{W}(\omega, \theta)$. Un développement de Taylor de $\bar{W}(\omega, \theta)$ autour de θ_0 devient

$$\bar{W}\left(\omega, \hat{\theta}_N^H\right) = \bar{W}(\omega, \theta_0) + \frac{1}{2}\left(\hat{\theta}_N^H - \theta_0\right)^T \bar{W}''\left(\omega, \bar{\xi}_N^H, L_0\right)\left(\hat{\theta}_N^H - \theta_0\right) \tag{7.2}$$

où $\bar{\xi}_N^H$ est une valeur entre θ_0 et $\hat{\theta}_N^H$. Similairement, puisque $W_N'\left(\hat{\theta}_N^H\right) = 0$, alors

$$W_N\left(\hat{\theta}_N^H\right) = W_N\left(\theta_0\right) - \frac{1}{2}\left(\hat{\theta}_N^H - \theta_0\right)^T W_N''\left(\omega, \xi_N^H, L_0\right)\left(\hat{\theta}_N^H - \theta_0\right) \qquad (7.3)$$

Pour N suffisamment grand, nous avons $\hat{\theta}_N^H \overset{PS}{\to} \theta_0$, $\bar{\xi}_N^H \overset{PS}{\to} \theta_0$ et $\xi_N^H \overset{PS}{\to} \theta_0$. Par le théorème de convergence uniforme du Hessien, nous pouvons écrire $\bar{W}''\left(\omega, \bar{\xi}_N^H, L_0\right) \overset{PS}{\to} \bar{W}''\left(\omega, \theta_0, L_0\right)$ et $W_N''\left(\omega, \xi_N^H, L_0\right) \overset{PS}{\to} \bar{W}''\left(\omega, \theta_0, L_0\right)$.

En prenant les espérances de (7.2) et de (7.3), nous obtenons respectivement

$$E_F\bar{W}\left(\omega, \hat{\theta}_N^H\right) \approx \bar{W}\left(\omega, \theta_0\right) + \frac{1}{2}tr\left\{\bar{W}''\left(\omega, \theta_0, L_0\right)cov\left(\hat{\theta}_N^H\right)_{\omega, L_0}\right\} \qquad (7.4)$$

et

$$E_F W_N\left(\hat{\theta}_N^H\right) \approx \bar{W}\left(\omega, \theta_0\right) - \frac{1}{2}tr\left\{\bar{W}''\left(\omega, \theta_0, L_0\right)cov\left(\hat{\theta}_N^H\right)_{\omega, L_0}\right\} \qquad (7.5)$$

L'expression (7.4) conduit à

$$\bar{J}\left(\mathbf{M}; \omega, \hat{L}_N\right) \approx \bar{W}\left(\omega, \theta_0\right) + \frac{1}{2N}tr\left\{\bar{W}''\left(\omega, \theta_0, L_0\right)\mathcal{C}^M\left(\omega, \theta_0, L_0\right)\right\} \qquad (7.6)$$

où $\mathcal{C}^M\left(\omega, \theta_0, L_0\right)$ est définie par (5.129). A partir de (7.5), nous avons

$$\bar{W}\left(\omega, \theta_0\right) \approx E_F W_N\left(\hat{\theta}_N^H\right) + \frac{1}{2N}tr\left\{\bar{W}''\left(\omega, \theta_0, L_0\right)\mathcal{C}^M\left(\omega, \theta_0, L_0\right)\right\} \qquad (7.7)$$

Sachant que $\bar{W}''\left(\omega, \theta_0, L_0\right)\mathcal{C}^M\left(\omega, \theta_0, L_0\right) = Q^M\left(\omega, \theta_0, L_0\right)\bar{W}''\left(\omega, \theta_0, L_0\right)^{-1}$, alors, une première expression du L^ω-RFPE s'écrit

$$\bar{J}\left(\mathbf{M}; \omega, \hat{L}_N\right) \approx E_F W_N\left(\hat{\theta}_N^H\right) + \frac{1}{N}tr\left\{Q^M\left(\omega, \theta_0, L_0\right)\bar{W}''\left(\omega, \theta_0, L_0\right)^{-1}\right\} \qquad (7.8)$$

Il est parfois difficile pour l'utilisateur de disposer de plusieurs observations et ainsi de calculer $E_F W_N\left(\hat{\theta}_N^H\right)$. Dans le cas où celui-ci ne dispose que d'une seule observation, nous pouvons remplacer $E_F W_N\left(\hat{\theta}_N^H\right)$ par $W_N\left(\hat{\theta}_N^H\right)$. Le L^ω-RFPE s'écrit donc

$$\bar{J}\left(\mathbf{M}; \omega, \hat{L}_N\right) \approx W_N\left(\hat{\theta}_N^H\right) + \frac{1}{N}tr\left\{Q^M\left(\omega, \theta_0, L_0\right)\bar{W}''\left(\omega, \theta_0, L_0\right)^{-1}\right\} \qquad (7.9)$$

Par (5.122) et (5.128), nous avons

$$tr\left\{Q^M\left(\omega,\theta_0,L_0\right)\bar{W}''\left(\omega,\theta_0,L_0\right)^{-1}\right\} = \lambda\left(\omega\right)\left[d_M + \frac{B\left(\omega\right)}{1 - A\left(\omega\right)}\mathcal{H}^M\left(\omega,\theta_0,L_0\right)\right] \tag{7.10}$$

où $\mathcal{H}^M\left(\omega,\theta_0,L_0\right) = tr\left[R_{\nu_1}^{L_0}\left(\omega,\theta_0\right)R_{\nu_2}^{L_0}\left(\omega,\theta_0\right)^{-1}\right]$.

Il est maintenant intéressant d'exprimer l'estimé souhaitable de $\lambda\left(\omega\right)$. Nous allons le faire par l'intermédiaire du PREC limite. Celui-ci est en effet donné par

$$\bar{W}\left(\omega,\theta_0\right) = \lambda\left(\omega\right)\left[\frac{1 + A\left(\omega\right) - B\left(\omega\right)}{2\left(1 - A\left(\omega\right)\right)}\right] \tag{7.11}$$

Preuve :

Tout d'abord, nous savons que $E_F\left(\varepsilon_{\nu_2,t}^0\right)^2 = \lambda_0\left[1 - 2\left(1 - \omega\right)\frac{1+k^2}{k}\varphi\left(k\right)\right]$ et $E_F\left(s_{\nu_1,t}^0\right)^2 = \frac{2(1-\omega)}{k}\varphi\left(k\right)$, (voir chapitre 5). Pour exprimer le PREC limite, nous avons aussi besoin de déterminer $E_F\left|\varepsilon_{\nu_1,t}^0\right|$. Il vient que

$$E_F\left|\varepsilon_{\nu_1,t}^0\right| = \frac{2\left(1 - \omega\right)e^{\frac{k^2}{2}}}{\sigma\sqrt{2\pi}}\int\limits_{\eta}^{\infty}\varepsilon e^{\frac{-k\varepsilon}{\sigma}}d\varepsilon \tag{7.12}$$

Avec un changement de variables $X = \frac{\varepsilon}{\sigma}$ et une intégration par parties, nous obtenons

$$E_F\left|\varepsilon_{\nu_1,t}^0\right| = 2\left(1 - \omega\right)\sigma\frac{1 + k^2}{k^2}\varphi\left(k\right) \tag{7.13}$$

Le PREC limite en θ_0 s'écrit

$$\bar{W}\left(\omega,\theta_0\right) = \lim_{N\to\infty}\left[\frac{1}{2N}\sum_{t\in\nu_2^0}E_F\left(\varepsilon_t^0\right)^2 + \frac{\eta}{N}\sum_{t\in\nu_1^0}(E_F\left|\varepsilon_t^0\right| - \frac{\eta}{2}E_F\left(s_t^0\right)^2)\right] \tag{7.14}$$

c'est-à-dire

$$\bar{W}\left(\omega,\theta_0\right) = \lambda_0\left(\frac{1}{2} + \frac{1 - \omega}{k}\varphi\left(k\right)\right) \tag{7.15}$$

Sachant que $\frac{1-\omega}{k}\varphi\left(k\right) = \frac{A(\omega)-B(\omega)}{2}$ et $\lambda_0 = \frac{\lambda(\omega)}{1-A(\omega)}$, alors

$$\bar{W}\left(\omega,\theta_0\right) = \lambda\left(\omega\right)\left[\frac{1 + A\left(\omega\right) - B\left(\omega\right)}{2\left(1 - A\left(\omega\right)\right)}\right] \tag{7.16}$$

Ce qui prouve le PREC limite.

Puisque $E_F W_N \left(\hat{\theta}_N^H \right) \approx W_N \left(\hat{\theta}_N^H \right)$, si $\hat{\lambda}_N \left(\omega \right)$ dénote l'estimé de $\lambda \left(\omega \right)$, alors

$$\hat{\lambda}_N \left(\omega \right) = \frac{W_N \left(\hat{\theta}_N^H \right)}{\hat{\mathcal{Z}}_N^M \left(\mathbf{M}; \omega, \hat{L}_N \right) - \frac{d_{\mathrm{M}}}{2N}} \qquad (7.17)$$

où

$$\hat{\mathcal{Z}}_N^M \left(\mathbf{M}; \omega, \hat{L}_N \right) = \frac{1 + A \left(\omega \right) - B \left(\omega \right)}{2 \left(1 - A \left(\omega \right) \right)} - \frac{B \left(\omega \right) \hat{\mathcal{H}}^M \left(\omega, \hat{\theta}_N^H, \hat{L}_N \right)}{2N \left(1 - A \left(\omega \right) \right)} \qquad (7.18)$$

avec $\hat{\mathcal{H}}^M \left(\omega, \hat{\theta}_N^H, \hat{L}_N \right)$ un estimé de $\mathcal{H}^M \left(\omega, \theta_0, L_0 \right)$. Nous pouvons alors donner, l'expression finale du L^ω-RFPE par

$$\bar{\mathcal{J}} \left(\mathbf{M}; \omega, \hat{L}_N \right) \approx \frac{p \left(\omega \right) - \left[\hat{\mathcal{Z}}_N^M \left(\mathbf{M}; \omega, \hat{L}_N \right) - \frac{d_{\mathrm{M}}}{2N} \right]}{\hat{\mathcal{Z}}_N^M \left(\mathbf{M}; \omega, \hat{L}_N \right) - \frac{d_{\mathrm{M}}}{2N}} W_N \left(\hat{\theta}_N^H \right) \qquad (7.19)$$

où $p \left(\omega \right) = \frac{1 + A(\omega) - B(\omega)}{1 - A(\omega)}$, voir [39].

Nous allons montré que ce critère L^ω-RFPE présente des propriétés très générales. La première propriété traite le *cas limite*. Le cas limite de ce critère est de pouvoir retrouver le FPE d'Akaike. En effet, le PREC est un critère mixte dont les contributions L_2 et L_1 sont fixées par le facteur d'échelle η. Lorsque k tend vers l'infini, le facteur d'échelle tend aussi vers l'infini et le PREC n'a plus aucune propriété de robustesse. Il se réduit au critère d'estimation classique des moindres carrés : $(W_N \left(\theta \right)_{k \to \infty}) = V_N \left(\theta, Z^N \right)$. Puisque $k \to \infty$, alors $\omega \to 0$ entraînant $p \left(\omega \right) \to 1$ et $\hat{\mathcal{Z}}_N^M \left(\mathbf{M}; \infty, \hat{L}_N^\tau \right) \to \frac{1}{2}$. On a alors

$$\bar{\mathcal{J}} \left(\mathbf{M}; 0, \hat{L}_N \right) = FPE \left(d_{\mathcal{M}} \right) \qquad (7.20)$$

De même, lorsque $k \to 0$ alors $\eta \to 0$ et le PREC tend vers le critère d'estimation L_1. Nous retrouvons le critère FPE dans l'approche L_1. Nous obtenons alors

$$\bar{\mathcal{J}}\left(\mathbf{M}; 1, \hat{L}_N\right) = \bar{\mathcal{J}}_{L_1}\left(\mathcal{M}\right) \qquad (7.21)$$

(Cf. chapitre 3 §3.5.2).

La deuxième propriété concerne le RFPE de Maronna [99], donné pour les modèles linéaires. Nous avons vu dans le chapitre 5 (5.104) que pour ces modèles, l'ordre large L est nul. De plus, ce critère a été formulé pour de faibles contaminations, c'est-à-dire lorsque $\omega \to 0$. Nous obtenons alors

$$\bar{\mathcal{J}}\left(\mathbf{M}; 0, 0\right) = RFPE\left(d_{\mathcal{M}}\right) \qquad (7.22)$$

Enfin, la troisième propriété est implicite à la nature même du L^{ω}-RFPE. En effet, celui-ci tient compte du modèle de déviation distributionnelle par l'intermédiaire de ω et de la nature du régresseur, c'est-à-dire de la structure de modèle paramétrique. Nous pouvons donc dire que ce critère généralise le FPE dans le cadre des M-estimations de Huber.

Après avoir défini le cadre formel du L^{ω}-RFPE, des simulations de Monte Carlo sur un processus OE ont été conduites. L'ensemble de ces résultats vont être présentés et analysés dans la section suivante.

7.2 Résultats des simulations

7.2.1 Présentation

Le processus simulé $\mathcal{P}_0$ générant les données y_t^0 est identique à celui utilisé pour l'étude des points de levage, (Cf. chapitre 6 §6.6). Rappelons brièvement ses caractéristiques. Ce processus est un Output Error avec $p = 11$ et $w = 5$, noté OE(11,5). Soit $d_{\mathcal{M}_0} = 16$ le "vrai ordre" du processus :

$$\mathcal{P}_0 : \begin{cases} y_t^0 = \frac{B(q,\theta_0)}{F(q,\theta_0)} u_t + e_t^0 \\ \theta_0 = \left[\theta_0^B, \theta_0^F\right] \\ e_t^0 \in \mathcal{N}\left(0, 0.1\right) \end{cases} \qquad (7.23)$$

Les vrais paramètres θ_0^B et θ_0^F sont donnés dans le tableau 7.1. Nous avons

TAB. 7.1 – Paramètres $\theta_0^B = \{b_n^0\}_{n=1}^5$ et $\theta_0^F = \{f_n^0\}_{n=1}^{11}$ de $\mathcal{P}_0$: OE(11,5).

n	1	2	3	4	5	6	7	8	9	10	11
b_n^0	−0.069	−0.168	0.134	0.225	−0.024	0	0	0	0	0	0
f_n^0	0.286	−0.845	0.270	0.711	−0.348	−0.017	0.257	0.086	0.031	0.159	0.030

également considéré un processus avec un retard pur $d = 3$, compté en nombre
entier de période d'échantillonnage. Celle-ci est donnée par $T_e = 500\mu s$. Le
nombre de tirages de Monte Carlo est de 100 et le nombre de points de mesures
est $N = 1000$. Le signal exogène d'excitation u_t est une Séquence Binaire
Pseudo Aléatoire (SBPA) [83] suffisamment excitant et persistant, de niveau
± 15 et de longueur $\mathcal{L}_{SBPA} = 1023$. Le rapport signal/bruit est $SNR= 25dB$.
L'objectif étant de tester la robustesse de l'estimateur aux outliers d'innovation
et de valider des modèles par le L^ω-RFPE, pour cela, trois taux d'outliers
d'observation $R_{out} = 2\%$, $R_{out} = 5\%$ et $R_{out} = 10\%$ sont insérés dans y_t^0 avec
des amplitudes et des index temporels aléatoires. Une étude comparative est
faite entre le critère L^ω-RFPE, le critère FPE couplé à une estimation robuste
3σ (3σ-FPE) utilisant un filtre robuste nettoyeur (3σ-RFC, voir chapitre 2
§2.3.2) [99](chapitre 8 p. 272), et le classique FPE d'Akaike. Dans le cas du
3σ-FPE, le RFC est un AR(1). Pour le L^ω-RFPE, douze valeurs de la constante
d'accord sont prises dans $\mathcal{I}_b^k$ et la complexité du modèle $d_\mathcal{M}$ varie entre 13 et
18, sachant que w est fixé à 5.

7.2.2 Analyse des résultats

L'ordre $d_\mathcal{M}$ du modèle validé est donné par le minimum du critère considéré.
Le tableau 7.2 présente une synthèse des résultats. Nous y trouvons pour chaque
ratio R_{out}, l'ordre $d_\mathcal{M}$ des modèles donnés par les minima du FPE d'Akaike, du
3σ-FPE et du L^ω-RFPE avec ses douze valeurs de k. Le fit de chaque modèle
est aussi donné.

TAB. 7.2 – Ordres et fits des modèles, donnés par le FPE d'Akaike, le 3σ-FPE et le L^{ω}-RFPE avec douze valeurs de k.

Taux d'outliers d'observation	$R_{out} = 2\%$		$R_{out} = 5\%$		$R_{out} = 10\%$	
Ordre du modèle/fit	$d_{\mathcal{M}}$	$Fit(\%)$	$d_{\mathcal{M}}$	$Fit(\%)$	$d_{\mathcal{M}}$	$Fit(\%)$
FPE Akaike	15	45.4	15	27.16	17	16.17
$3\sigma - FPE$	15	73.6	15	57.9	15	35.35
$L^{\omega} - RFPE$						
$k = 0.05$	16	88.8	16	90.41	16	93.6
$k = 0.1$	15	95.5	16	93.5	16	91.41
$k = 0.15$	16	98	15	95.3	16	97.28
$k = 0.25$	16	94.9	15	72	16	56.8
$k = 0.35$	15	97	16	73.5	16	48.45
$k = 0.4$	17	75.2	16	75.7	15	90.53
$k = 0.7$	15	96	15	59.6	17	61.76
$k = 0.9$	15	91.2	16	56.2	16	79.5
$k = 1.2$	15	83	17	80	15	68.8
$k = 1.345$	15	92	17	43.55	14	47.7
$k = 1.5$	17	76.25	16	44	15	65.4
$k = 2$	15	90	17	78	15	61.5

Ces résultats montrent d'abord que le FPE d'Akaike sous-estime l'ordre du modèle lorsque $R_{out} = 2\%$ et $R_{out} = 5\%$ et le sur-estime lorsque $R_{out} = 10\%$, avec un faible fit pour chacun d'entre eux. Cela confirme la nature non robuste de ce critère FPE. Le 3σ-FPE sous-estime l'ordre du modèle, mais présente un fit correct lorsque $R_{out} = 2\%$. La robustesse à 3σ avec RFC à son effet et donne un estimateur qui ne présente pas de mauvaises caractéristiques. Cependant, lorsque $R_{out} = 5\%$ et $R_{out} = 10\%$, le mauvais fit des modèles ne permet pas de les retenir. L'emploi d'un critère de validation plus robuste se justifie. C'est ce que nous allons voir au travers du critère RFPE.

Les surfaces du L^{ω}-RFPE lorsque $R_{out} = 2\%$ sont données dans les figures 7.1 et ses minima sont reportés dans le tableau 7.2. Le critère de validation L^{ω}-RFPE donne effectivement $d_{\mathcal{M}_0}$, mais peut aussi présenter des modèles de complexités inférieure et supérieure à $d_{\mathcal{M}_0}$. Pour ces derniers, les fits sont nettement meilleurs que ceux donnés par le 3σ-FPE. Lorsque le critère L^{ω}-RFPE donne des minima à $d_{\mathcal{M}} = 15$, le fit de chaque modèles est équivalent à celui de chaque modèle présentant la "vraie complexité". Cependant, le fit diminue lorsque $d_{\mathcal{M}} > d_{\mathcal{M}_0}$. Cela se produit lorsque $k = 0.4$ et $k = 1.5$. Les modèles

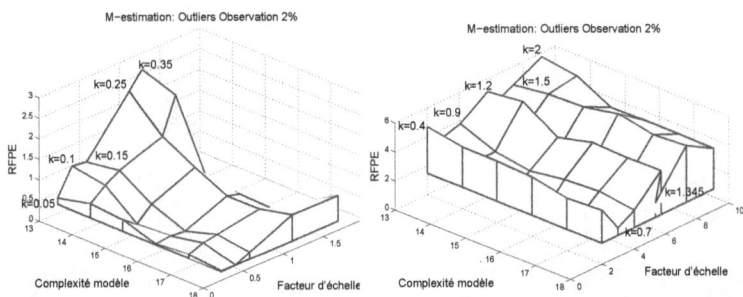

FIG. 7.1 – (gauche) : Surface du L^ω-RFPE comme une fonction du facteur d'échelle η et de la complexité du modèle $d_{\mathcal{M}}$ pour cinq valeurs de k ($k = 0.05$, $k = 0.1$, $k = 0.15$, $k = 0.25$ et $k = 0.35$), à un taux $R_{out} = 2\%$. (droite) : suite de la surface du L^ω-RFPE pour huit valeurs de k ($k = 0.35$, $k = 0.4$, $k = 0.7$, $k = 0.9$, $k = 1.2$, $k = 1.345$, $k = 1.5$ et $k = 2$), pour le même taux de contamination.

sont alors de moins bonne qualité. Soulignons que les modèles pour lesquelles
$d_\mathcal{M} = d_{\mathcal{M}_0}$ et $d_\mathcal{M} < d_{\mathcal{M}_0}$, avec de bons fits, sont toujours donnés pour une
constante d'accord petite. En effet, pour les petites valeurs de k, la figure 7.1
(gauche) montre une nappe assez "douce" avec des minima à $d_{\mathcal{M}_0}$ et $d_\mathcal{M} < d_{\mathcal{M}_0}$.
Inversement, pour des valeurs plus élevées de k, la nappe illustrée dans la figure
7.1 (droite), présente de fortes variations, traduisant une moins bonne estimation du modèle, ne donnent pas de minima à $d_{\mathcal{M}_0}$.

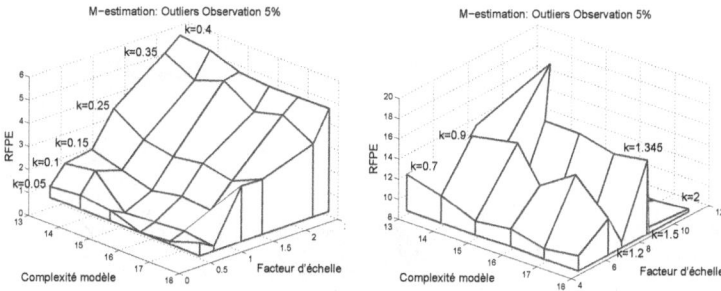

FIG. 7.2 – (gauche) : Surface du L^ω-RFPE comme une fonction de η et de $d_\mathcal{M}$
pour six valeurs de k ($k = 0.05$, $k = 0.1$, $k = 0.15$, $k = 0.25$, $k = 0.35$ et
$k = 0.4$), à un taux $R_{out} = 5\%$. (droite) : suite de la surface du L^ω-RFPE pour
sept valeurs de k ($k = 0.4$, $k = 0.7$, $k = 0.9$, $k = 1.2$, $k = 1.345$, $k = 1.5$ et
$k = 2$), pour le même taux de contamination.

Les figures 7.2 illustrent les nappes du L^ω-RFPE lorsque $R_{out} = 5\%$. L'ordre
de chaque modèle donné par le critère est reporté dans le tableau 7.2. Les
candidats qui présentent de bons fits sont donnés pour les petites valeurs de k,
plus précisément pour $k = 0.05$, $k = 0.1$ et $k = 0.15$. Pour les deux premières
valeurs de k, les fits sont supérieurs à 90% et l'ordre de chaque modèle est égal

à $d_{\mathcal{M}_0}$. Une nouvelle fois, le critère donne un modèle à ordre réduit, $d_{\mathcal{M}} = 15$ avec un excellent fit, égal à 95%. Pour les valeurs de k supérieures à 0.15, le fit reste acceptable, mais pas suffisamment pour retenir le candidat. Lorsque les valeurs de k sont dans la partie haute de $\mathcal{I}_b^k$, les minima du critère donnent majoritairement $d_{\mathcal{M}} = 17$. Soulignons une nouvelle fois que lorsque les valeurs de k sont petites ($k \leq 0.9$), la surface de la nappe présente une certaine douceur des ses pentes, traduisant des estimations robustes et efficaces. Cette surface est plus chaotique lorsque $k > 0.9$. Les estimations sont moins robustes, les fits sont moins bons et le nouveau critère RFPE sur-estime la complexité du modèle.

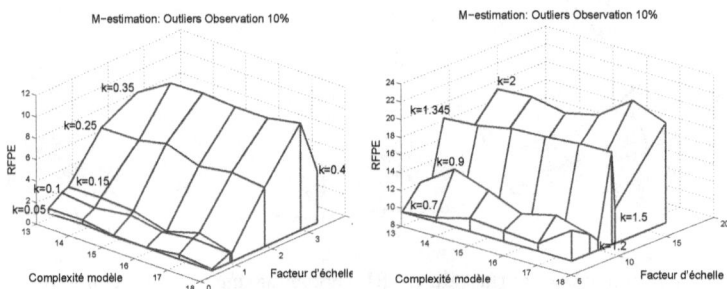

FIG. 7.3 – (gauche) : Surface du L^ω-RFPE en fonction de η et de $d_{\mathcal{M}}$ pour six valeurs de k ($k = 0.05$, $k = 0.1$, $k = 0.15$, $k = 0.25$, $k = 0.35$ et $k = 0.4$), à un taux $R_{out} = 10\%$. (droite) : reste de la surface du L^ω-RFPE pour sept valeurs de k ($k = 0.4$, $k = 0.7$, $k = 0.9$, $k = 1.2$, $k = 1.345$, $k = 1.5$ et $k = 2$), à un taux $R_{out} = 10\%$.

Lorsque $R_{out} = 10\%$, le critère L^ω-RFPE donne encore de bons candidats, avec un fit supérieur à 91% pour chacun d'eux. En effet, pour $k = 0.05$, $k = 0.1$ et $k = 0.15$, l'ordre $d_{\mathcal{M}}$ des modèles est égal à $d_{\mathcal{M}_0}$. Voir figure 7.3 (gauche).

Le fit des modèles se dégrade lorsque $k \geq 0.25$. Cela se traduit par des minima différents de $d_{\mathcal{M}_0}$, comme le montre la figure 7.3 (droite). L'aspect chaotique de la nappe montre en effet de mauvaises estimations. L'ensemble des modèles fournis par les minima du critère L^{ω}-RFPE sont reportés dans le tableau 7.2. Le tableau 7.3 rassemble les meilleurs candidats retenus, c'est-à-dire ceux ayant un fit autour de 90%. L'ensemble de ces modèles sont estimés à partir d'une norme robuste dont la constante d'accord est située vers la borne inférieure de $\mathcal{I}_b^k$. Les valeurs de la fonction de contribution L_1 montrent que les taux d'outliers d'innovation dans les résidus sont élevés. L'ordre large $\hat{L}_N$ de chacun de ces modèles se situe en moyenne entre 200 et 240. Il n'y a pas de grands écarts entre eux, même lorsque les résidus sont fortement contaminés, et leurs valeurs sont quasiment identiques aussi bien pour $R_{out} = 2\%$ que pour $R_{out} = 10\%$.

Les figures 7.4 présentent les réponses fréquentielles des modèles à ordre réduit OE(10,5) comparées à l'estimation spectrale du processus $\mathcal{P}_0$. Ces modèles ont un fit autour de 95%, avec une très bonne dynamique dans les basses fréquences. La figure 7.4 (gauche) montre un modèle OE(10,5) lorsque $R_{out} = 2\%$ et $k = 0.1$. Ce modèle présente une fonction de contribution L_1 égale à 26.97%. Même en présence d'un taux R_{out} plus élevé, lorsque $k = 0.15$, la réponse fréquentielle du modèle à ordre réduit OE(10,5) montre une bonne dynamique dans l'intervalle de Shannon, notamment en basses fréquences, comme cela est illustré dans la figure 7.4 (droite).

Les figures 7.5 montrent les réponses fréquentielles de deux modèles validés OE(11,5) et OE(12,5), lorsque $R_{out} = 5\%$ avec $k = 0.05$ et $k = 1.345$ respectivement. Lorsque $k = 0.05$, le critère passe par un minimum à $d_{\mathcal{M}} = d_{\mathcal{M}_0}$. La dynamique de ce modèle présente de bonnes caractéristiques sur l'intervalle de Shannon, notamment en basses fréquences. Son fit est égal à 90.41% et sa fonction de contribution L_1 est de 59.24%. Soulignons une fois de plus le fait suivant. Lorsque la constante d'accord est choisie dans les petites valeurs, les minima du L^{ω}-RFPE coïncident soit avec $d_{\mathcal{M}_0}$, soit avec $d_{\mathcal{M}} < d_{\mathcal{M}_0}$. Dans ces deux cas de figure, les modèles présentent de bonnes caractérisques sur l'in-

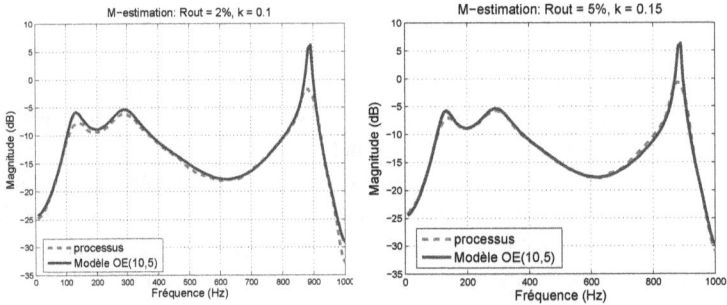

FIG. 7.4 – (gauche) : Réponse fréquentielle du modèle OE(10,5) à complexité réduite, comparée à l'estimation spectrale du processus (pointillés) lorsque $R_{out} = 2\%$ et $k = 0.1$. (droite) : Réponse fréquentielle du modèle OE(10,5) à complexité réduite, comparée à l'estimation spectrale du processus (pointillés) lorsque $R_{out} = 5\%$ et $k = 0.15$.

tervalle $[0, F_e/2]$, particulièrement, dans les basses fréquences. Pour $k > 1$, les modèles sont moins bons, comme le montre le tableau 7.2. Les minima du L^ω-RFPE ne coïncident plus toujours avec $d_{\mathcal{M}_0}$ et les modèles associés présentent des dynamiques de moins bonne qualité. Ceci est effectivement illustré dans la figure 7.5 (droite) lorsque $k = 1.345$. Nous pouvons constater une réponse fréquentielle de qualité insuffisante sur l'intervalle de Shannon, et plus particulièrement dans les basses fréquences.

Bien que le taux d'observation d'outliers soit de 10%, les modèles validés pour $k < 0.2$ ont une complexité de 16 avec des fits supérieurs à 90%. La figure 7.6 (gauche) montre un exemple d'un de ces modèles lorsque $k = 0.05$. Pour des valeurs plus grandes de k, c'est-à-dire $k > 1$, le L^ω-RFPE donnent des minima différents de $d_{\mathcal{M}_0}$ avec des fits inférieurs à 70%. La figure 7.6 (droite) illustre la réponse fréquentielle d'un de ces modèles OE(9,5) lorsque $k = 1.345$. Ce modèle souffre d'avoir une complexité plus petite que celle de $\mathcal{P}_0$ et d'avoir

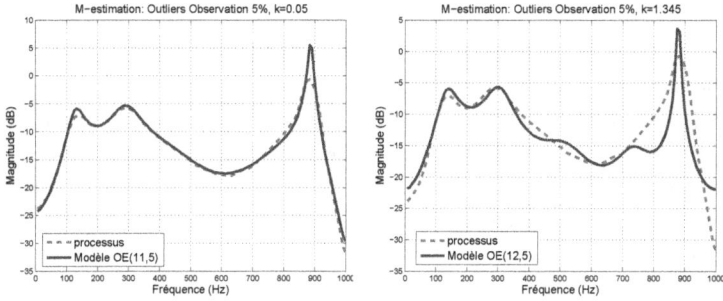

FIG. 7.5 – (gauche) : Réponse fréquentielle du modèle OE(11,5), comparée à l'estimation spectrale du processus (pointillés) lorsque $R_{out} = 5\%$ et $k = 0.05$. (droite) : Réponse fréquentielle du modèle OE(12,5) lorsque $R_{out} = 5\%$ et $k = 1.345$.

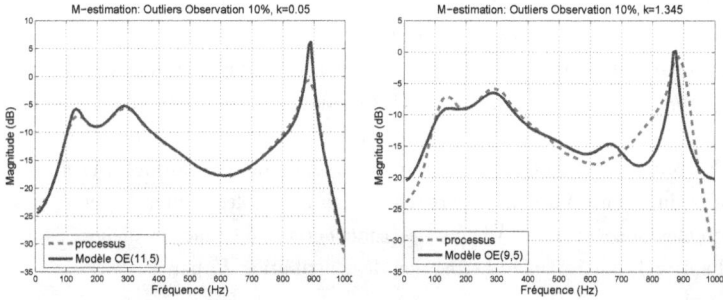

FIG. 7.6 – (gauche) : Réponse fréquentielle du modèle OE(11,5), comparée à l'estimation spectrale du processus (pointillés) lorsque $R_{out} = 10\%$ et $k = 0.05$. (droite) : Réponse fréquentielle du modèle OE(9,5) lorsque $R_{out} = 10\%$ et $k = 1.345$.

été estimé avec une norme moins robuste, due à une valeur trop élevée de k.

A travers ces exemples, nous avons montré l'intérêt d'étendre la constante d'accord dans les petites, afin de permettre à ce nouveau critère de validation de donner par ses minima des modèles pertinents. Il peut être cependant utile à l'expérimentateur de disposer d'un autre outil d'aide à la décision du choix de la complexité du modèle, dans le but de confirmer presque définitivement le modèle validé. C'est ce que nous allons étudier par l'intermédiaire de la fonction de contribution L_1.

7.3 Fonction de contribution L_1

7.3.1 Présentation

Nous savons que la norme mixte de Huber est un mélange d'une norme L_2 qui ne traite que les résidus situés dans l'intervalle $[-\eta, \eta]$ et d'une norme L_1 qui elle, ne traite que ceux situés en dehors de cet intervalle. La contribution de chacune d'elle dépend de la valeur du facteur d'échelle η, donc de la constante d'accord k. Concrètement, le rôle de la norme L_1 est de robustifier la norme L_2, très sensible aux grands écarts des résidus, et de traiter le plus rapidement possible ces grands écarts. Ce point de vue justifie le choix de la constante d'accord k, car elle fixe la contribution de chacune des normes à la fin de la procédure d'estimation. A partir des deux ensembles d'index ν_2 et ν_1, nous sommes donc amenés à définir les *contributions* de chacune d'elles. Dans le chapitre 4, il a été défini la fonction de contribution L_1 par

$$L_1 C(\theta) = \frac{N_1(\theta)}{N} \tag{7.24}$$

Cette contribution vérifie l'égalité

$$card(\nu_2(\theta)) + card(\nu_1(\theta)) = N, \forall \theta \in D_{\mathcal{M}} \tag{7.25}$$

161

TAB. 7.3 – Paramètres des modèles estimés, fit, fonction de contribution L_1 et ordre large, lorsque $k = 0.05$, $k = 0.1$ et $k = 0.15$.

Taux d'outliers d'observation	$R_{out} = 2\%$		$R_{out} = 5\%$		$R_{out} = 10\%$	
θ_0	$k = 0.05$	$k = 0.15$	$k = 0.05$	$k = 0.1$	$k = 0.05$	$k = 0.15$
$b_1^0 = -0.069$	-0.0696	-0.0691	-0.0686	-0.0698	-0.0681	-0.0687
$b_2^0 = -0.168$	-0.1650	-0.1604	-0.1720	-0.1599	-0.1713	-0.1522
$b_3^0 = 0.134$	0.1332	0.1538	0.1220	0.1517	0.1224	0.1741
$b_4^0 = 0.225$	0.2204	0.2107	0.2327	0.2126	0.2306	0.1972
$b_5^0 = -0.024$	-0.0241	-0.0506	-0.0088	-0.0501	-0.0105	-0.0750
$f_1^0 = 0.286$	0.2721	0.1694	0.3458	0.1764	0.3439	0.0598
$f_2^0 = -0.845$	-0.8535	-0.8832	-0.8116	-0.8959	-0.8271	-0.9152
$f_3^0 = 0.270$	0.3077	0.3627	0.2296	0.3855	0.2365	0.4405
$f_4^0 = 0.711$	0.6750	0.6867	0.6874	0.6658	0.7099	0.6578
$f_5^0 = -0.348$	-0.3537	-0.4316	-0.2806	-0.4286	-0.3003	-0.4953
$f_6^0 = -0.017$	0.0157	0.0202	-0.0220	0.0372	-0.0297	0.0513
$f_7^0 = 0.257$	0.2289	0.2591	0.2267	0.2378	0.2491	0.2504
$f_8^0 = 0.086$	0.0790	0.0560	0.1166	0.0613	0.1105	0.0373
$f_9^0 = 0.031$	0.0581	0.0246	0.0471	0.0424	0.0376	0.0146
$f_{10}^0 = 0.159$	0.1370	0.1553	0.0471	0.0424	0.1503	0.1448
$f_{11}^0 = 0.030$	0.0406	-0.0048	0.0599	0.0219	0.0593	-0.0113
$Fit(\%)$	88.8	98	90.41	93.5	93.6	97.28
$L_1C(\%)$	77.12	3	59.24	42.25	65.7	39.4
$\hat{L}_N$	254	248	195	220	258	233

La fonction de contribution peut aussi être définie comme

$$L_1 C(\theta) = \frac{1}{N} \sum_{t \in \nu_1(\theta)} |s_t(\theta)| \qquad (7.26)$$

où $s_t(\theta)$ est la fonction *signe* définie par (4.12). Voir aussi [39] pour plus de détails.

Les études expérimentales montrent que $L_1 C(\theta)$ présente des variations en fonction de la complexité du modèle estimé. Pour mettre en évidence analytiquement celles-ci, nous avons remplacé $s_t(\theta)$ par une fonction logistique, comme cela a été fait pour le gradient et le Hessien du PREC dans le chapitre 4 (§4.1.2). Avec ce choix, la fonction de contribution L_1 est donnée par

$$L_1 C(\theta) = \frac{1}{N} \sum_{t \in \nu_1(\theta)} \left| \frac{1 - e^{-2K\varepsilon_t(\theta)}}{1 + e^{-2K\varepsilon_t(\theta)}} \right| \qquad (7.27)$$

où K est un réel suffisamment grand pour assurer une bonne approximation de la fonction *signe*. Puisque $L_1 C(\theta)$ présente des variations, nous allons montré qu'elle admet des minima et que ceux-là peuvent confirmer la complexité des modèles donnés par les critères d'estimation classiques, mais aussi, mettre en évidence la pertinence d'autres modèles. Soit le théorème suivant

Théorème 10 *Il existe un estimateur $\hat{\theta}_N^{L_1}$ différent ou non de $\hat{\theta}_N^H$, tel que $\hat{\theta}_N^{L_1}$ soit le minimum de $L_1 C(\theta)$. Alors*

$$\hat{\theta}_N^{L_1} = argmin_{\theta \in \Theta} \frac{1}{N} \sum_{t \in \nu_1(\theta)} |s_t(\theta)| \qquad (7.28)$$

Preuve :

Définissons deux sous-ensembles de $\nu_1(\theta)$ tels que $\nu_1^L(\theta) = \{t : |\varepsilon_t(\theta)| < -\eta\}$ et $\nu_1^H(\theta) = \{t : |\varepsilon_t(\theta)| > \eta\}$. Alors $\nu_1(\theta) = \nu_1^L(\theta) \cup \nu_1^H(\theta)$ et $\nu_1^L(\theta) \cap \nu_1^H(\theta) = 0$. La fonction de contribution L_1 s'écrit donc

$$L_1 C(\theta) = \frac{1}{N} \sum_{t \in \nu_1^H(\theta)} \frac{1 - e^{-2K\varepsilon_t(\theta)}}{1 + e^{-2K\varepsilon_t(\theta)}} + \frac{1}{N} \sum_{t \in \nu_1^L(\theta)} \frac{e^{2K\varepsilon_t(\theta)} - 1}{e^{2K\varepsilon_t(\theta)} + 1} \qquad (7.29)$$

La dérivée par rapport à θ de (7.29) donne

$$\frac{\partial}{\partial \theta} L_1 C(\theta) \approx \frac{4K}{N} \sum_{t \in \nu_1^L(\theta)} \psi_t(\theta) e^{2K\varepsilon_t(\theta)} - \frac{4K}{N} \sum_{t \in \nu_1^H(\theta)} \psi_t(\theta) e^{-2K\varepsilon_t(\theta)} \quad (7.30)$$

Parce que $|\varepsilon_t(\theta)| > \eta$, nous obtenons

$$\left| \frac{\partial}{\partial \theta} L_1 C(\theta) \right| \leq \frac{8Ke^{-2K\eta}}{N} \sum_{t \in \nu_1(\theta)} |\psi_t(\theta)| \quad (7.31)$$

Sachant que $|\psi_t(\theta)|$ est bornée pour tout $\theta \in \Theta$ [90], posons $|\psi_t(\theta)| = C_\psi$, alors

$$|\psi_{\nu_1,t}(\theta)| \leq |\psi_t(\theta)| = C_\psi \quad (7.32)$$

Il existe alors un estimateur $\hat{\theta}_N^{L_1}$ tel que

$$\left| \frac{\partial}{\partial \theta} L_1 C\left(\hat{\theta}_N^{L_1}\right) \right| \leq 8KC_\psi e^{-2K\eta} \to 0 \quad (7.33)$$

pour K suffisamment grand. Ce qui prouve le théorème.

Ce théorème indique qu'il existe un estimateur $\hat{\theta}_N^{L_1}$ qui minimise la fonction de contribution L_1.

L'analyse des résultats va se diviser en trois parties. Les deux premières analysent les résultats de deux processus simulés : un processus ARX et un processus OE. La troisième partie discute des résultats sur un processus réel, un capteur/actionneur piézoélectrique.

7.3.2 Analyse des résultats

7.3.2.1 Processus ARX simulé

L'objectif est de montrer que dans certaines situations, le RFPE ne permet pas d'affirmer définitivement, par ses minima, la complexité des modèles. La décision est alors confirmée par la fonction de contribution L_1 dont les minima sont plus catégoriques. Une étude comparative est réalisée entre la LS-estimation, l'estimation par variables instrumentales (IV-estimation), la 2SLS-estimation et la M-estimation de Huber, à travers le RFPE et la fonction de contribution L_1. Notons que la version du L^ω-RFPE dans le cas des modèles linéaires sera notée 0-RFPE ou tout simplement RFPE.

Le processus simulé $\mathcal{P}_0^L$ générant les données y_t^0 est un ARX avec $p = 7$ et $w = 5$, noté ARX(7,5). Soit $d_{\mathcal{M}_0} = 12$ la "vrai complexité" du processus :

$$\mathcal{P}_0^L : \begin{cases} y_t^0 = \frac{B(q,\theta_0)}{A(q,\theta_0)}u_t + \frac{1}{A(q,\theta_0)}e_t^0 \\ \theta_0 = \left[\theta_0^A, \theta_0^B\right] \\ e_t^0 \in \mathcal{N}\left(0, 0.1\right) \end{cases} \qquad (7.34)$$

Les vrais paramètres θ_0^B et θ_0^A sont donnés dans le tableau 7.4. Nous avons

TAB. 7.4 – Paramètres $\theta_0^B = \{b_n^0\}_{n=1}^5$ et $\theta_0^A = \{a_n^0\}_{n=1}^7$ de $\mathcal{P}_0^L$: ARX(7,5).

n	1	2	3	4	5	6	7
b_n^0	−0.1034	−0.1658	0.1509	0.195	−0.0145	0	0
a_n^0	0.3819	−0.8684	0.1938	0.6772	−0.2536	−0.0423	0.1664

également considéré un processus avec un retard pur $d = 7$, compté en nombre entier de période d'échantillonnage. Celle-ci est donnée par $T_e = 500\mu s$. Le nombre de tirages de Monte Carlo est de 1000 et le nombre de points de mesures est $N = 1000$. Le signal exogène d'excitation u_t est une Séquence Binaire Pseudo Aléatoire (SBPA) [83], suffisamment excitant et persistant, de niveau ± 10 et de longueur $\mathcal{L}_{SBPA} = 1023$. Le rapport signal/bruit SNR est de $= 25dB$. Dans le but de tester la robustesse de l'estimation, un taux R_{out} de 1% d'outliers est inséré dans y_t^0 avec des amplitudes et des index temporels aléatoires. La figure 7.7 (gauche) montre le signal de sortie du processus $\mathcal{P}_0^L$ dans lequel apparaissent les outliers d'observation. Pour toutes les méthodes d'estimation, la complexité du modèle $d_{\mathcal{M}}$ varie entre 7 et 20, sachant que w est fixé à 5. Le

RFPE et la fonction de contribution L_1 sont donnés pour vingt valeurs de k dans $\mathcal{I}_b^k$.

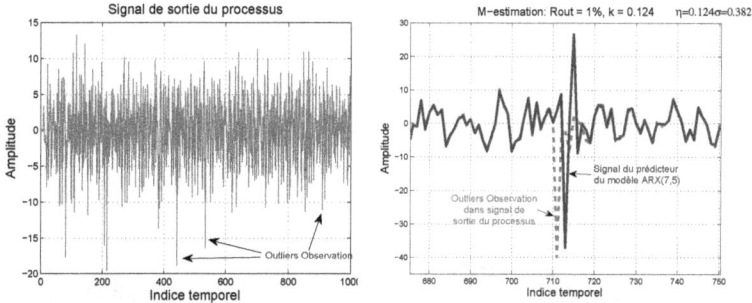

FIG. 7.7 – (gauche) : Signal de sortie y_t^0 du processus $\mathcal{P}_0^L$ dans lequel apparaissent les outliers d'observation à un taux de 1%. (droite) : Signal du processus y_t^0 et signal du prédicteur $\hat{y}_t(\theta)$ du modèle ARX(7,5) lorsque $k = 0.124$.

La figure 7.8 (gauche) présente le RFPE sous la forme d'une surface, comme une fonction du facteur d'échelle η et de la complexité du modèle $d_{\mathcal{M}}$. Lorsque k est faible, la surface est "presque" lisse et présente un minimum commun pour $k \in [0.05; 0.5]$ (ellipses pointillées) à $d_{\mathcal{M}} = 13 = 8 + 5$. Nous voyons que le critère surestime l'ordre des modèles. Ce constat s'établit aussi lorsque k est choisi dans la partie supérieure de $\mathcal{I}_b^k$. La surface présente des ondulations, mais les minima correspondent à des complexités supérieures à 12. Dans cet exemple, le nouveau critère RFPE ne présente pas de caractère décisionnel. Sans l'appui de la fonction de contribution L_1, l'expérimentateur serait dans l'obligation de choisir un modèle ARX(8,5). Cette nouvelle fonction, comme le montre la figure 7.8 (droite), présente des minima bien visibles lorsque $k = 0.124$, $k = 0.228$ et $k = 0.332$, bien que pour cette dernière valeur de k, cela semble moins affirmatif. La surface de $L_1 C(\theta)$ est ondulée lorsque k est faible, présentant

166

des minima bien apparents. Lorsque k est plus élevée, les valeurs de la fonction de contribution sont plus petites et la surface est plus lisse, donc breaucoup moins décisionnelle. A partir de cette fonction, l'expérimentateur peut ainsi retenir trois modèles ARX(7,5), lorsque $k = 0.124$, $k = 0.228$ et $k = 0.332$ respectivement.

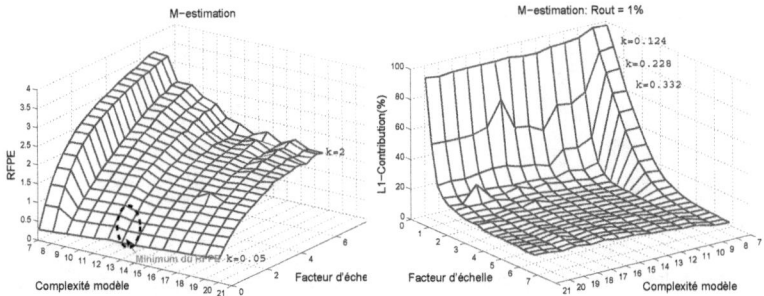

FIG. 7.8 – (gauche) : RFPE en fonction de η et de $d_{\mathcal{M}}$ pour vingt valeurs de k, lorsque $R_{out} = 1\%$. Un seul minimum apparaît à $d_{\mathcal{M}} = 13 = 8 + 5$ (ellipses pointillées). (droite) : Fonction de contribution L_1 en fonction de η et de $d_{\mathcal{M}}$ pour vingt valeurs de k. Trois minima apparaissent à $d_{\mathcal{M}} = 12 = 7 + 5$ lorsque $k = 0.124$, $k = 0.228$ et $k = 0.332$.

Le tableau 7.5 regroupe les valeurs des paramètres des modèles, estimés classiquement par les moindres carrés, les variables instrumentales et les moindres carrés deux étapes. Pour les M-estimations de Huber, les modèles sont donnés par les minima de la fonction de contribution L_1, lorsque $k = 0.124$, $k = 0.228$ et $k = 0.332$. Même si le taux d'outliers d'observation est faible, les estimateurs classiques donnent des paramètres éloignés des "vrais". Le RFPE étant dans l'incapacité de donner le nombre de paramètres exigés, c'est-à-dire 12, nous avons recours à la fonction de contribution L_1. Chaque modèle estimé présente

167

alors un fit proche de 80%.

TAB. 7.5 – Valeurs des paramètres des meilleurs modèles par les estimations LS, IV, 2SLS. Pour les M-estimations de Huber, les modèles sont ceux donnés par la fonction de contribution $L_1 C$ lorsque $k = 0.124$, $k = 0.228$ et $k = 0.332$.

Vrais paramètres	Estimateurs classiques			M-estimateurs de Huber		
θ_0	LS	IV	2SLS	$k = 0.124$	$k = 0.228$	$k = 0.332$
$b_1^0 = -0.1034$	−0.1006	−0.1062	−0.0969	−0.1037	−0.1041	−0.1033
$b_2^0 = -0.1658$	−0.1384	−0.1411	−0.1343	−0.1607	−0.1596	−0.1639
$b_3^0 = 0.1509$	0.1246	0.1205	0.1156	0.1553	0.1533	0.1524
$b_4^0 = 0.1950$	0.1120	0.1118	0.1834	0.1846	0.1805	0.1867
$b_5^0 = -0.0145$	−0.0887	−0.0818	−0.1337	−0.0140	−0.0079	−0.0128
$f_1^0 = 0.3819$	0.1486	0.1489	0.1379	0.3319	0.3224	0.3495
$f_2^0 = -0.8684$	−0.3427	−0.3522	−0.2369	−0.8457	−0.8155	−0.8434
$f_3^0 = 0.1938$	0.1065	0.1342	0.0769	0.2140	0.2068	0.2065
$f_4^0 = 0.6772$	0.2523	0.2599	0.1854	0.6432	0.6204	0.6486
$f_5^0 = -0.2536$	−0.0574	−0.0846	−0.0207	−0.2593	−0.2469	−0.2515
$f_6^0 = -0.0423$	0.1429	0.1236	0.1378	−0.0221	−0.0109	−0.0244
$f_7^0 = 0.1664$	−0.0751	−0.0684	−0.1223	0.1477	0.1320	0.1522

Les figures 7.9 montrent les réponses fréquentielles des modèles ARX issues de la fonction de contribution L_1, lorsque $k = 0.124$ (gauche) et $k = 0.332$ (droite), comparées à l'estimation spectrale de $\mathcal{P}_0^L$. La dynamique de chacun d'eux présente de bonnes caractéristiques, avec cependant un écart en basses fréquences lorsque $k = 0.124$. Cet écart est moindre pour $k = 0.332$. Notons que la valeur de $L_1 C(\theta)$ est de 40% lorsque $k = 0.124$ et de 18% lorsque $k = 0.332$. La réponse fréquentielle du modèle ARX(8,5) lorsque $k = 0.058$ est donnée dans la figure 7.10 (gauche). La surestimation de sa complexité favorise sa dynamique, et cela se confirme, puisqu'il présente un fit proche de 88%. Le résultat de la réponse fréquentielle du modèle ARX(7,5), estimé par les moindres carrés n'est pas réellement une surprise, comme cela est illustré dans la figure 7.10 (droite).

Dans le cas de figure où le critère RFPE est dans l'impossibilité de fournir un modèle robuste avec la complexité $d_{\mathcal{M}} = 12$, la fonction de contribution L_1 par ses minima, est plus décisionnelle et plus affirmative. Elle se substitue ainsi au RFPE. C'est un des trois rôles de ce nouvel outil. Les deux autres vont être

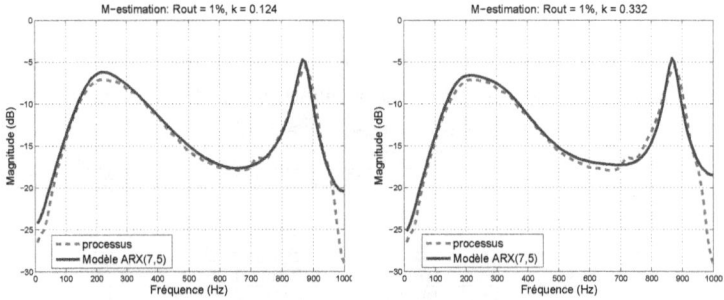

FIG. 7.9 – (gauche) : Réponse fréquentielle du modèle ARX(7,5) donnée par la fonction de contribution L_1 lorsque $k = 0.124$, comparée à l'estimation spectrale de $\mathcal{P}_0^L$ (pointillés). (droite) : Réponse fréquentielle du modèle ARX(7,5) issue de $L_1 C(\theta)$ lorsque $k = 0.332$, comparée à l'estimation spectrale de $\mathcal{P}_0^L$.

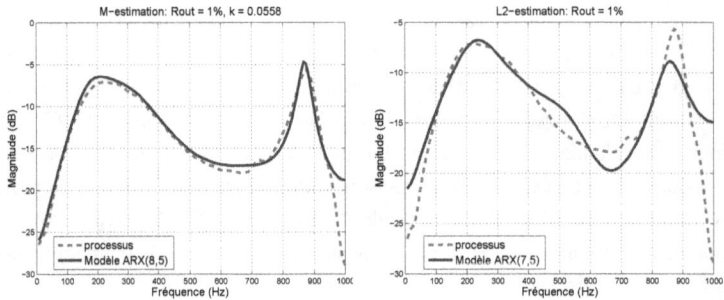

FIG. 7.10 – (gauche) : Réponse fréquentielle du processus et du modèle ARX(8,5) donnée par le RFPE lorsque $k = 0.058$. (droite) : Réponse fréquentielle du modèle ARX(7,5) estimée par les moindres carrés.

développés dans la suite, consistant à renforcer le résultat donné par le RFPE
et/ou de fournir d'autres modèles.

7.3.2.2 Processus OE simulé

Ce processus est identique à celui du paragraphe 7.2, dont le signal de sortie
est contaminé par trois taux d'outliers d'observation $R_{out} = 2\%$, $R_{out} = 5\%$
et $R_{out} = 10\%$. L'objectif est de montrer que la fonction de contribution
L_1 renforce la décision du critère L^ω-RFPE et que leurs minima coïncident.
Tous les bons candidats donnés par le critère RFPE sont confirmés par la
fonction de contribution L_1, comme le montre le tableau 7.6 où sont regroupés
tous ces résultats. Nous avons sélectionné quelques courbes de cette fonction
de contribution L_1, représentées dans les figures 7.11 à 7.14. Nous pouvons
constater des minima bien prononcés de $L_1C(\theta)$ pour les petites valeurs de k,
apportant ainsi une valeur ajoutée au choix de la complexité du modèle ainsi
validé. Ils le sont moins lorsque $k = 0.25$ et $k = 0.35$.

TAB. 7.6 – Ordres des modèles donnés par le critère L^ω-RFPE ($d_\mathcal{M}^{RFPE}$) et par
la fonction de contribution L_1 ($d_\mathcal{M}^{L_1C}$).

Taux d'outliers d'observation	$R_{out} = 2\%$		$R_{out} = 5\%$		$R_{out} = 10\%$	
Ordre du modèle	$d_\mathcal{M}^{RFPE}$	$d_\mathcal{M}^{L_1C}$	$d_\mathcal{M}^{RFPE}$	$d_\mathcal{M}^{L_1C}$	$d_\mathcal{M}^{RFPE}$	$d_\mathcal{M}^{L_1C}$
$k = 0.05$			16	16	16	16
$k = 0.1$	15	15	16	16	16	16
$k = 0.15$	16	16	15	15	16	16
$k = 0.25$	16	16				
$k = 0.35$	15	15				

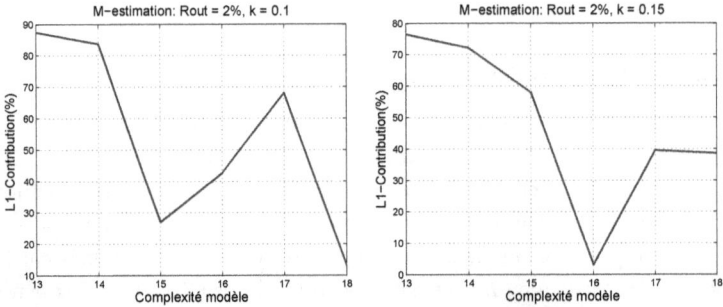

FIG. 7.11 – (gauche) : $L_1 C\,(\theta)$ comme une fonction de la complexité du modèle
lorsque $R_{out} = 2\%$ et $k = 0.1$. Son minimum coïncide avec celui du L^{ω}-RFPE
et confirme ainsi un bon candidat. (droite) : $L_1 C\,(\theta)$ lorsque $R_{out} = 2\%$ et
$k = 0.15$ avec un minimum à $d_{\mathcal{M}} = d_{\mathcal{M}_0} = 16$.

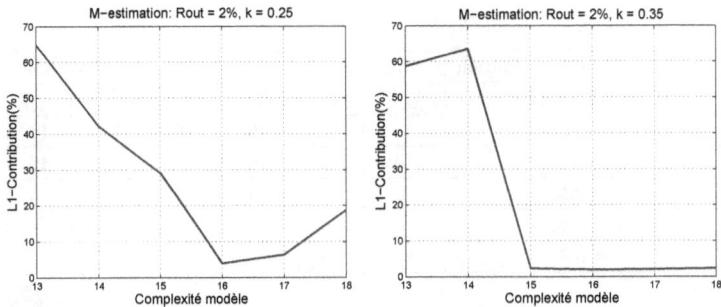

FIG. 7.12 – La fonction de contribution L_1 confirme le minimum à $d_{\mathcal{M}} = 16$
pour $k = 0.25$, mais moins bien lorsque $k = 0.35$.

171

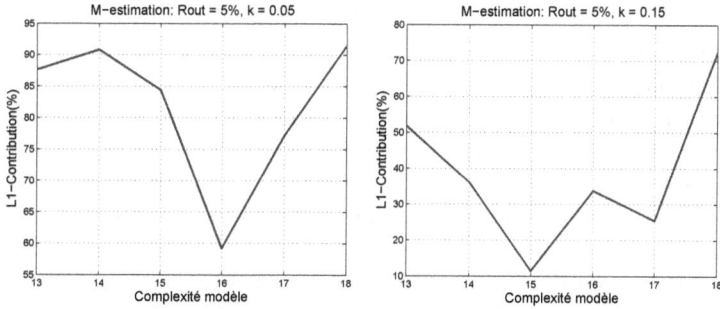

FIG. 7.13 – Même lorsque $R_{out} = 5\%$, pour des faibles valeurs de k, la fonction présente de fortes variations avec des minima à $d_{\mathcal{M}} = d_{\mathcal{M}_0}$. Cette fonction propose même un modèle à $d_{\mathcal{M}} = d_{\mathcal{M}_0} + 2$.

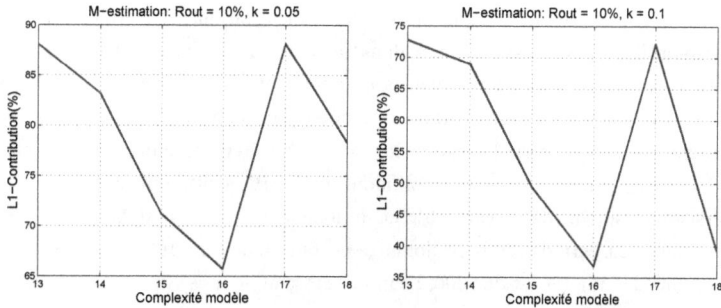

FIG. 7.14 – Les minima donnés par le critère L^ω-RFPE sont à nouveau confirmés par la fonction de contribution L_1 de manière bien prononcée.

7.3.2.3 Processus piézoélectrique

L'objectif n'est pas de présenter l'étude complète de l'identification d'un actionneur piézoélectrique, puisque celle-ci sera faite dans le chapitre 8. Nous allons simplement nous focaliser sur le rôle de la fonction de contribution L_1 pendant la phase de validation des modèles retenus. Nous allons cependant présenter brièvement le contexte de cette identification.

Ce système est utilisé en actionneur dans le but de réaliser le contrôle d'un dispositif de perçage vibratoire. L'objectif est de développer des porte-outils vibrants, auto-adaptatifs, actifs, destinés au perçage de différents matériaux, et les procédés associés à ces porte-outils et matériaux. Les porte-outils visés sont des systèmes mécatroniques intégrant un actionneur piézoactif et des capteurs, avec des moyens d'alimentation et de contrôles électroniques. Les matériaux visés sont difficiles à percer, par exemple, les multi-matériaux composite-métal, de plus en plus utilisés dans les pièces de structures en aéronautique, mais aussi des matériaux utilisés en mécanique générale tels que les aciers inox. La figure 7.15 montre le système-actionneur piézoélectrique (SA-P) intégré dans son dispositif de perçage vibratoire.

Développons maintenant la phase d'identification du SA-P. Rétiré de son porte-outil, le SA-P est présenté dans la figure 7.16. Sans rentrer dans les détails, signalons que quatre gauges de contraintes fournissent le signal des micro-vibrations de l'**Actionneur piézoélectrique**. Soit y_t le signal issu de ces gauges et u_t le signal d'excitation. Pour collecter l'ensemble des mesures $Z^N = (u_1, y_1, ..., u_N, y_N)$, nous appliquons une SBPA suffisamment excitante et persistante sur u_t, de niveau $\pm 3V$ et de longueur $\mathcal{L}_{SBPA} = 1023$ (figure 7.17 (gauche)). La période d'échantillonnage est choisie à $T_e = 100\mu s$ et le nombre de points de mesures est de 5000. Le modèle rétenu pour ce système non linéaire est un modèle OE.

$$\mathcal{M}_{piezo} : \begin{cases} y_t = \frac{B(q,\theta)}{F(q,\theta)} u_t + e_t \\ \theta = [\theta^B, \theta^F] \end{cases} \tag{7.35}$$

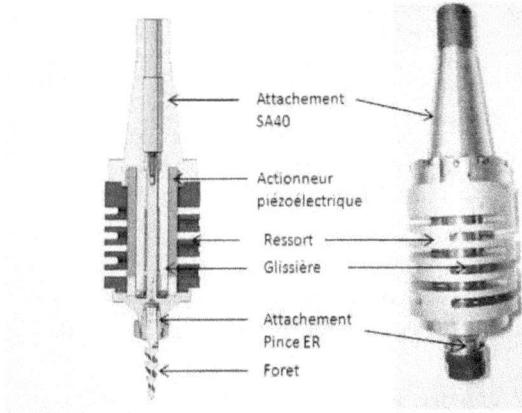

FIG. 7.15 – SA-P plaçé dans son porte-outil.

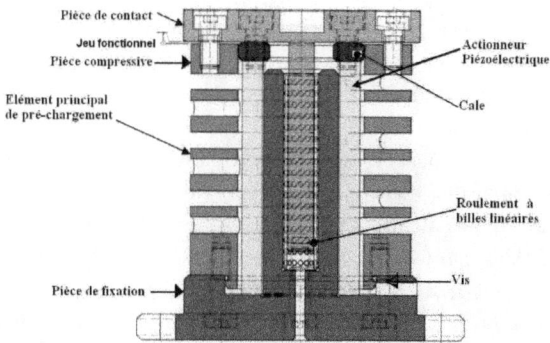

FIG. 7.16 – Système-Actionneur Piézoélectrique SA-P.

174

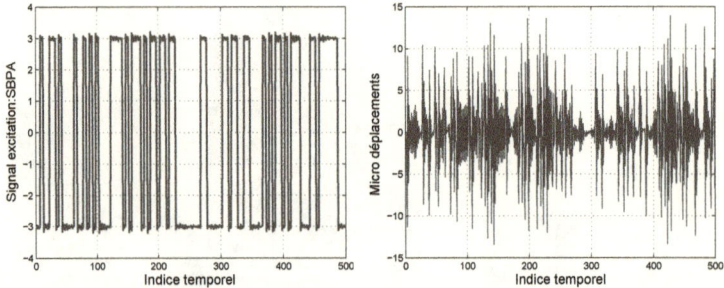

FIG. 7.17 – (gauche) : Séquence binaire pseudo-aléatoire comme signal d'excitation envoyé au SA-P. (droite) : Signal des micro-déplacements y_t.

Nous pouvons constater (figure 7.17 (droite)), que le signal y_t des micro-déplacements présente de nombreuses valeurs assimilables à des outliers d'observation, fournies par le processus lui-même. Ces points sont des informations générées par le processus et ne doivent donc être, ni détectés, ni filtrés et/ou nettoyés. Les figures 7.18 montrent les signaux des micro-déplacements sans pré-traitement (gauche) et avec pré-traitement (droite), noté y_t^{MT}, utilisant un filtre nettoyeur robuste 3σ-RFC. Certaines grandes valeurs assimilables à des outliers dans y_t ont été réduites, voire supprimées dans y_t^{MT}, et l'effet du filtre est clairement visible.

La figure 7.19 compare l'estimation spectrale du processus sans pré-traitement des données de sortie (MTRFC sur la figure) à l'estimation spectrale du même processus avec pré-traitement des données par le 3σ-RFC. Ce filtre a supprimé des informations, qui les a estimées comme des outliers d'observation, provoquant ainsi une dégradation de la dynamique du processus.

Une campagne d'estimations robustes a donc été réalisée avec le signal brut y_t. Le PREC ainsi que la fonction de contribution L_1 sont représentés dans les figures 7.20. La figure 7.20 (gauche) montre le PREC et ses minima en fonction

175

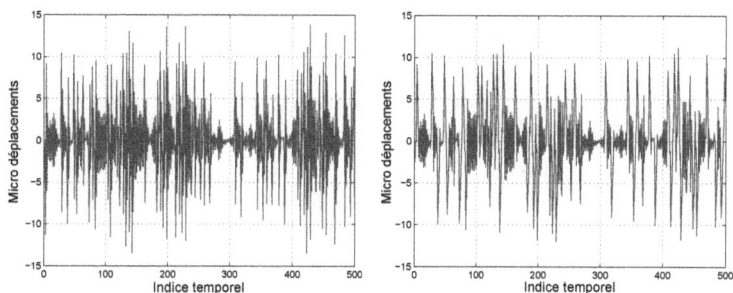

FIG. 7.18 – (gauche) : Signal des micro-déplacements y_t sans pré-traitement par un 3σ-RFC. (droite) : Même signal mais traité avec un 3σ-RFC, y_t^{MT}. Des points considérés comme outliers ont été réduits voire supprimés dans y_t^{MT}.

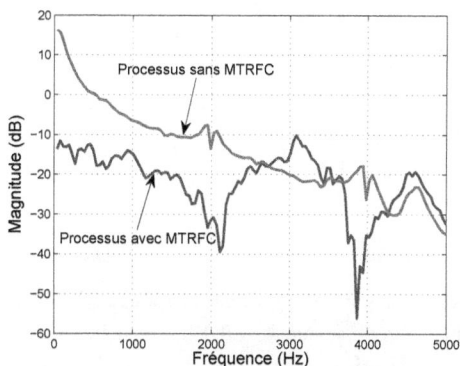

FIG. 7.19 – Comparaison entre les estimations spectrales du processus piézoélectrique avec et sans pré-traitement des données de sortie (MTRFC sur les figures). Le pré-traitement a supprimé de nombreuses informations provoquant alors une dégradation de la dynamique.

de la complexité du modèle, lorsque la constante d'accord est égale à 0.0625.
Il y a deux minima donc deux modèles proposés. Le premier à $d_{\mathcal{M}} = 17$,
qui n'est pas retenu, car son fit est très mauvais ($< 40\%$), et le deuxième
à $d_{\mathcal{M}} = 21$ ($w = 9$ et $p = 12$), qui est retenu, avec un fit proche de 61%.
Ce modèle retient notre attention car il présente de bonnes caractéristiques
dans l'intervalle $[0; 500Hz]$, correspondant à l'intervalle de fonctionnment du
piézoélectrique. Voir chapitre 8 pour plus de détails. La fonction de contribution
L_1 lorsque $k = 0.0875$, donne deux modèles : $d_{\mathcal{M}} = 21$ ($w = 9$ et $p = 12$),
pas retenu, et $d_{\mathcal{M}} = 24$ ($w = 12$ et $p = 12$). Ce dernier présente de bonnes
caractéristiques dans l'intervalle de fonctionnement du processus. Les réponses
fréquentielles des deux modèles retenus comparées à l'estimation spectrale du
processus sont données dans les figures 7.21.

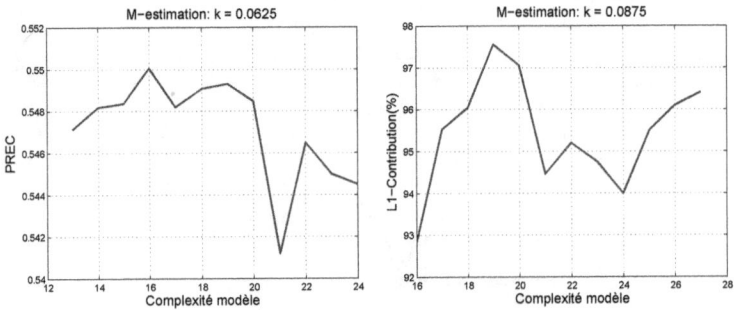

FIG. 7.20 – (gauche) : Critère d'estimation robuste (PREC) en fonction de
la complexité du modèle, lorsque $k = 0.0625$. Seul le modèle à $d_{\mathcal{M}} = 21$ est
conservé. (droite) : Fonction de contribution L_1 en fonction de la complexité
du modèle, lorsque $k = 0.0875$. Cette fonction donne un autre modèle retenu
à $d_{\mathcal{M}} = 24$.

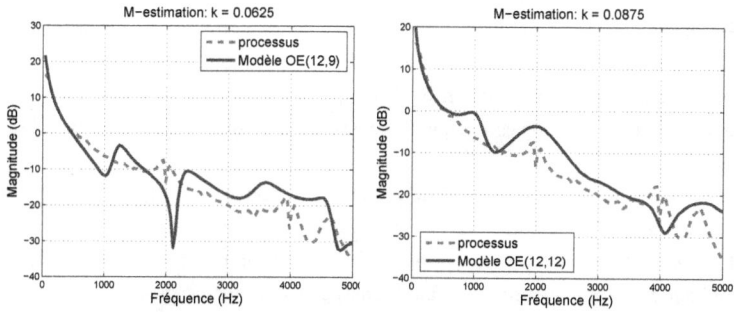

FIG. 7.21 – (gauche) : Réponse fréquentielle du modèle OE(12,9) lorsque $k = 0.0625$ donné par le PREC, comparée à l'estimation spectrale du piézoélectrique. (droite) : Réponse fréquentielle du modèle OE(12,12) lorsque $k = 0.0875$ donné par $L_1 C(\theta)$. Ces deux modèles présentent de bonnes caractéristiques dans l'intervalle de fonctionnement du piézoélectrique, c'est à dire $[0; 500Hz]$.

7.4 Conclusion

Nous avons présenté dans ce chapitre une version robuste du critère d'erreur
de prédiction finale tenant compte du niveau de contamination du modèle de
déviation distributionnelle des erreurs de prédiction et appliqué aux modèles
pseudolinéaires. Ce RFPE généralise l'expression de Maronna, formulé uniquement pour les modèles linéaires. A travers des simulations, nous avons montré
que pour de petites valeurs de $k \in [0.05; 1[$, les minima de ce critère de validation fournit de bons modèles, confirmant la "vraie complexité" du processus.
Par ailleurs, certains minima correspondent à des modèles candidats à complexité réduite. Il a été mis en évidence les difficultés de ce critère RFPE à
présenter de bon modèles lorsque la constante d'accord k se trouve dans l'intervalle $[1; 2]$.

Ce chapitre nous a aussi permis de présenter un nouvel outil décisionnel sur la
qualité du modèle candidat. A travers trois expérimentations, nous avons essayé
de montrer l'intérêt d'utiliser cet outil. Cette fonction ne s'est pas contentée de
confirmer certains candidats, mais a aussi fourni d'autres modèles de qualité
avec de bonnes caractéristiques fréquentielles, et cela, toujours pour de petites
valeurs de la constante d'accord.

Nous avons établi au sein de la procédure d'identification, la pertinence de ce
nouvel outil aussi bien en simulation que sur processus réel, aussi bien sur des
modèles linéaires que pseudolinéaires.

Il nous appartient dans le chapitre suivant d'appliquer complètement la procédure
d'identification robuste à des processus réels.

Chapitre 8

Expérimentation : identification robuste de processus réels

Ce chapitre a pour but de dérouler la procédure d'identification robuste dont nous avons fait la promotion tout au long de ce mémoire, sur des processus réels. Nous avons choisi deux systèmes dynamiques complexes dont les données de sortie présentent des outliers : un guide d'ondes acoustiques et un capteur/actionneur piézoélectrique. Pour le premier processus, il nous faut trouver un modèle du système dans les structures ARX, OE et ARMAX, retenu pour effectuer du contrôle anti-bruit et ne garder que le meilleur parmi ces trois candidats. Les outils d'estimation et de validation, respectivement PREC et L^ω-RFPE/$L_1 C (\theta)$ permettent de fournir des modèles robustes de bonne qualité dans la gamme de fréquences utile pour la commande. Pour l'identification du deuxième processus nonlinéaire, la recherche de modèles se fait à travers les structures pseudolinéaires OE et ARMAX. L'estimation et la validation s'effectuent par le PREC et par la fonction de contribution L_1. Dans ce cas, l'identification devra fournir un modèle pertinent pour la gamme de fréquences utile pour cet actionneur piézoélectrique, associé au processus de perçage vibratoire auquel il est destiné.

8.1 Identification du guide d'ondes acoustiques

8.1.1 Dispositif expérimental

Ce dispositif est un conduit acoustique semi-fini en plexiglas utilisé pour développer du contrôle actif de bruit (Active Noise Control) [25]. Cette technique est basée sur la réduction du bruit indésirable dit *primaire* par l'utilisation de source de bruit dite *secondaire* [108] [106]. Une des deux terminaisons du conduit est rendue quasi-anéchoïque réalisant ainsi l'approximation d'un champ libre à cette extrémité. L'autre extrémité est en revanche ouverte. La maquette d'expérimentation se compose des éléments suivants (figure 8.1) : un haut-parleur de perturbation (source primaire), un haut-parleur de commande (source secondaire) et un microphone de contrôle, suffisamment distant pour négliger le phénomène de propagation transitoire. Ce microphone est positionné dans l'axe médian des parois verticales du guide à une distance $l = 1m$ de la source secondaire. La figure 8.2 montre une vue réelle de la maquette.

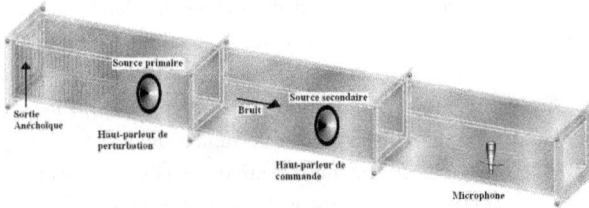

FIG. 8.1 – Guide d'ondes expérimental.

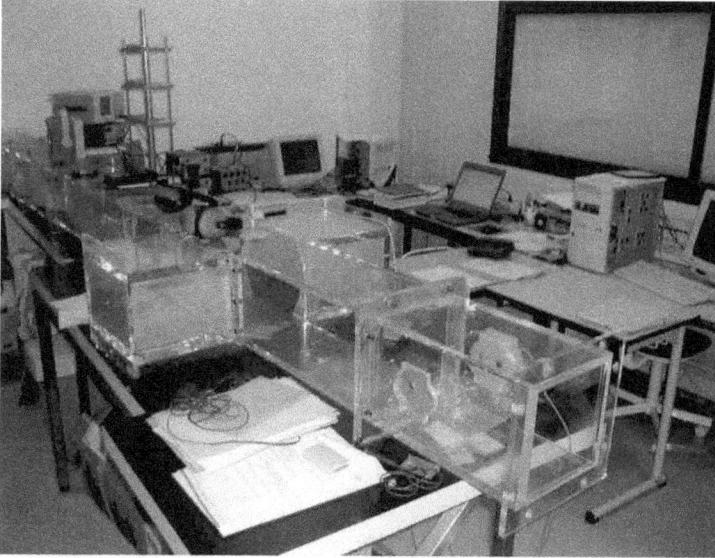

FIG. 8.2 – Vue réelle de la maquette du guide d'ondes expérimental.

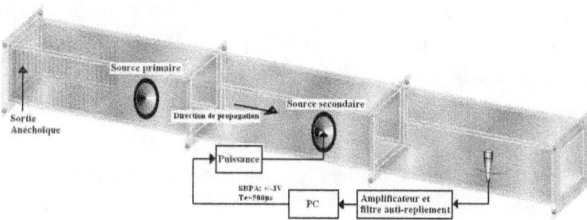

FIG. 8.3 – Principe de l'identification en boucle ouverte.

8.1.2 Identification

8.1.2.1 Méthode retenue

La figure 8.3 présente le principe de l'identification en boucle ouverte du guide d'ondes. Le filtre anti-repliement est un filtre passe-bas de Butter-Worth avec une fréquence de coupure de $1100Hz$ et une atténuation de $48dB/octave$. Le PC est couplé à une carte de marque Dspace, utilisant un DSP (TMS320C31). Un signal d'excitation u_t de type SBPA de niveau $\pm 3V$, de longueur $\mathcal{L} = 2^{10} - 1$ et de période d'échantillonnage $T_e = 500\mu s$ est généré par la carte Dspace. La fréquence de Shannon a été choisie entre le second et le troisième mode propagatif, de fréquences respectives $f_{1,0}^c = 850Hz$ et $f_{1,1}^c = 1202Hz$. Le nombre de points de mesures est $N = 1024$. Le retard pur τ est donné par $\tau = l/c_0$ où $c_0 = 340m/s$ est la célérité du son dans l'air. Le calcul donne $\tau \approx 2.94ms$ et connaissant T_e, alors $\tau \approx 5.88T_e$. En rajoutant le retard de l'échantillonneur-bloqueur et en comptant en nombre entier de période d'échantillonnage, il vient que $\tau = 7T_e$. Dans nos modèles, nous prendrons donc un retard pur $d = 7$. Même si le processus dynamique complexe est non linéaire, il nous faut trouver un modèle du système dans les structures ARX, OE ou ARMAX. Nous retiendrons ensuite le meilleur candidat parmi ces trois structures.

8.1.2.2 Résultats expérimentaux

Les figures 8.4 montrent le signal de sortie du microphone non pré-traité (gauche) (y_t) et pré-traité (droite) $\left(y_t^{MT}\right)$ par le filtre nettoyeur robuste 3σ-RFC ou filtre MTRFC. La figure 8.4 (gauche) fait apparaître des valeurs plus importantes que d'autres que l'on peut estimer être des outliers d'observation. Le diagnostic de $\left(y_t^{MT}\right)$ (figure 8.4 (droite)) montre effectivement l'absence de certains de ces outliers. Or, lorsque nous comparons l'estimation spectrale du processus à partir de $Z^N = [u_1, y_1, ..., u_N, y_N]$ à celle issue de $Z^N = \left[u_1, y_1^{MT}, ..., u_N, y_N^{MT}\right]$ (figure 8.5), nous voyons apparaître une grande disparité. Le filtre nettoyeur robuste 3σ-RFC a considéré ces outliers comme des valeurs atypiques et les a remplacés par des valeurs dites *attendues* et a donc modifié la dynamique du processus. L'estimation spectrale "réelle" du guide d'ondes est celle représentée par la figure 8.5 sans le filtre MTRFC (voir aussi [25] [37]). Ce résultat illustre la réelle difficulté de distinguer les points *typiques* des points *atypiques*. Dans ce dispositif expérimental, ces valeurs dites *atypiques* ne sont pas assez différentes et pas assez "isolées", en amplitude et en nombre, de celles dites *typiques*. Supprimer ces outliers d'observation revient à supprimer des outliers d'innovation, et ainsi des informations de la dynamique du modèle estimé. En conséquences, ces outliers ne peuvent être traités que par une norme robuste plus "douce".

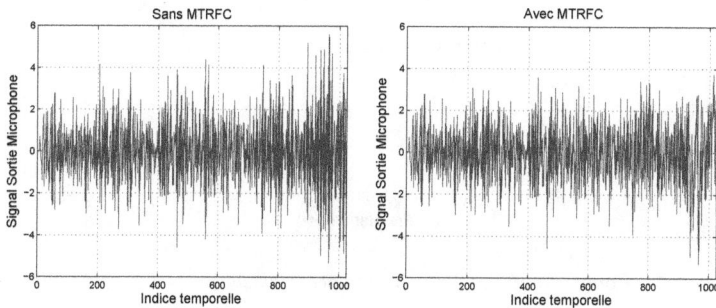

FIG. 8.4 – (gauche) : Signal du microphone y_t non pré-traité par le filtre nettoyeur robuste 3σ-RFC. (droite) : Signal du microphone pré-traité y_t^{MT} par le filtre nettoyeur robuste 3σ-RFC (MTRFC).

La constante d'accord de la norme de Huber se situe dans $\mathcal{I}_b^k = [0.01; 2]$. Pour les modèles ARX et OE, les candidats retenus ont été trouvés à partir du critère L^ω-RFPE et de la fonction de contribution L_1. Les modèles ARMAX retenus sont issus de l'analyse conjointe du PREC et de la fonction de contri-

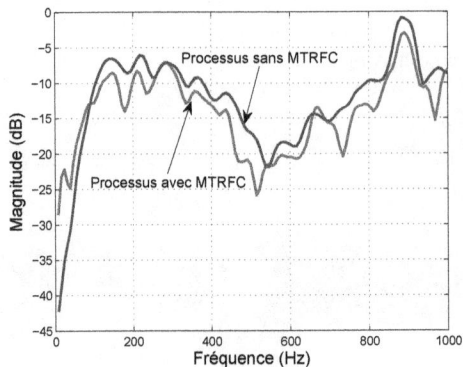

FIG. 8.5 – Comparaison des estimations spectrales du processus guide d'ondes avec et sans 3σ-RFC (MTRFC sur les figures). Le pré-traitement a supprimé de nombreuses informations provoquant alors une dégradation de la dynamique du processus.

bution L_1. Les minima difficiles à mettre en évidence, sont localisés par des ellipses. De plus, nous n'avons représenté que les courbes paramétrées par des valeurs de k, dont les minima sont présents, significatifs et utiles à l'analyse. Ceci explique le fait que pour les modèles ARX, les courbes sont paramétrées avec $k \in [0.5; 2]$, pour les modèles OE, avec $k \in [0.01; 2]$ et pour les modèles ARMAX, avec $k \in [0.25; 0.75]$.

Estimation de modèles ARX

Les figures 8.6 montrent respectivement le L^ω-RFPE et la fonction de contribution L_1 pour k variant entre 0.5 et 2. Les modèles retenus sont donnés pour $d_\mathcal{M} = p + w = 10 + 10 = 20$ et $d_\mathcal{M} = p + w = 12 + 10 = 22$ lorsque $k = 0.8$ et $k = 0.9$ (voir ellipses). Trois candidats fournis par le L^ω-RFPE sont confirmés par les minima de $L_1 C (\theta)$. Les figures 8.7 et 8.8 montrent les réponses fréquentielles des modèles retenus ARX(10,10) et ARX(10,12) lorsque $k = 0.8$ et $k = 0.9$ comparées à l'estimation spectrale du processus. Le tableau 8.1 donne les valeurs du fit, du facteur d'échelle η ainsi que de la contribution L_1 des modèles validés.

TAB. 8.1 – Fit, facteur d'échelle et fonction de contribution L_1 pour les modèles retenus.

Modèles ARX	k	η	$Fit(\%)$	$L_1 C(\%)$
$w = 10, p = 10$	0.8	0.4127	50.58	39.45
$w = 10, p = 10$	0.9	0.3999	49.21	34.6
$w = 10, p = 12$	0.8	0.4659	57.21	42.5
$w = 10, p = 12$	0.9	0.4515	59.7	34.4

Ces quatre modèles présentent cependant un défaut majeur, essentiellement situé dans les basses fréquences où le modèle s'écarte du processus. Nous rappelons l'importance d'un modèle de commande à présenter de bonnes caractéristiques fréquentielles, notamment en basses fréquences. Ce problème

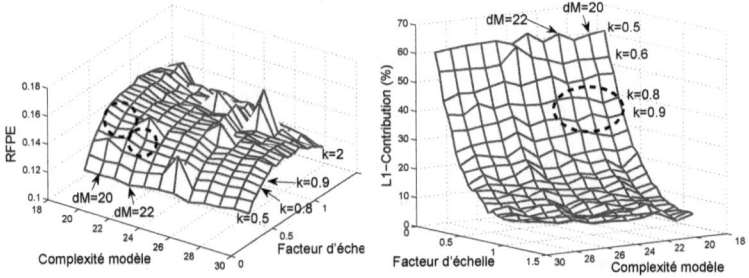

FIG. 8.6 – (gauche) : Surface du L^ω-RFPE (noté RFPE sur l'axe) en fonction de $d_\mathcal{M}$ et de η, paramétré par k. (droite) : Fonction de contribution L_1 en fonction de $d_\mathcal{M}$ et de η, paramétré par k. Les minimas apparaissent dans les deux cas lorsque $k = 0.8$ et $k = 0.9$ (ellipses).

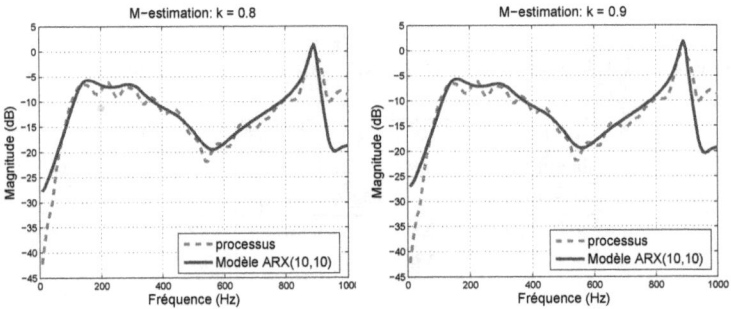

FIG. 8.7 – Réponses fréquentielles des modèles retenus ARX(10,10), comparées à l'estimation spectrale du processus (pointillés), lorsque $k = 0.8$ (gauche) et $k = 0.9$ (droite).

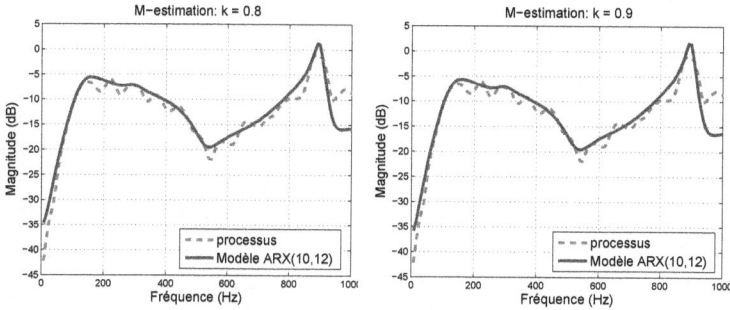

FIG. 8.8 – Réponses fréquentielles des modèles retenus ARX(10,12), comparées à l'estimation spectrale du processus (pointillés), lorsque $k = 0.8$ (gauche) et $k = 0.9$.

a déjà été constaté lors de l'estimation L_1 pure, pour laquelle la réponse fréquentielle du meilleur candidat ne coïncidait pas avec celle du processus dans les très basses fréquences [25]. L'autre inconvénient réside de la complexité un peu élevée des modèles. C'est aussi un paramètre important dont il faut tenir compte dans la conception du régulateur. Ces deux principaux défauts nous amènent à essayer une autre structure, aux propriétés pseudolinéaires.

Estimation de modèles OE

Les figures 8.9 montrent respectivement le RFPE et la fonction de contribution L_1 pour k variant entre 0.01 et 2. Ces deux courbes font apparaître un minimum commun à $d_{\mathcal{M}} = p + w = 9 + 8$ pour chaque valeur de k. Cependant, nous ne retenons que les meilleurs modèles, donnés pour $k = 0.5$, $k = 0.75$ et $k = 1$ (voir ellipses). Ces trois modèles fournis par le L^{ω}-RFPE sont confirmés par la fonction $L_1 C (\theta)$. Les figures 8.10 et 8.11 (gauche) montrent les réponses fréquentielles comparées à l'estimation spectrale du processus des modèles retenus OE(9,8) et OE(9,8) lorsque $k = 0.5$, $k = 0.75$ et $k = 1$. La figure 8.11 (droite) montre le meilleur modèle OE(9,8) estimé par les moindres carrés. A

188

partir de ce constat, nous pouvons faire la remarque suivante.

Comme nous le voyons, ce modèle présente un défaut, souvent constaté lors d'estimations par les moindres carrés. Sans que nous puissions pour le moment le démontrer sur le plan formel, lorsque les résidus présentent des outliers, l'estimation L_2 donne des modèles avec une bonne dynamique en hautes fréquences et une moins bonne en basses fréquences. A l'inverse, la contribution L_1 dans l'estimation mixte fournit des modèles de bonne qualité dans les basses fréquences et de moins bonne qualité dans les hautes. La difficulté est de trouver où doit être placer le curseur entre les deux contributions, autrement dit quelle valeur doit prendre la constante d'accord dans la norme de Huber, pour que le modèle estimé présente une bonne dynamique, aussi bien dans les basses fréquences que dans les hautes. Ceci est confirmé à travers la réponse fréquentielle des modèles OE(9,8) estimés par la norme de Huber. Des investigations seront nécessaires pour tenter d'apporter des réponses à ce fait.

Dans le tableau 8.2, sont rassemblés le fit, le facteur d'échelle η ainsi que valeur de la fonction contribution L_1 de chacun des modèles validés.

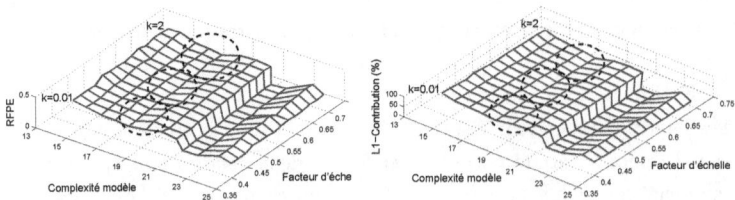

FIG. 8.9 – (gauche) : Surface L^ω-RFPE (nommé RFPE sur l'axe) en fonction de $d_\mathcal{M}$ et de η, paramétré par k. (droite) : Fonction de contribution L_1 en fonction de $d_\mathcal{M}$ et de η, paramétré par k. Ces deux outils donnent un minimum commun à $d_\mathcal{M} = 17$ pour toutes les valeurs de $k \in [0.01; 2]$

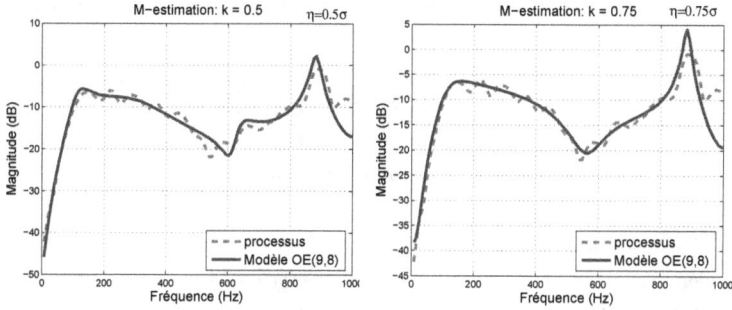

FIG. 8.10 – Réponses fréquentielles des modèles retenus OE(9,8), comparées
à l'estimation spectrale du processus (pointillés), lorsque $k = 0.5$ (gauche) et
$k = 0.75$ (droite). Ces deux modèles présentent de bonnes caractéristiques en
très basses fréquences.

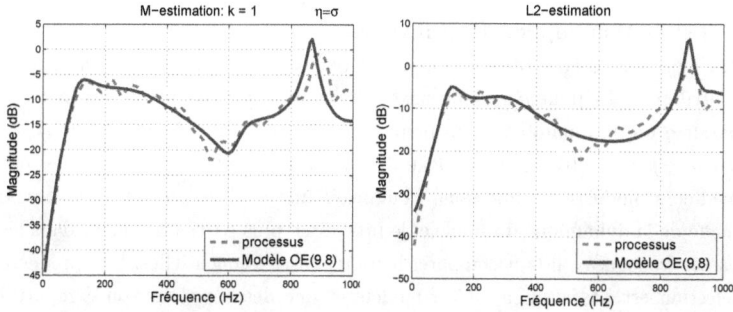

FIG. 8.11 – (gauche) : Réponse fréquentielle du modèle OE(9,8), comparée
à l'estimation spectrale du processus (pointillés), lorsque $k = 1$. (droite) :
Réponse fréquentielle du modèle OE(9,8) estimé par les moindres carrés. Il
présente le défaut majeur de s'écarter du processus en très basses fréquences.

190

TAB. 8.2 – Fit, facteur d'échelle et fonction de contribution L_1 pour les modèles retenus.

Modèles OE	k	η	$Fit(\%)$	$L_1C(\%)$
$w = 8, p = 9$	0.5	0.6150	63.38	52.54
$w = 8, p = 9$	0.75	0.6159	69.45	51.46
$w = 8, p = 9$	1	1.2704	67.78	20.9

Les trois candidats retenus présentent plusieurs avantages comparés aux modèles ARX, précédemment validés. Premièrement, leurs dynamiques sont meilleures en basses fréquences. Deuxièmement, leurs fits sont plus grands. Enfin, leurs complexités sont réduites puisque les modèles OE présentent le même ordre, c'est-à-dire $d_\mathcal{M} = 17$. Ces trois arguments militent en faveur du choix de cette structure de modèles pseudolinéaires. Mais avant de la retenir définitivement, nous allons présenter les résultats relatifs à la structure de modèles ARMAX.

Estimation de modèles ARMAX

Les figures 8.12 et 8.13 montrent respectivement le PREC et la fonction de contribution L_1 pour k variant entre 0.25 et 0.75. Ces deux courbes font apparaître un minimum commun pour presque toutes les valeurs de k à $d_\mathcal{M} = p + w + l = 8 + 10 + 8$. Le tableau 8.3 présente certaines caractéristiques des meilleurs modèles de processus. Pour avoir une analyse précise de la bonne tenue de la dynamique du modèle de processus, plus particulièrement dans les basses fréquences, il faut comparer leurs réponses fréquentielles. Une première sélection est basée sur le fit du modèle et une deuxième sur son comportement fréquentiel, en particulier dans les très basses fréquences. Les réponses fréquentielles de ces modèles sont représentées dans les figures 8.14 et 8.15. Le seul candidat ayant à la fois un bon fit et un comportement fréquentiel correct est celui donné pour $k = 0.75$.

A partir de ces résultats, nous pouvons retenir un modèle de processus dans

191

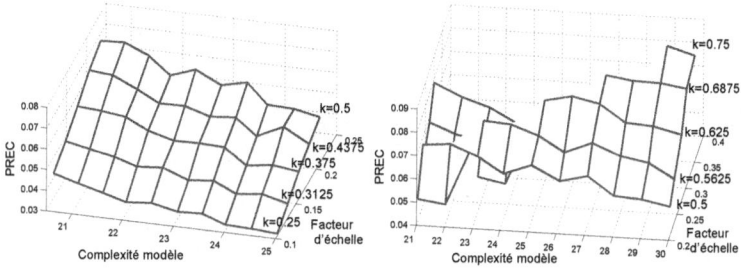

FIG. 8.12 – Critère PREC comme une fonction de la complexité du modèle $d_{\mathcal{M}}$ et du facteur d'échelle η, paramétré par k. Ces courbes montrent des minima $d_{\mathcal{M}} = 26$ pour presque toutes les valeurs de k.

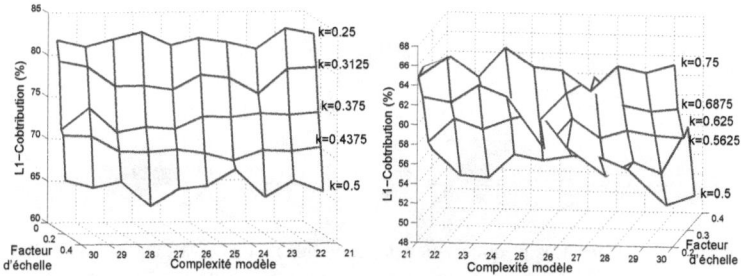

FIG. 8.13 – Fonction de contribution L_1 comme une fonction de la complexité du modèle $d_{\mathcal{M}}$ et du facteur d'échelle η, paramétré par k. Les minima à $d_{\mathcal{M}} = 26$ sont presque tous confirmés pour les valeurs de k.

TAB. 8.3 – Modèles de processus ARMAX retenus avec leurs fits, leur facteurs
d'échelle η et leurs fonctions de contribution L_1.

Modèles ARMAX	k	η	$Fit(\%)$	$L_1C(\%)$
$p = 8, w = 10$	0.3125	0.1373	64.78	78
$p = 8, w = 10$	0.375	0.1648	60.23	73.5
$p = 8, w = 10$	0.4375	0.1923	69.56	68.5
$p = 8, w = 10$	0.75	0.2198	70.89	67.6

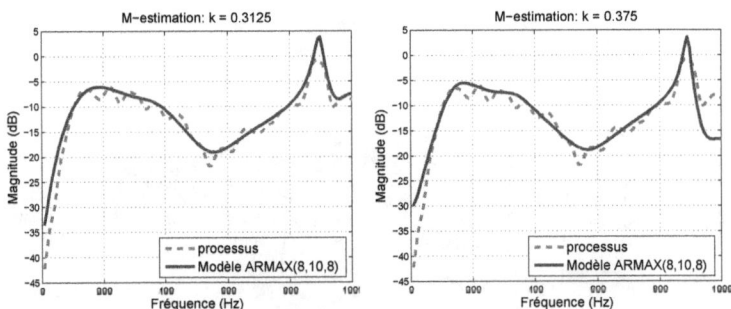

FIG. 8.14 – Réponses fréquentielles des modèles de processus ARMAX(8,10,8),
comparées à l'estimation spectrale du processus (pointillés), lorsque $k = 0.3125$
(gauche) et $k = 0.375$ (droite). Bien que le fit de chaque modèle soit correct, les
courbes de gain s'écartent de celles du processus dans les très basses fréquences.

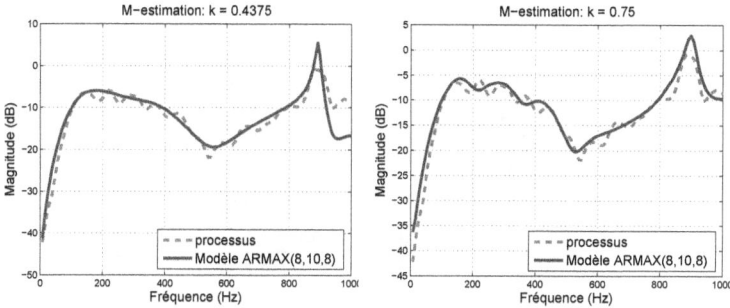

FIG. 8.15 – (gauche) : Réponses fréquentielles des modèles ARMAX(8,10,8), comparées à l'estimation spectrale du processus (pointillés), lorsque $k = 0.4375$ (gauche) et $k = 0.75$ (droite). Pour ce dernier modèle, la courbe de gain s'écarte très légèrement de celle du processus.

chaque structure, présentant à la fois, un bon fit et un bon comportement de sa dynamique dans les basses fréquences. Leurs caractérisques sont données dans le tableau 8.4

TAB. 8.4 – Modèles de processus retenus dans chaque structure.

Modèles	k	η	$Fit(\%)$	$L_1C(\%)$
ARX $w = 10, p = 12$	0.9	0.4515	59.7	34.4
OE $w = 8, p = 9$	0.75	0.6159	69.45	51.46
ARMAX $p = 8, w = 10$	0.75	0.2198	70.89	67.6

En tenant compte à la fois, du fit, de la bonne dynamique en très basses fréquences et de la complexité, qui doit être la plus réduite, le modèle retenu appartient à la structure **Output Error** : $w = 8$, $p = 9$ et $d = 7$. La constante d'accord est $k = 0.75$, correspondant d'après (2.45) à une distribution normale contaminée à $\omega = 28\%$. Notons enfin que la fonction de contribution L_1 est de

51.46%.

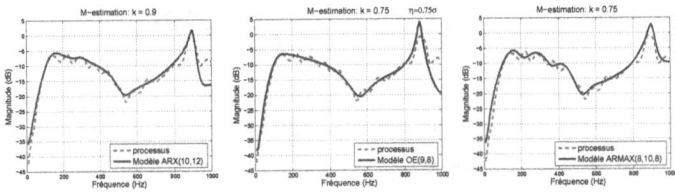

FIG. 8.16 – Choix du meilleur candidat : ARX(10,12) (gauche), OE(9,8)
(centre) et ARMAX(8,10,8) (droite).

Ayant choisi le modèle OE(9,8) dont les paramètres et les variances associées sont donnés dans le tableau 8.5, nous pouvons aussi analyser la FDP
des résidus de ce candidat. Les figures 8.17 présentent la densité de probabilité
des résidus du modèle retenu, comparée à la gaussienne et à la laplacienne.
L'aspect de cette densité n'est ni une gaussienne, ni une laplacienne, mais une
densité mixte. Ce résultat est très important car il confirme à la fois le bon
choix du modèle de déviation distributionnelle GEM et la valeur de la fonction
de contribution L_1, proche de 50%. Il y a une contribution quasiment identique
entre la norme L_2 et la norme L_1.

TAB. 8.5 – Valeurs des paramètres estimés et variances associées du modèle
OE(9,8).

Modèle OE(9,8) $k = 0.75$, $\eta = 0.6159$, $fit = 69.45\%$, $L_1C = 51.46\%$								
n	1	2	3	4	5	6	7	8	9
b_n	−0.0856	−0.1642	0.1062	0.2241	0.1460	0.0440	−0.1929	−0.0707	0
$\sigma^2_{b_n}$	0.00042	0.00089	0.0030	0.0026	0.0043	0.0034	0.0030	0.0036	0
f_n	0.4241	−0.5992	−0.4307	−0.0207	0.2362	0.3232	−0.1615	0.0462	0.0744
$\sigma^2_{f_n}$	0.0819	0.0586	0.0679	0.0461	0.0338	0.0277	0.0161	0.0155	0.0112

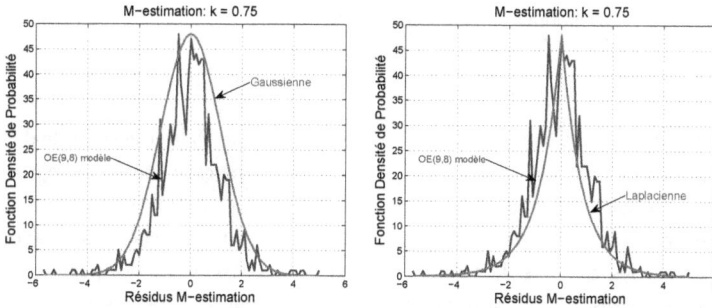

FIG. 8.17 – FDP des résidus du modèle retenu OE(9,8) comparée à la gaussienne (gauche) et à la laplacienne (droite).

Nous pouvons attribuer ce résultat aux faits suivants. Premièrement, le signal de sortie du processus est faiblement bruité et ne contient que des outliers de faible amplitude et en nombre restreint. Ensuite, les outliers d'innovation en réponse aux outliers d'observation dans le signal des résidus, présentent de faibles amplitudes et sont limités en nombre. Cela se traduit par une densité de probabilité de ces résidus avec des queues de faible épaisseur, qui semble se situer à mi-chemin entre une gaussienne et une laplacienne, comme tend à la suggérer la valeur autour de 50% de la contribution L_1. Ces remarques justifient la valeur de la constante d'accord ($k = 0.75$) qui n'est pas basse, contrairement à celles du processus piézoélectrique, dont nous allons maintenant analyser les résultats.

8.2 Identification de l'actionneur piézoélectrique

Cette étude sur l'identification d'un actionneur piézoélectrique par des modèles boîte-noires, estimés à partir d'un critère robuste basé sur la norme de Huber, a fait l'objet d'une publication [39]. Nous nous référons donc à ce travail pour présenter et développer cette étude dans le détail.

8.2.1 Introduction

Ce système est utilisé en actionneur dans le but de réaliser le contrôle d'un dispositif de perçage vibratoire. Le principe de ce perçage consiste à générer des vibrations ou oscillations dans le cours d'une opération de perçage, de façon à fractionner au mieux les copeaux pour qu'ils s'évacuent plus facilement par les goujures du foret. L'objectif est de développer des porte-outils vibrants, actifs, auto-adaptatifs, destinés au perçage de différents matériaux, et les procédés associés à ces porte-outils et matériaux [105]. Les portes-outils visés sont des systèmes mécatroniques intégrant un actionneur piézoactif et des capteurs, comportant aussi des moyens d'alimentation et de contrôles électroniques. Les matériaux visés sont difficiles à percer, par exemple, les multi-matériaux composite-métal, de plus en plus utilisés dans les pièces de structures en aéronautique, mais aussi des matériaux utilisés en mécanique générale tels que les aciers inox. Les figures 8.18 montrent le système-actionneur piézoélectrique (SA-P) implémenté dans son dispositif de perçage vibratoire ainsi que la vue réelle de l'outil. Cet actionneur fait partie de la famille des actionneurs directs à précharge parallèle (PPA). Il est constitué d'un empilement de composants piézoélectriques multicouches (MLA). Il est conseillé d'appliquer une précontrainte de 10% à 20% de la force maximale développable par le piézo. Pour le HPSt 1000/35-25/80, cette force est de $20kN$. Avec une précontrainte fixée à 15%, cela donne une précharge de $3000N$. La précharge est obtenue par un ressort extérieur en acier inoxydable qui protège le MLA contre les forces de traction pure et fournit à l'utilisateur des interfaces mécaniques pour une intégration aisée. Le cadre de précharge applique une précharge optimum sur le MLA, ce qui permet une plus grande durée de vie et de meilleures performances en dynamique que les actionneurs préchargés traditionnels [19].

Il s'agit pour éviter les copeaux longs gênant les opérations de perçage, de les casser en faisant vibrer verticalement la tête de l'outil. Le principe réside

197

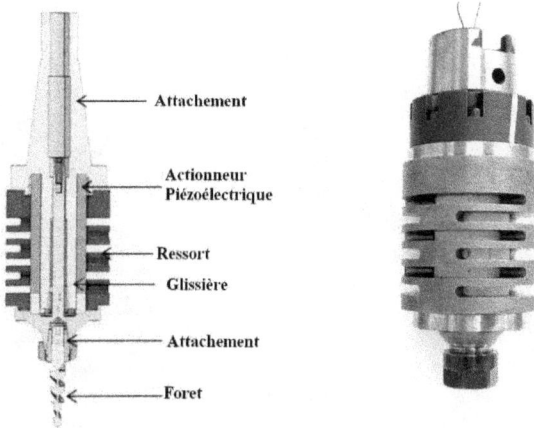

FIG. 8.18 – (gauche) : Dispositif de perçage vibratoire dans lequel est intégré le SA-P. (droite) : Vue réelle de l'outil de perçage.

dans la génération et l'asservissement de vibrations forcées par des systèmes
piézoélectriques. Ces systèmes autorisent de hautes fréquences de vibrations (de
l'ordre de $2kHz$) pour de faibles amplitudes (de l'ordre du micron) et sont bien
adaptés au perçage de petits diamètres. Les systèmes de perçage assisté par
vibrations mécaniques forcées reposent sur la génération d'oscillations axiales
à basse fréquence (quelques oscillations par tour pour des amplitudes de l'ordre
de 0.1mm). Les têtes piézoélectriques permettent de contrôler l'intensité de la
vibration et de l'adapter en fonction du type de matériau rencontré (figure 8.19
(gauche)).

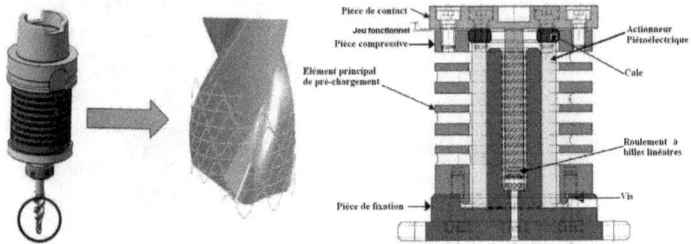

FIG. 8.19 – (gauche) : Oscillations contrôlées du foret pour fractionner les
copeaux longs qui gênent le perçage. (droite) : Dispositif expérimental SA-P.

D'une manière générale, les systèmes piézoélectriques sont communément
utilisés pour accomplir des tâches de micromanipulations qui exigent une haute
précision de positionnement. Le spectre des applications est très large. Nous
venons de parler de l'utilisation de ces systèmes dans le perçage vibratoire,
mais nous pouvons citer par exemple, les travaux de Changhai *et al* dans
[32]. Ces auteurs proposent une nouvelle méthode pour réduire le phénomène
d'hystérésis. Citons aussi le travail de [48] qui ont mis au point un système
optique adaptatif très performant avec un contrôle fin de son positionnement.

Un travail relativement récent fait par Wei *et al* dans [125] propose une comparaison expérimentale sur le contrôle actif de vibration d'un manipulateur piézoélectrique flexible utilisant un contrôleur basé sur la logique floue. Le lecteur intéressé par les systèmes piézoélectriques peut se référer à [84] [18] [19]. L'objectif majeur du perçage vibratoire est de générer avec précision les piézo-oscillations exigées, en termes de fréquence et d'amplitude. La conception du régulateur exige au préalable la connaissance du modèle du processus. Les approches communes de la modélisation des systèmes piézoélectriques consistent à une représentation analogique et/ou phénoménologique des phénomènes physiques ou à une représentation par l'analyse en éléments finis (FEA). Cependant, les méthodes FEA sont utiles lorsqu'un haut niveau de détails est demandé, mais ce niveau d'exigence n'est pas nécessaire dans l'élaboration de la commande du SA-P. Parce que les modèles obtenus par les approches analogiques peuvent ne pas s'avérer être robustes et mener à un mauvais contrôle des oscillations axiales du foret, il a donc été préférée pour l'identification du SA-P, l'utilisation de modèles boîtes-noires, estimés à partir d'un critère robuste.

8.2.2 Dispositif expérimental

Le dispositif SA-P à être identifié est donné dans la figure 8.19 (droite). La figure 8.20 indique le principe de l'identification en boucle ouverte du SA-P. L'actionneur piézoélectrique est un HPSt 1000/35-25/80 de chez Piezomechanik. Le tableau 8.6 présente l'instrumentation nécessaire de cette identification.

La constante de raideur du ressort est $K_p = 7.6N/\mu m$. Soient y_t le signal des micro-déplacements issu des gauges de contraintes et u_t le signal d'excitation. Pour collecter l'ensemble des mesures $Z^N = (u_1, y_1, ..., u_N, y_N)$, nous appliquons une SBPA suffisamment excitante et persistante sur u_t, de niveau $\pm 3V$ et de longueur $\mathcal{L}_{SBPA} = 1023$ (voir figures 7.17 chapitre 7). La période d'échantillonnage est choisie à $T_e = 100\mu s$, conduisant à une fréquence de Shannon de $5000Hz$ et le nombre de points de mesures est de 5000. Le retard pur est $d = 1$ correspondant au retard de l'échantillonneur-bloqueur dans la

TAB. 8.6 – Instrumentations pour l'identification du SA-P.

Actionneur Piézoélectrique	
Référence	HPSt 1000/35-25/80
Fabricant	Piezomechanik
Force de précharge	$3000N$
Fréquence de résonance	$12kHz$
Accéléromètre	
Référence	DYTRAN 3225F1
Sensibilité	10mV/G
Réponse fréquentielle	±10% : 1.6 à $10kHz$
Linéarité	2% F.S. max
Cartes National Instruments	
Entrée : NI-9215, Sortie : NI-9263	4 canaux/cartes
	Echantillonnage simultané
	Résolution de sortie : 16 bits
	Résolution d'entrée : 16 bits
	Taux d'échantillonnage : $100kS/s$ par canal
Amplificateur opérationnel de puissance	
Référence	PA-0103

numérisation.

L'étude menée par [19] fait apparaître deux fréquences de résonance et anti-résonance autour de $2000Hz$ et de $4000Hz$ sur la courbe de l'impédance du piézoélectrique. Ces quatre fréquences ont été trouvées par une méthode classique où le piézoélectrique a été excité par un signal sinusoïdal avec un balayage de la fréquence de $10Hz$ à $5000Hz$. Nous retrouvons ces deux phénomènes lorsque nous appliquons comme signal d'excitation, la séquence binaire pseudo-aléatoire. La figure 8.21 (gauche) montre l'estimation spectrale du SA-P à partir du signal d'excitation u_t et du signal des micro-déplacements y_t. Les deux fréquences de résonances et d'anti-résonances apparaissent. Sur cette figure, est aussi indiqué l'intervalle de fréquence où doit s'effectuer le contrôle. Il est donc nécessaire de fournir un modèle du processus présentant de bonnes caractéristiques dans cet intervalle.

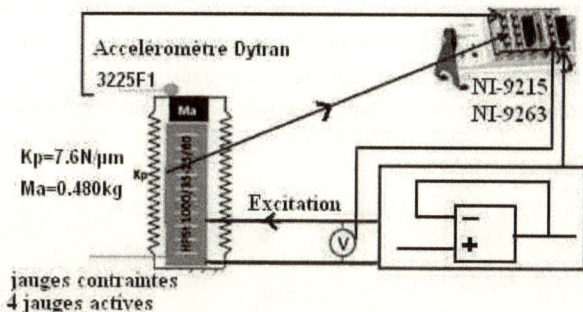

FIG. 8.20 – Principe de l'identification en boucle ouverte du SA-P.

Comme nous pouvons le constater, le signal des micro-déplacements 8.21 (droite) fait apparaître une forte densité d'outliers d'observation. Une estima-

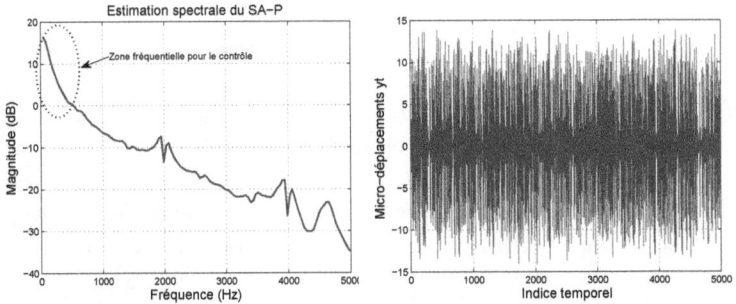

FIG. 8.21 – (gauche) : Estimation spectrale du processus SA-P à partir du signal d'excitation u_t et du signal des micro-déplacements y_t. (droite) : Signal des micro-déplacements y_t.

tion robuste s'impose donc. Le processus étant non linéaire, nous nous proposons de l'identifier par les structures de modèles OE et ARMAX. L'aspect "bruité" du signal des micro-déplacements laisse présager des outliers d'innovation de forts niveaux et en nombre important dans les résidus. Pour cela, la constante d'accord est choisie dans les petites valeurs, plus précisément pour $k < 0.2$.

8.2.3 Résultats expérimentaux

Nous allons d'abord analyser les résultats relatifs à l'identification par la structure de modèle OE dont les caractéristiques sont données ci-dessous.

$$\mathcal{M}_{piezo} : \begin{cases} y_t = \frac{B_w(q,\theta)}{F_p(q,\theta)}u_t + e_t \\ \theta = [\theta^B, \theta^F] \\ d = 1 \\ 7 \le w \le 14 \\ 4 \le p \le 15 \\ 0.01 \le k \le 0.2 \end{cases} \tag{8.1}$$

La campagne d'estimation s'est déroulée en faisant varier la complexité du modèle $d_{\mathcal{M}} = w + p$ entre les valeurs $d_{\mathcal{M}} = 9 + 4 = 13$ et $d_{\mathcal{M}} = 9 + 15 = 24$. Les figures 8.22 montrent le critère d'estimation PREC lorsque $k = 0.0625$ ainsi que la fonction de contribution $L_1 C$ lorsque $k = 0.0875$. La figure 8.22 (gauche) montre le PREC et ses minima en fonction de la complexité du modèle, lorsque la constante d'accord est égale à 0.0625. Il y a deux minima donc deux modèles proposés. Le premier à $d_{\mathcal{M}} = 17$, qui n'est pas retenu, car son fit est très mauvais ($< 40\%$), et le deuxième à $d_{\mathcal{M}} = 21$ ($w = 9$ et $p = 12$), qui est retenu, avec un fit proche de 61%. Ce modèle retient notre attention car il présente de bonnes caractéristiques dans l'intervalle $[0; 500Hz]$, correspondant à l'intervalle de fonctionnment du piézoélectrique. En effet, cette fréquence maximale de $500Hz$ correspond à une vitesse maximale de rotation du perçage vibratoire de $30000tr/mn$. Le cahier des charges du projet fixe la vitesse maximale de rotation à $25000tr/mn$, sachant que celle-ci ne sera certainement jamais atteinte. Nous pouvons ainsi nous focaliser sur des modèles estimés présentant de bonnes caractéristiques jusqu'à la fréquence $500Hz$. La fonction de contribution L_1 lorsque $k = 0.0875$, donne deux modèles : $d_{\mathcal{M}} = 21$ ($w = 9$ et $p = 12$), ne donnant pas satisfaction, et $d_{\mathcal{M}} = 24$ ($w = 12$ et $p = 12$). Ce dernier présente de bonnes caractéristiques dans l'intervalle de fonctionnement du processus. Les réponses fréquentielles des deux modèles retenus comparées à l'estimation spectrale du processus, sont données dans les figures 8.23. Ces courbes peuvent être comparées à celles dont les modèles ont été estimés par les moindres carrés (voir figures 8.24) . Le caractère bruité du signal de sortie du processus laissait présager ce mauvais résultat. Ceci met en évidence l'extrême sensibilité du LS estimateur aux données atypiques.

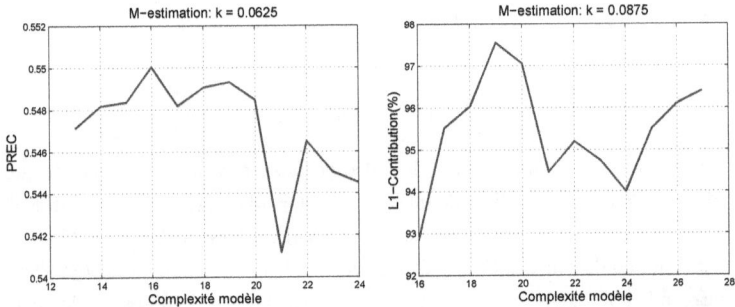

FIG. 8.22 – (gauche) : Critère d'estimation robuste (PREC) en fonction de la complexité du modèle, lorsque $k = 0.0625$. Seul le modèle à $d_{\mathcal{M}} = 21$ est conservé. (droite) : Fonction de contribution L_1 en fonction de la complexité du modèle, lorsque $k = 0.0875$. Cette fonction donne un autre modèle retenu à $d_{\mathcal{M}} = 24$.

Le tableau 8.7 indique les valeurs des paramètres estimés et les variances associées des modèles OE(12,9) et OE(12,12). Pour ces deux modèles, la valeur de la fonction de contribution L_1 montre que 90% des résidus sont des outliers signifiant que la M-estimation de Huber tend vers une estimation LSAD. Cela montre également la très forte robustesse de la méthode d'estimation, même en présence d'une densité très importante d'outliers. Cependant, nous commençons à arriver aux limites de la procédure d'estimation dont le but est de vouloir donner dans la mesure du possible de bons candidats. Les solutions pour

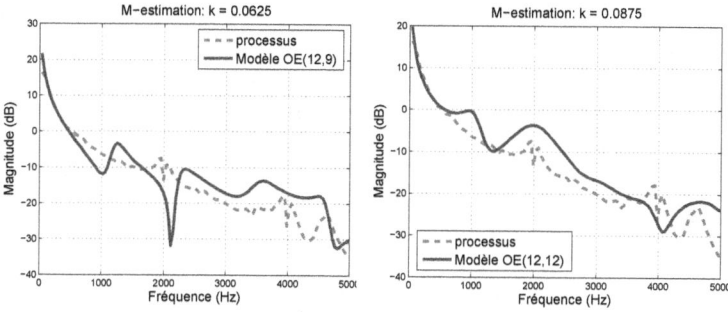

FIG. 8.23 – (gauche) : Réponse fréquentielle du modèle OE(12,9) lorsque $k = 0.0625$ comparée à l'estimation spectrale du piézoélectrique (pointillés). (droite) : Réponse fréquentielle du modèle OE(12,12) lorsque $k = 0.0875$. Ces deux modèles présentent de bonnes caractéristiques dans l'intervalle de fonctionnement du piézoélectrique $[0; 500Hz]$.

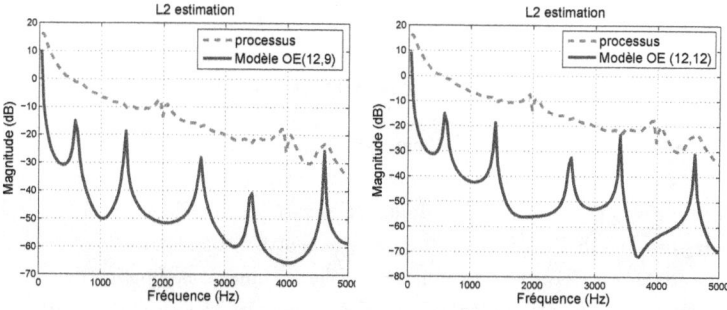

FIG. 8.24 – (gauche) : Réponse fréquentielle du modèle OE(12,9) estimé par les moindres carrés, comparée à l'estimation spectrale du piézoélectrique. (droite) : Réponse fréquentielle du modèle OE(12,12) estimé par les moindres carrés. Ces deux résultats confirment la grande sensibilité de cette estimateur aux données atypiques.

éviter de se placer dans ces situations *limites* sont multiples. La première est
de changer de structure de modèle pseudolinéaire. Nous allons effectivement
présenter des résultats d'une campagne d'estimation de modèles ARMAX,
à partir desquels, malheureusement, aucune amélioration n'est constatée. La
deuxième consiste à identifier ce processus nonlinéaire par des modèles black-
box nonlinéaires ; réseaux de neurones, ondellettes, hyperplans de Breiman-
Hinging [74]. Une autre solution serait de changer d'estimateur robuste, notamment les L_p estimateurs [73]. Ces études dépassent le cadre de ce travail
mais pourraient faire l'objet d'investigations plus approfondies.

L'identification par la structure de modèle ARMAX présentent les caractéristiques
suivantes.

$$\mathcal{M}_{piezo} : \begin{cases} y_t = \frac{B_w(q,\theta)}{A_p(q,\theta)}u_t + \frac{C_l(q,\theta)}{A_p(q,\theta)}e_t \\ \theta = \left[\theta^A, \theta^B, \theta^C\right] \\ d = 1 \\ 8 \leq w \leq 12 \\ 8 \leq p \leq 12 \\ 8 \leq l \leq 12 \\ k = 0.01, k = 0.05, k = 0.1, k = 0.2 \end{cases} \qquad (8.2)$$

Nous n'analysons que les meilleurs résultats, c'est-à-dire ceux donnés lorsque
$k = 0.05$. Les figures 8.25 montrent le critère d'estimation PREC et la fonction
de contribution L_1 en fonction de la complexité du modèle $d_M = p + w + l$.
Il ressort que le PREC donne majoritairement les complexités $d_M = 29$ et
$d_M = 31$. Cette dernière est confirmée par les minima de la fonction de contribution L_1, qui donne en plus des modèles de complexité $d_M = 30$. A partir de
ces résultats, nous ne représentons que les courbes des réponses fréquentielles
ayant les moins mauvaises caractéristiques. Les figures 8.26 et 8.27 montrent
les réponses fréquentielles des modèles de processus ARMAX(8,9,12) (gauche)
et ARMAX(8,11,10) (droite), respectivement, lorsque $k = 0.05$. Comme nous
pouvons le constater, ces courbes présentent un fit médiocre et ne correspondent

TAB. 8.7 – Valeurs des paramètres estimés et variances associées des modèles OE(12,9) et OE(12,12).

Modèle OE(12,9) $k = 0.0625$, $\eta = 0.225$, $fit = 61\%$, $L_1C = 91\%$					
n	1	2	3	4	5	6
b_n	−0.119	−0.133	−0.115	−0.098	−0.107	−0.236
$\sigma^2_{b_n}$	0.0412	0.0472	0.0551	0.0573	0.0320	0.0290
f_n	−0.470	0.068	0.280	−0.291	−0.068	−0.007
$\sigma^2_{f_n}$	0.688	0.9722	1.3178	1.2656	0.4916	0.5745
Modèle OE(12,12) $k = 0.0875$, $\eta = 0.2619$, $fit = 65\%$, $L_1C = 94\%$					
b_n	−0.042	0.033	0.038	0.054	−0.206	−0.368
$\sigma^2_{b_n}$	0.0215	0.0246	0.0160	0.0299	0.0181	0.0703
f_n	−0.212	−0.178	−0.005	−0.016	0.002	−0.060
$\sigma^2_{f_n}$	0.6155	1.0928	3.7910	4.0271	1.8464	1.9836
Modèle OE(12,9) $k = 0.0625$, $\eta = 0.225$, $fit = 61\%$, $L_1C = 91\%$					
n	7	8	9	10	11	12
b_n	−0.104	−0.172	−0.234	0	0	0
$\sigma^2_{b_n}$	0.0896	0.1180	0.1044	0	0	0
f_n	−0.068	0.013	−0.261	0.239	−0.108	0.089
$\sigma^2_{f_n}$	0.4701	0.3281	0.3345	0.3137	0.2348	0.2536
Modèle OE(12,12) $k = 0.0875$, $\eta = 0.2619$, $fit = 65\%$, $L_1C = 94\%$					
b_n	−0.254	−0.137	−0.159	−0.201	−0.186	−0.110
$\sigma^2_{b_n}$	0.2125	0.1746	0.0862	0.0523	0.1077	0.0920
f_n	−0.212	−0.144	−0.060	−0.200	4.3×10^{-7}	0.0065
$\sigma^2_{f_n}$	3.0292	2.9168	1.8270	0.9447	0.4552	0.2657

pas à l'objectif fixé, c'est-à-dire d'identifier le processus par des modèles AR-MAX. Sans que nous puissions vraiment l'expliquer pour le moment, c'est la structure de modèle OE, ne présentant pas de caractère rationnel du modèle de bruit, qui est choisie comme modèle robuste de commande du processus piézoélectrique. Bien que le signal du processus présente des outliers en grand nombre, nous sommes cependant arrivés à proposer des modèles robustes pertinents, notamment, dans la gamme de fréquences allouée au fonctionnement de ce système.

8.3 Conclusion

Dans ce chapitre, nous avons pu développer entièrement la méthodologie d'identification robuste que nous proposons dans ce mémoire. En particulier, nous avons mis en application les outils d'estimation et de validation, respectivement PREC et L^ω-RFPE/L_1C pour identifier deux processus réels, l'un présentant une faible densité d'outliers d'observation et l'autre une forte. Pour l'identification du guide d'ondes acoustiques, les utilisations du critère L^ω-RFPE et de la fonction de contribution L_1, ont permis de proposer un panel de modèles robustes dans les structures de modèles ARX, OE et ARMAX. A partir de critères de sélection (fit, complexité,...), nous avons proposé des modèles ayant de bonnes caractéristiques fréquentielles, notamment en basses fréquences. Le choix final s'est porté sur la structure de modèle OE avec une constante d'accord $k < 1$. Quant à l'identification du processus piézoélectrique, seules les structures pseudolinéaires ont été choisies, l'une présentant un modèle de bruit rationnel et l'autre non. La structure de modèle ARMAX n'a pas permis d'estimer de bons candidats. C'est une nouvelle fois la structure de modèle OE, ne présentant pas de caractère rationnel de bruit, qui a été retenue et nous avons proposé deux modèles OE lorsque $k < 0.1$. Ces résultats ont à nouveau montrer et confirmer, la nécessité de choisir une constante d'accord petite, pour identifier des processus présentant des outliers d'observation en nombre

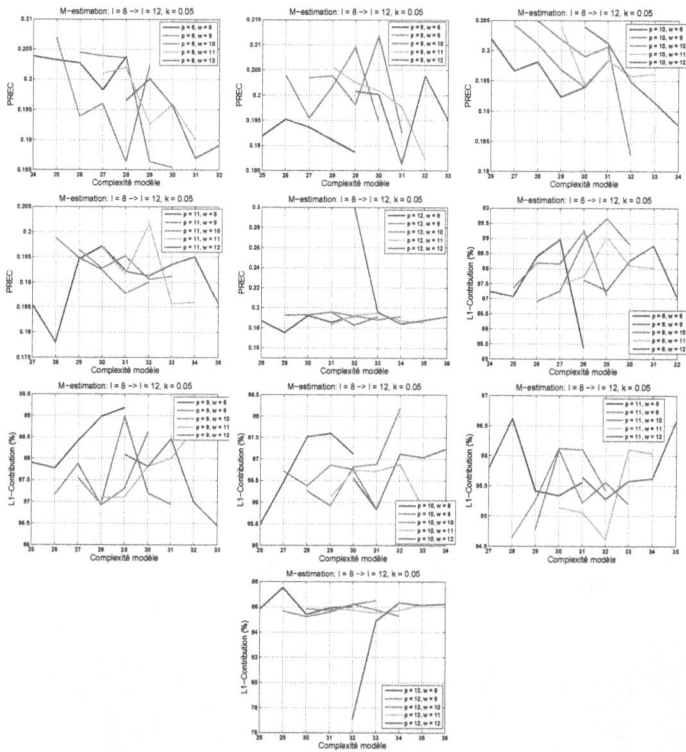

FIG. 8.25 – Critère d'estimation PREC et fonction de contribution L_1. Les minima de ces deux entités font apparaître en majorité, des modèles de complexité $d_M = 29$, $d_M = 30$ et $d_M = 31$.

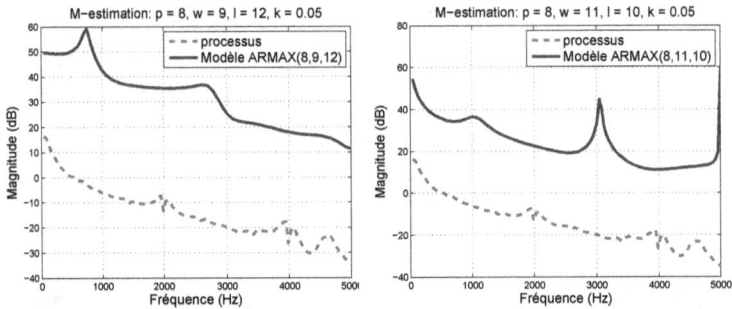

FIG. 8.26 – Réponses fréquentielles des modèles du processus ARMAX(8,9,12) (gauche) et ARMAX(8,11,10) (droite) lorsque $k = 0.05$, comparées à l'estimation spectrale du processus.

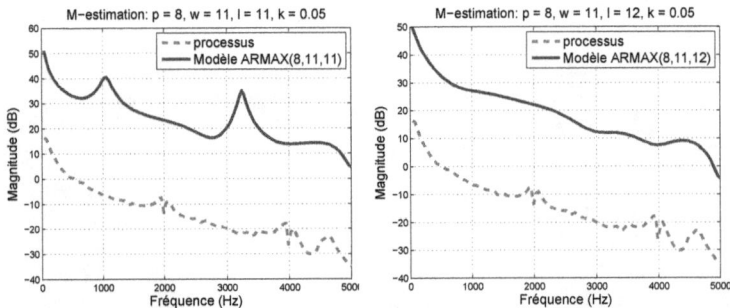

FIG. 8.27 – Réponses fréquentielles des modèles du processus ARMAX(8,11,11) (gauche) et ARMAX(8,11,12) (droite) lorsque $k = 0.05$, comparées à l'estimation spectrale du processus.

suffisant pour perturber l'estimation des modèles.

Chapitre 9

Conclusion générale et perspectives

L'ingénieur en contrôle de processus est confronté de plus en plus fréquemment à un problème d'estimation robuste essentiellement pour deux raisons. La première provient de la qualité des données d'estimation et plus particulièrement de la corruption des sorties du processus mesurées. La deuxième provient de la complexité du système et de son comportement dynamique, ce qui est souvent le cas en mécanique lorsqu'il y a intéraction de sous-systèmes à dynamiques différentes et dans les processus d'usinage, de soudage, mais aussi pour des processus beaucoup moins connus tels que les processus biologiques. La difficulté est alors de choisir une classe de modèle susceptible de décrire correctement la dynamique, à l'intérieur de laquelle l'estimateur va tenter de déterminer le meilleur représentant. Ceci n'est plus du tout évident et les causes d'erreurs de modèles augmentant, l'estimateur doit travailler avec des résidus à distribution assez atypique.

Une première idée consiste à éliminer les valeurs jugées *a priori* atypiques par rapport à l'idée que l'on se fait du comportement normal ou attendu du processus. Cette approche a donné naissance aux techniques dites de filtrage robuste. Le gros risque est d'éliminer volontairement des données susceptibles de décrire quelques particularités utiles de la dynamique du processus, notamment, lorsqu'on utilise ces modèles à des fins de contrôle. Si l'on ajoute à cela, que pour des raisons de commodité et souvent de culture, en particulier en mécanique des vibrations, l'usage est d'utiliser un contrôle par modèle inverse, on comprend la nécessité de posséder un modèle fidèle et donc robuste. C'est dans ce cadre que nous avons été amenés à abandonner les techniques classiques de filtrage robuste pour nous intéresser aux estimateurs utilisant des normes intrinsèquement robustes. Plus précisément, afin de ne pas tout perdre des nombreux avantages de l'optimisation en norme L_2, nous nous sommes intéressés aux normes mixtes permettant de robustifier la norme L_2. Ljung a très bien défini l'idée de principe : " *Une norme robuste doit permettre d'adoucir l'influence des fortes erreurs d'estimation (outliers) afin de garantir les performances, convergence et rapidité, ainsi que la robustesse de l'estimateur et ce, quelle que soit la cause de ces outliers*". Nous nous sommes intéressés aux normes mixtes $L_2 - L_1$ où l'on peut ajuster un seuil de robustesse (tuning constant) de l'estimateur et de le rendre moins sensible aux forts résidus. Avec cette norme robuste, liée à une classe de modèles de distribution perturbée des erreurs de prédiction (GEM), un ensemble d'outils d'estimation et de validation a été présenté et appliqué à l'identification de processus dynamiques complexes.

Ce travail de thèse a montré que contrairement aux idées reçues d'utiliser les M-estimateurs de Huber avec une constante d'accord élevée, il était possible d'estimer de bons modèles robustes avec une petite constante d'accord en présence de forts et nombreux outliers. Nous avons défini la *robustesse impulsionnelle*, comme étant l'action rapide de la norme L_1 dans la procédure d'estimation, lorsqu'une occurrence arrive dans les résidus estimés, dans le but d'atténuer fortement les outliers d'innovation, et ce, afin d'assurer la convergence et les performances de l'estimateur robuste. Cette robustesse impulsionnelle, favorisée par l'extension de la constante d'accord vers les petites valeurs, a pour effet d'éviter l'apparition de phénomènes limites, tels que les points de cassure et les points de levage. Cette étude s'est donc articulée autour du triptyque : *convergence/performances/limites*. La convergence du critère d'estimation PREC ainsi que la convergence de l'estimateur robuste, en présence d'outliers dans les erreurs de prédiction, ont été établies. L'expression générale de la matrice de variance/covariance asymptotique de l'estimateur, tenant compte du niveau de contamination ω du modèle de distribution perturbée GEM a été proposée. Cette matrice a été exprimée dans le cas particulier de la structure de modèle pseudolinéaire OE, pour laquelle, a été définie une nouvelle approche, nommée L^ω-FTE, dans le but de linéariser sous certaines conditions, le gradient et le Hessien du critère d'estimation PREC. A partir de leurs expressions asymptotiques respectives, la L^ω matrice de variance/covariance de l'estimateur robuste a été établie. Nous avons aussi proposé une *loi* qui montre que dans le cas limite des points de levage, la sensibilité du biais maximum de l'estimateur est réduite pour des petites valeurs de la constante d'accord. Ce résultat confirme notre choix d'étendre l'intervalle de bruit vers les petites valeurs de k et ainsi de rendre l'estimateur plus robuste tout en ne dégradant pas son efficacité.

Par ailleurs, il a été établi une version robuste du critère de validation FPE, le L^ω-RFPE, ainsi qu'un nouvel outil d'aide à la décision du choix du modèle, la fonction de contribution L_1. L'ensemble de ces lois et outils a été mis en application sur des processus dynamiques complexes. Des résultats satisfaisants ont été présentés dans le traitement des points de levage et dans l'estimation et la validation de modèles robustes sur des systèmes dynamiques complexes vibratoires réels.

Il nous appartient maintenant, toujours dans l'optique d'estimer des modèles robustes de commande, de prolonger nos travaux vers plusieurs axes de recherche.

Tout d'abord, il existe une classe d'estimateurs nommés "redescending M-estimates" qui présentent l'avantage de posséder une Ψ-fonction "redescending", dans le but d'améliorer la qualité de l'estimation robuste. Dans cette classe d'estimateurs, nous proposons un estimateur de type du maximum de vraisemblance, un peu particulier, avec une norme mixte $L_{p_2} - L_{p_1}$, dont l'effet "redescending" est assuré par la norme L_{p_1}. Notre idée est de paramétrer p_1 par le facteur d'échelle η et par p_2, dans le but d'ajuster plus finement la norme robuste, et de traiter plus efficacement les outliers, notamment les points de cassure et de levage. Quelques estimations ont déjà été effectuées et les premiers résultats sont encourageants pour les investigations futures. L'analyse des premiers résultats montre qu'avec ce nouvel estimateur, nous puissions agir à la fois sur la robustesse, les performances et la complexité du modèle estimé. Pour ce dernier critère, la réduction de l'ordre du modèle, par rapport à l'estimateur de Huber, est relativement significative.

Ensuite, un point très peu abordé dans ce mémoire, concerne les classes de modèles de déviation distributionnelle asymétriques. Nous réfléchissons à une norme robuste asymétrique, comportant deux constantes d'accord k_1 et k_2.

Pour le premier axe de recherche, le cadre formel est en train de se construire. Pour le deuxième, tout reste à faire.

Un troisième axe peut s'articuler autour des deux premiers dans l'optique d'estimer des modèles nonlinéaires. Nous avons montré les difficultés de proposer un large éventail de modèles robustes de l'actionneur piézoélectrique. Les modèles pseudolinéaires estimés semblent avoir atteint leurs limites et ne sont peut être pas très bien adaptés pour ce type de processus.

Enfin, en s'appuyant sur ce travail de thèse et en développant ces futurs axes de recherche, il semble important de diversifier l'emploi de ces outils vers d'autres communautés, notamment, l'imagerie, la chimie, la biologie et même la finance, pour laquelle, l'étude des points de levage reste une préoccupation majeure.

Table des figures

218

221

223

Liste des tableaux

229

Annexe A

Preuve du Théorème 5

D'après (4.25) $W_N(\theta) = W_N^{\nu_2}(\theta) + W_N^{\nu_1}(\theta)$ avec $W_N^{\nu_2}(\theta)$ et $W_N^{\nu_1}(\theta)$ définis respectivement par (4.26) et (4.27). Il vient que

$$\sup_{\theta \in D_{\mathcal{M}}} |W_N(\theta) - E_F W_N(\theta)| \leq \sup_{\theta \in D_{\mathcal{M}}} |W_N^{\nu_2}(\theta) - E_F W_N^{\nu_2}(\theta)|$$

$$+ \sup_{\theta \in D_{\mathcal{M}}} |W_N^{\nu_1}(\theta) - E_F W_N^{\nu_1}(\theta)| \qquad (A.1)$$

où

$$\sup_{\theta \in D_{\mathcal{M}}} |W_N^{\nu_2}(\theta) - E_F W_N^{\nu_2}(\theta)| = \sup_{\theta \in D_{\mathcal{M}}} \left| \frac{1}{2N} \sum_{t=1}^{N} \left[\varepsilon_{\nu_2,t}^2(\theta) - E_F \varepsilon_{\nu_2,t}^2(\theta) \right] \right| \qquad (A.2)$$

et

$$\sup_{\theta \in D_{\mathcal{M}}} |W_N^{\nu_1}(\theta) - E_F W_N^{\nu_1}(\theta)| \leq \sup_{\theta \in D_{\mathcal{M}}} \left| \frac{\eta}{N} \sum_{t=1}^{N} \left[|\varepsilon_{\nu_1,t}(\theta)| - E_F |\varepsilon_{\nu_1,t}(\theta)| \right] \right|$$

$$+ \sup_{\theta \in D_{\mathcal{M}}} \left| \frac{\eta^2}{2N} \sum_{t=1}^{N} \left[s_{\nu_1,t}^2(\theta) - E_F s_{\nu_1,t}^2(\theta) \right] \right| \qquad (A.3)$$

Partie 1 : Montrons d'abord que

$$E_F \sup_{\theta \in D_{\mathcal{M}}} \left| \sum_{t=r}^{N} \left[\varepsilon_{\nu_2,t}^2(\theta) - E_F \varepsilon_{\nu_2,t}^2(\theta) \right] \right|^2 \leq C(N - r + 1) \qquad (A.4)$$

231

avec $\sup\limits_{t} |u_t| = C_u$ et $\sup\limits_{t} E_F |e_t|^4 = C_e$.

Sachant que $\varepsilon_{\nu_2,t}(\theta)$ est donnée par (4.48) et que $E_F e_m = 0 \; \forall m$, nous obtenons

$$E_F \sup_{\theta \in D_\mathcal{M}} \left| \sum_{t=r}^{N} \left[\varepsilon_{\nu_2,t}^2(\theta) - E_F \varepsilon_{\nu_2,t}^2(\theta) \right] \right|^2 \leq 2 E_F \sup_{\theta \in D_\mathcal{M}} \left| \sum_{t=r}^{N} A_t(\theta) \right|^2$$

$$+ 2 E_F \sup_{\theta \in D_\mathcal{M}} \left| \sum_{t=r}^{N} B_t(\theta) \right|^2 \tag{A.5}$$

avec respectivement

$$A_t(\theta) = 2 \sum_{k \geq 1} \sum_{l \geq 0} d_{\nu_2,t}(k,\theta) \tilde{d}_{\nu_2,t}(l,\theta) u_{t-k} e_{t-l} \tag{A.6}$$

et

$$B_t(\theta) = 2 \sum_{k \geq 0} \sum_{l \geq 0} \tilde{d}_{\nu_2,t}(k,\theta) \tilde{d}_{\nu_2,t}(l,\theta) (e_{t-k} e_{t-l} - E_F e_{t-k} e_{t-l}) \tag{A.7}$$

En détails, nous avons

$$E_F \sup_{\theta \in D_\mathcal{M}} \left| \sum_{t=r}^{N} A_t(\theta) \right|^2 \leq 4 \sum_{k_1 \geq 1} \sum_{l_1 \geq 0} \sum_{k_2 \geq 1} \sum_{l_2 \geq 0} E_F \sup_{\theta \in D_\mathcal{M}} \left| S_{r,k_1,l_1}^{N,\theta} \right| \left| T_{r,k_2,l_2}^{N,\theta} \right| \tag{A.8}$$

avec

$$S_{r,k_1,l_1}^{N,\theta} = \sum_{t=r}^{N} d_{\nu_2,t}(k_1,\theta) \tilde{d}_{\nu_2,t}(l_1,\theta) u_{t-k_1} e_{t-l_1} \tag{A.9}$$

et

$$T_{r,k_2,l_2}^{N,\theta} = \sum_{t=r}^{N} d_{\nu_2,t}(k_2,\theta) \tilde{d}_{\nu_2,t}(l_2,\theta) u_{t-k_2} e_{t-l_2} \tag{A.10}$$

Il vient que

$$E_F \sup_{\theta \in D_\mathcal{M}} \left(S_{r,k_1,l_1}^{N,\theta} \right)^2 \leq \mu_{k_1}^2 \mu_{l_1}^2 C_u^2 \lambda (N - r + 1) \tag{A.11}$$

et

$$E_F \sup_{\theta \in D_\mathcal{M}} \left(T_{r,k_2,l_2}^{N,\theta} \right)^2 \leq \mu_{k_2}^2 \mu_{l_2}^2 C_u^2 \lambda (N - r + 1) \tag{A.12}$$

L'inégalité de Schwarz conduit à

$$E_F \sup_{\theta \in D_\mathcal{M}} \left| \sum_{t=r}^{N} A_t(\theta) \right|^2 \leq 4 C_u^2 \lambda \sum_{k_1 \geq 1} |\mu_{k_1}| \sum_{l_1 \geq 0} |\mu_{l_1}| \sum_{k_2 \geq 1} |\mu_{k_2}| \sum_{l_2 \geq 0} |\mu_{l_2}| \, (N - r + 1) \tag{A.13}$$

ainsi

$$E_F \sup_{\theta \in D_\mathcal{M}} \left| \sum_{t=r}^{N} A_t(\theta) \right|^2 \leq C \, (N - r + 1) \tag{A.14}$$

De la même manière, nous avons

$$E_F \sup_{\theta \in D_\mathcal{M}} \left| \sum_{t=r}^{N} B_t^\theta \right|^2 \leq \sum_{k_1 \geq 0} \sum_{l_1 \geq 0} \sum_{k_2 \geq 0} \sum_{l_2 \geq 0} E_F \sup_{\theta \in D_\mathcal{M}} \left| G_{r,k_1,l_1}^{N,\theta} \right| \left| H_{r,k_2,l_2}^{N,\theta} \right| \tag{A.15}$$

avec

$$G_{r,k_1,l_1}^{N,\theta} = \sum_{t=r}^{N} \tilde{d}_{\nu_2,t}(k_1, \theta) \, \tilde{d}_{\nu_2,t}(l_1, \theta) \left(e_{t-k_1} e_{t-l_1} - E_F e_{t-k_1} e_{t-l_1} \right) \tag{A.16}$$

et

$$H_{r,k_2,l_2}^{N,\theta} = \sum_{t=r}^{N} \tilde{d}_{\nu_2,t}(k_2, \theta) \, \tilde{d}_{\nu_2,t}(l_2, \theta) \left(e_{t-k_2} e_{t-l_2} - E_F e_{t-k_2} e_{t-l_2} \right) \tag{A.17}$$

A partir du lemme 2B.1 dans [92](chapitre 2 p. 55), nous obtenons

$$E_F \sup_{\theta \in D_\mathcal{M}} \left(G_{r,k_1,l_1}^{N,\theta} \right)^2 < \mu_{k_1}^2 \mu_{l_1}^2 4 C_e \lambda \, (N - r + 1) \tag{A.18}$$

ainsi que

$$E_F \sup_{\theta \in D_\mathcal{M}} \left(H_{r,k_2,l_2}^{N,\theta} \right)^2 \leq \mu_{k_2}^2 \mu_{l_2}^2 4 C_e \lambda \, (N - r + 1) \tag{A.19}$$

L'inégalité de Schwarz conduit alors à

$$E_F \sup_{\theta \in D_\mathcal{M}} \left| \sum_{t=r}^{N} B_t(\theta) \right|^2 \leq C \, (N - r + 1) \tag{A.20}$$

En utilisant le lemme 3 avec $\chi_t(\theta) = \varepsilon_{\nu_2,t}^2(\theta) - E_F \varepsilon_{\nu_2,t}^2(\theta)$, il vient que

$$E_F \sup_{\theta \in D_\mathcal{M}} \left| \sum_{t=r}^{N} \left[\varepsilon_{\nu_2,t}^2(\theta) - E_F \varepsilon_{\nu_2,t}^2(\theta) \right] \right|^2 \leq f_r(N) \qquad (A.21)$$

où $f_r(N) = C(N - r + 1)$. Sachant que $\bar{W}(\theta) = \lim_{N \to \infty} E_F W_N(\theta)$, alors

$$\sup_{\theta \in D_\mathcal{M}} \left| W_N^{\nu_2}(\theta) - \bar{W}^{\nu_2}(\theta) \right| \to 0, \text{ a.p.1 quand } N \to \infty \qquad (A.22)$$

Partie 2 : Les résidus dans ν_1 étant considérés comme des outliers et définis par (4.49), nous pouvons écrire

$$E_F \sup_{\theta \in D_\mathcal{M}} \left| \sum_{t=r}^{N} \left[|\varepsilon_{\nu_1,t}(\theta)| - E_F |\varepsilon_{\nu_1,t}(\theta)| \right] \right|^2$$

$$= E_F \sup_{\theta \in D_\mathcal{M}} \left| \sum_{k \in \nu_1(\theta)} \left[|\Omega_k(\theta)| - E_F |\Omega_k(\theta)| \right] \right|^2 \qquad (A.23)$$

Cette expression devient

$$E_F \sup_{\theta \in D_\mathcal{M}} \left| \sum_{k \in \nu_1(\theta)} \left[|\Omega_k(\theta)| - E_F |\Omega_k(\theta)| \right] \right|^2 \leq$$

$$2E_F \sup_{\theta \in D_\mathcal{M}} (\alpha.card\,[\nu_1(\theta)])^2 + 2E_F \sup_{\theta \in D_\mathcal{M}} (\epsilon.card\,[\nu_1(\theta)])^2 \qquad (A.24)$$

Considérons le cas où le nombre d'outliers d'innovation est fini, c'est à dire lorsque $card\,[\nu_1(\theta)] < \infty$. Nous obtenons

$$E_F \sup_{\theta \in D_\mathcal{M}} \left| \sum_{k \in \nu_1(\theta)} \left[|\Omega_k(\theta)| - E_F |\Omega_k(\theta)(\theta)| \right] \right|^2 \leq C \qquad (A.25)$$

Posons alors $f_r(N) = C$ et $\chi_t(\theta) = |\Omega_k(\theta)| - E_F|\Omega_k(\theta)|$. Par le lemme 3, cela conduit à

$$\sup_{\theta \in D_{\mathcal{M}}} \left| \frac{\eta}{N} \sum_{t=1}^{N} \left[|\varepsilon_{\nu_1,t}(\theta)| - E_F |\varepsilon_{\nu_1,t}(\theta)| \right] \right| \to 0, \text{ a.p.1 quand } N \to \infty \qquad (A.26)$$

De même, parce $card[\nu_1(\theta)] < \infty$, alors

$$E_F \sup_{\theta \in D_{\mathcal{M}}} \left| \sum_{t=r}^{N} \left[s_{\nu_1,t}^2(\theta) - E_F s_{\nu_1,t}^2(\theta) \right] \right|^2 \leq$$

$$2E_F \sup_{\theta \in D_{\mathcal{M}}} (\alpha.card[\nu_1(\theta)])^2 + 2E_F \sup_{\theta \in D_{\mathcal{M}}} (\epsilon.card[\nu_1(\theta)])^2 \leq C \qquad (A.27)$$

Toujours par le lemme 3, avec $\chi_t(\theta) = s_{\nu_1,t}^2(\theta) - E_F s_{\nu_1,t}^2(\theta)$, nous avons

$$\sup_{\theta \in D_{\mathcal{M}}} \left| \frac{\eta^2}{2N} \sum_{t=1}^{N} \left[s_{\nu_1,t}^2(\theta) - E_F s_{\nu_1,t}^2(\theta) \right] \right| \to 0, \text{ a.p.1 quand } N \to \infty \qquad (A.28)$$

Ce qui conduit à

$$\sup_{\theta \in D_{\mathcal{M}}} \left| W_N^{\nu_1}(\theta) - \bar{W}^{\nu_1}(\theta) \right| \to 0, \text{ a.p.1 quand } N \to \infty \qquad (A.29)$$

et prouve donc le théorème.

Annexe B

Articles publiés et reviewés

B.1 Articles publiés

Corbier, C., Boukari, A.F., Carmona, J-C., Alvarado Matinez, V., Moraru, G. and Malburet, F. On a Robust Modeling of Piezo-Systems. Journal of Dynamic Systems, Measurement and Control (ASME), vol.134, issue 3, pp. 031002-1–031002-8, May 2012.

Corbier, C., Carmona, J.C., and Alvarado Martinez, V. System Identification with Extended Threshold M-Estimator for Pseudo-Linear Model Structure. SYSID Congress, July 11–13, 2012.

Corbier, C., Carmona, J.C, and Alvarado Martinez, V. A New Estimation Approach : an Extended Threshold M-Estimator Procedure. IEEE congress CCE, Mérida, Mexico, Oct 26–28, 2011.

Carmona, J.C. and Corbier, C. Robust System Identification : $L_2 - L_1$ Estimation. 3ièmes Journées Identification et Modélisation Expérimentale. JIME'2011, Douai, France, Apr 3–5, 2011.

Corbier, C., Carmona, J.C., and Alvarado, V. $L_1 - L_2$ Robust Estimation in Prediction Error System Identification. CINVESTAV IEEE Congress, Toluca, Mexico, Nov 11–13, 2009.

B.2 Articles reviewés

International Journal of Control :
Manuscript ID TCON-2011-0627. The interval versions of the Kalman filter and the EM algorithm. J. Al-Mutawa, O. Al-Gahtani, M. El-Gebeily and R. Agarwal. Jan 2012.

Congress IMAACA 2012 :
Reducing Vibrations on Flexible Rotating Arms Through the Movement of Sliding Masses : Modeling, Optimal Control and Simulation. E. Terceiro and A. de Toledo Fleury. June 2012.

International Journal of Control :
Manuscript ID TCON-2012-0449. The Quantification of Large Signal-to-Noise Ratio in MLE for ARARMAX Models. Yiqun Zou and Xiafei Tang. Oct 2012.

Bibliographie

[1]   Akaike, H. Fitting Autoregressive Model for prediction. An-
            nals of the Institute of Statistical Mathematics, vol.21, pp.
            243–247, 1969.

[2]   Akaike, H. Statistical predictor identification. Annals of the
            Institute of Statistical Mathematics, vol.22, No.1, pp. 203–
            217, 1970.

[3]   Akaike, H. A new look at the statistical model dentification.
            IEEE Tran. Automat. Cont, vol.19, pp. 716–723, 1974.

[4]   Akçay, H., and Khargonekar, P.P. The least squares algo-
            rithm, parametric system identification and bounded noise.
            Automatica, vol.29, No.6, pp. 1535–1540, 1993.

[5]   Al-Smadi, A. least-squares-based algorithm for identification
            of non-gaussian ARMA models. Circuits Systems Signal Pro-
            cessing, vol.26, No.8, pp. 715–731, 2007.

[6]   Annalytical Methods Committee. Robust Statistics. How not
            to reject outlier. Analyst, vol.114, pp. 1693–1702, 1989.

[7]   Andrews, D.F. *et al.* Robust estimation of location : survey
            advances. Princeton University Press, Princeton, NJ, 1972.

[8]   Angrist, J.D., Imbens, G.W. Two-stage least squares estima-
            tion of average causal effects in models with variable treat-

ment intensity. Journal of the American Statistical Association, 90(430), pp. 431-442, 1995.

[9] Anscombe, F.J. Rejection of outliers. Technometrics, vol.2, pp. 123–147, 1960.

[10] Asselin de Beauville, D., and Dolla, A. Une méthode de protection du modèle linéaire. RSA, vol.28, No.2, pp. 25–43, 1980.

[11] Aström, K.L., and Bohlin, T. Numerical identification of linear dynamic systems from normal operating records. In IFAC Symposium on Self-Adaptive Systems, Teddington, England, 1965.

[12] Aström, K.L. Lectures on the identification problem-the least squares method. Technical Report 6806, Division of Automatic Control, Lund Institute of Technology, Lund, Sweden, 1968.

[13] Barnett, V., and Lewis, T. Outliers in statistical data. 3rd ed. Wiley, New York, 1998.

[14] Baxter, G. An asymptotique result for the finite predictor. Math scand, vol.10, pp. 137–144, 1962.

[15] Belsley, D.A., Kuth, E., and Welsch, R.E. Regression Diagnostics. New-York, John Wiley and Sons Inc, 1980.

[16] Berk, K.N. Consistent autoregressive spectral estimates. The annals of statistics, vol.2, No.3, pp. 489–502, 1974.

[17] Bianco, A.M., Garcia Ben, M., Martinez, E.J., and Yohai, V.J. Outlier detection in regression models with ARIMA errors using robust estimates. Journal of Forecasting, vol.20, pp. 564–579, 2001.

[18] Boukari, A.F., Moraru, G., Carmona, J-C., and Malburet, F. Useur-oriented simulation models of piezo-bar actuators

239

Part I and Part II. ASME 2009 International Design Engineering Technical Conferences International Conference on Mechatronic and Embedded Systems and Applications, San Diego (USA), 2009.

[19]   Boukari, A.F. Piezoelectric actuators modeling for complex systems control, Arts et Metiers ParisTech France, Thèse, 2010.

[20]   Bowden, R.J., and Turkington D.A. Instrumental Variables. Cambridge, U.K. Cambridge University Press, 1984.

[21]   Box, G.E., and Jenkins, G.M. Time series analysis, forecasting and control. 3rd ed. Holden-Day, San Francisco, 1970.

[22]   Braess, D. Nonlinear Approximation Theory. Springer-Verlag, Berlin series in computional mathematics vol.7, 1986.

[23]   Brandt, A., and Künsch, H.R. On the stability of robust filter-cleaners. Stochastic Processes and their Applications, vol.30, pp. 253–262, 1988.

[24]   Caines, P.E. On the asymptotic normality of instrumental variable and least squares estimators. IEEE Tran. Autom. Control, AC-21, pp. 588–600, 1976.

[25]   Carmona, J-C., and Alvarado, V. Active noise control of a duct using robust control theory. IEEE Tran. on Control Syst. Technology, vol.8, No.6, pp. 930–938, 2000.

[26]   Carmona, J-C., and Alvarado, V. A new approach model validation : application to time delay systems. 2nd IFAC Workshop on Linear Time Delay Systems, Ancona, Italy, Sep 11–13, 2000.

[27]   Carmona, J-C., and Alvarado, V. L_1 Prediction error approach in system identification. Proceedings of the American Control Conference, vol.4, pp. 3219–3223, 2002.

[28]   Carmona, J-C., Ouladsine, M., and El Abdel, M. L_1 Prediction error system identification : a modified AIC rule. System Identification, IFAC Publications, Rotterdam. The Netherlands, pp. 1107–1111, 2003.

[29]   Chaffai, M.E.A. Les estimateurs robustes sont-ils vraiment robustes en pratique. Revue de Statistiques Appliquées, tome.37, No.3, pp. 57–73, 1989.

[30]   Chang, I., Tiao, G.C., and Chen, C. Estimation of time series parameters in the presence of outliers. Technometrics, vol.30, No.2, pp. 193–204, 1988.

[31]   Chang, X.W., and Guo, Y. Huber's M-estimation in GPS positionning :computational aspects. Proc. Of ION NTM, San Diego, Ca, pp. 829–839, 2004.

[32]   Changhai, R., Liguo, C., Shao, S., Weibin, R., and Lining, S. A hysteresis compensation method of piezoelectric actuator : model, identification and control. Control Engineering Practice, 17, pp. 1107–1114, 2009.

[33]   Chatterjee, S., and Hadi, A.S. Sensitivity analysis in linear regression. New-York, John Wley and Sons Inc, 1988.

[34]   Chen, C., and Liu, L.M. Joint estimation of model parameters and outliers effects in time series. Journal of the American Statistical Association, vol.88, No.421, pp. 284–297, 1993.

[35]   Chiang, J.T. The algorithm for multiple outliers detection against masking and swamping effects. Int. J. Contemp. Math. Sciences, vol.3, No.17, pp. 839–859, 2008.

[36]   Collins, J., and Wiens, D. Minimax properties of M-,R- and L-estimarors of location in Lévy neighbourhoods. The Annals of Statitics, vol.17, No.1, pp. 327–336, 1989.

[37]   Corbier, C., Carmona, J.C., and Alvarado, V. $L_1 - L_2$ Robust Estimation in Prediction Error System Identification. CINVESTAV IEEE Congress, Toluca, Mexico, Nov 11–13, 2009.

[38]   Corbier, C., Carmona, J.C, and Alvarado Martinez, V. A new estimation approach : an extended threshold M-estimator procedure. IEEE congress CCE, Mérida, Mexico, Oct 26–28, 2011.

[39]   Corbier, C., Boukari, A.F., Carmona, J-C., Alvarado Matinez, V., Moraru, G. and Malburet, F. On a robust modeling of piezo-system. Journal of Dynamic Systems, Measurement and Control (ASME), vol.134, issue 3, pp. 031002-1–031002-8, 2012.

[40]   Corbier, C., Carmona, J.C., and Alvarado Martinez, V. System identification with extended threshold M-estimator for pseudo-linear model structure. SYSID Congress, July 11–13, 2012.

[41]   Corless, R.M. *et al.* On the Lambert function. Annals of the Institute of Applied Mathematics, vol.31, pp. 343–374, 1995.

[42]   Davies, L., and Gather, U. The identification of multiple outliers. Journal of American Statistical Association, 88, pp. 782–792, 1993.

[43]   Draper, N.R., and Smith, H. Applied regression analysis. 2nd ed. Wiley, New York, 1981.

[44]   Donoho, D.L., and Huber, P.J. The notion of breakdown point. In A Festschrift for Erich Lehmann, Wadsworth, Belmont, CA. MR0689745, pp. 157–184, 1983.

[45]   Dugard, L., and Landau, I.D. Recursive output error identification algorithms. Automatica, vol.16, pp. 443–462, 1980.

242

[46]   Ellis, S.P., and Morgenthaler, S. Leverage and breakdown in L_1 regression. Journal of the American Statistical Association, vol.87, No.417, pp. 143–148, 1992.

[47]   Ellis, S.P. Instability of least squares, least absolute deviation and least median of squares linear regression. Statistical Science, vol.13, No.4, pp. 337–350, 1998.

[48]   Fedrigo, E., Muradore, R., and Zilio, D. High performance adaptive optics system with fine tip/tilt control. Control Engineering Practice, 17(1), pp. 122–135, 2009.

[49]   Fisher, R.A. A mathematical examination of the methods of determining the accuracy of an observation by the mean error and the mean square error. Monthly Not. Roy. Astron. Soc, vol.80, pp. 758–770, 1920.

[50]   Fox, A.J. Outliers in time series. Journal of the Royal Society, vol.34, No.3, pp. 350–363, 1972.

[51]   Fraiman, R., Yohai, V.J., and Zamar, R.H. Optimal Robust M-Estimates of location. The Annals of Statistics, vol.29, No.1, pp. 194–223, 2001.

[52]   Gandhi, M.A., and Mili, L. Robust Kalman filter based on a generalized maximum-likelihood-type estimator. IEEE Tran on Signal Processing, vol.58, No.5, pp. 2509–2520, 2010.

[53]   Garulli, A., Kacewicz, B., Vicino, and A., Zappa, G. Error bounds for conditional algorithms in restricted complexity set-membership identification. IEEE Tran. Autom. Control, vol.45-1, pp. 160–164, 2000.

[54]   Gentle, J.E. Least absolute values estimation : an introduction commun. Stat. Sim. Comput, vol.6, pp. 313–328, 1997.

[55]   Giummolè, F., and Ventura, L. Robust Prediction Limits Based on M-Estimators. Statistics and Probability Letters, vol.76, pp. 1735–1740, 2006.

[56]   Goodwin, G.C., Brslavsky, J.H., and Seron, M.M. Non-stationary stochastic embedding for transfert function estimation. Proc. Of the 14th IFAC World Congress, Beijin, China, 1999.

[57]   Gustafsson, T.K., and Makila, P.M. Modelling of uncertain systems via linear programming. Automatica, vol.32, No.3, pp. 319–335, 1996.

[58]   Hadi, A.S., Rahmatullah Imon, A.H.M, and Werner, M. Detection of outliers. John Wiley and Sons, Inc. Wires Comp Stat 2009 1, pp. 57–70, 2009.

[59]   Hampel, F.R. Contributions to the theory of robust estimation. Ph.D. Thesis, University of California, Berkeley, 1968.

[60]   Hampel, F.R. A general qualitative definition of robustness. Ann. Math. Statist, vol.42, pp. 1887–1896, 1971.

[61]   Hampel, F.R. Robust estimation : a condensed partial survey. Z. Wahrschein-lichkeitstheorie Verw. Gebiete, vol.27, pp. 87–104, 1973.

[62]   Hampel, F.R. Rejection rules and robust estimates of location : an analysis of some Monte Carlo results. Proceedings of European Meeting of Statisticians and 7th Prague Conference on Information Theory, Statistical Decision Functions and Random Processes, Prague, 1974.

[63]   Hampel, F.R. The influence curve and its role in robust estimation. J. Amer. Statist. Assoc., vol.62, pp. 1179–1186, 1974.

[64]   Hampel, F.R. The breakdown point of the mean combined with some rejection rules. Technometrics, vol.27, pp. 95–107, 1985.

[65]   Hampel, F.R., Ronchetti, E.M., Rousseeuw, P.J., and Stahel, W.A. Robust statistics : the approach based on influence function. John Willey and Sons. New York, 1985.

[66]   Hodges, J.L. Jr. Efficiency in normal samples and tolerance of extreme values for some estimates of location. In : Proc. Fifth Berkeley Symposium on Mathematical Statistics and Probability, University of California Press, Berkeley, vol.1, pp. 163–168, 1967.

[67]   Holland, F.W., and Welch, R.E. Robust regression using ite-ratively reweighted least squares. Communications in Statis-tical, A6, pp. 813–828, 1977.

[68]   Huber, P.J. Robust Estimation of a Location Parameter. The Annals of Mathematics Statistics, vol.35, No.1, pp. 73–101, 1964.

[69]   Huber, P.J. Robust statistics : a review. The Annals of Ma-thematics Statistics, vol.45, pp.73–101, 1964.

[70]   Huber, P.J. Robust regression asymptotics conjectures and Monte Carlo. Annals of Statistics, vol.5, pp. 1041–1067, 1972.

[71]   Huber, P.J., and Ronchetti, E.M. Robust statistics. 2nd ed. John Wiley and Sons. New York, 2009.

[72]   Huber, P.J. On the non-optimality of optimal procedures. Proc. Third E.L. Lehmann Symposium, J. Rojo, 2009.

[73]   Ivanov, Alexander. Asymptotic properties of Lp-estimators. Theory of Stochastic Process, vol.14(30), No.1, pp. 60–88, 2008.

[74] Juditsky, A., Hjalmarsson, H., Benveniste, A., Delyon, B., Ljung, L., Sjöberg, J., and Zhang, Q. Nonlinear Black-box models in system identification : mathematical foundations, pp. 1–44, 1995.

[75] Kabaila, P.V., and Goodwin, G.C. On the estimation of the parameters of an optimal interpolator when the class of interpolators is restricted. SIAMJ. Control and Optimization, vol.18-2, pp. 121–144, 1980.

[76] Kadafar, K. The efficiency of the biweight as a robust estimator of location. Journal of research of the national bureau standards, vol.88, No.2, pp. 105–112, 1982.

[77] Khan, A.J. Robust Linear Model Selection for High-Dimensional Datasets. The University of British Columbia, Thesis, 2006.

[78] Khan, A.J., Van Aelst, S., and Zamar, R.H. Robust linear model selection based on least angle regression. Journal of the American Statistical Association, vol.102, issue.480, pp. 1289–1299, 2007.

[79] Khodabandeh, A., and Amiri-Simkooei, A.R. Recursive algorithm for L_1 norm estimation in linear model. Journal of Surveying Engineering, vol.137, issue.1, pp.1–8, 2011.

[80] Koch, K.R. Parameter estimation and hypothesis testing in linear model. 2nd edn. Springer, Berlin Heidelberg NewYork, 1999.

[81] Krasker, W.S., and Welsch, R.E. Efficient bounded influence regression estimation. JASA, 77, pp. 595–604, 1982.

[82] Kuonen, D. Studentized Bootstrap Confidence Intervals based on M-Estimates. Journal of Applied Statistics, vol.32, No.5, pp. 443–460, 2005.

[83]   Landau, I.D. Identification des systèmes. Hermes. Paris, 1998.

[84]   Leo, N., and Nasser, K. Efficiency of frequency-rectifieed piezohydraulic and piezopneumatic actuation. Proceeding of the ASME Adaptive Structures and Materials Symposium, vol.60, pp. 485–497, 2000.

[85]   Li, J. Robust inversion using biweight norm and its application to seismic inversion. Exploration Geophysics, 43(2), pp. 70–76, 2012.

[86]   Liu, H., Shah, S., and Jiang, W. On-line outlier detection and data cleaning. Computer and Chemical Engineering, vol.28, pp. 1635–1647, 2004.

[87]   Ljung, L. On the convergence for prediction error identification methods. Technical Report 7405, Division of Automatic Control, Lund Institute of Technology, Lund, Sweden, 1974.

[88]   Ljung, L. On consistency and identifiability. Mathematical Programming Study, No.5, North-Holland, Amsterdam, pp. 169–190, 1976.

[89]   Ljung, L. Convergence analysis of parametric identification methods. IEEE Tran Automatic Control, vol.23, No5, pp. 770–783, 1978.

[90]   Ljung, L., and Caines, P.E. Asymptotic Normality of prediction error estimators for approximate systems models : Stochastics, vol.3, pp. 29–46, 1979.

[91]   Ljung, L., and Glad, T. On global identifiability for arbitrary model parametrizations. Automatica, 30(2), pp. 265–276, 1994.

[92]   Ljung, L. System identification : theory for the user. Prentice Hall PTR. New York, 1999.

[93] Lopuhaa, H.P., and Rousseeuw, P.J. Breakdown properties of affine-equivariant estimators of multivariate location and co-variance matrices. The Annals of Statistics, vol.19, pp. 229–248, 1991.

[94] Mallow, C.L. On some topics of robustness. Bell Labs Murray Hill, NJ, 1976.

[95] Maronna, R.A. Robust M-estimators of multivariate location and scatter. Ann. Statist., vol.4, pp. 51–67.

[96] Maronna, R.A., Bustos, O., and Yohai, V.J. Bias and Efficiency-Robustness of General M-estimators for Regression with Random carrier. In Smoothing Techniques of Curve Estimation. eds T.Gasser and M.Rosenblatt, Notes in Mathematics, No.57, New York Springer Verlag, pp. 91–116, 1979.

[97] Maronna, R.A., and Yohai, V.J. Asymptotic behavior of general M-estimators for regression and scale with random carriers. Z. Wahrsch. Verw. Gebiete, vol.58, pp. 7–20, MR0635268, 1981.

[98] Maronna, R.A., and Yohai, V.J. The breakdown point of simultaneous general M-estimates of regression and scale. Journal of the American Statistical Association, vol.86, pp. 699–703, 1991.

[99] Maronna, R.A., Douglas Martin, R.D., and Yohai, V.J. Robust Statistics. John Willey and Sons Ltd, The Atrium, Southern Gate, Chichester, West Sussex, England, 2006.

[100] Martin, R.D., and Jong, J. Asymptotics properties of robust generalized M-estimates for the first order AR parameter. Bell Labs Technical Memo, Murray Hill, NJ, 1977.

[101] Martin, R.D. Robust estimation of AR models. In Directions in Times Series, eds. D. R. Brillinger and G.C. Tiao, Harvard, CA : Institute of Mathematical Statistics, pp. 228–254, 1980.

[102] Martin, R.D., and Thomson, D.J. Robust-resistant spectrum estimation. Proceeding of the IEEE, 70, pp. 1097–1115, 1982.

[103] Martin, R.D., and Yohai, V.J. Robustness in times series and estimating ARMA models. In Handbook of Statistics 5, eds. E.J. Hannan, P.R. Krishnaiah, M.M. Rao, pp. 119–155, 1895.

[104] Mayne, D.Q., and Firoozan, F. Linear Identification of ARMA Processes. Automatica, vol.18, No.4, pp.461–466, 1982.

[105] Naisson, P. Développement de portes-outils, d'outils et de modèles pour la maîtrise du perçage vibratoire. Université de Grenoble. Thèse, 2006.

[106] Nelson, P.A., and Elliott, S.J. Active Control of Sound. Academic Press, 1992.

[107] O'Donnell, E.M., and Vining, G.G. Mean squared error of prediction approach to the analysis of a combined array. Journal of applied statistics, vol.24, pp. 733–746, 1997.

[108] Olson, H.F., and May, E.G. Electronic sound absorber. Journal of Acoustical Society of America, 38, pp. 966–972, 1956.

[109] Perarson, R.K. Outliers in process modeling and identification. IEEE Transactions on Control Systems Technology, 10, pp. 55–63, 2002.

[110] Phillips, R.F. Least absolute deviations estimation via the EM algorithm. Statistics and Computing, vol.12, No.3, pp. 281–285, 2002.

[111]   Prohorov, Y.V. Convergence of random processes and limit theorems in probability theory. Theor. Prob. Appl., vol.1, pp. 157–214, 1956.

[112]   Rao, C.R. Linear Statistical inference and its applications. Wiley, New York, 1973.

[113]   Reinelt, W., Garulli, A., and Ljung, L. Comparing different approaches to model error modelling in robust identification. Automatica, vol.38, pp. 787–803, 2002.

[114]   Rissanen, J. Modelling by shortest data description. Automatica, vol.14, pp. 465–471, 1978.

[115]   Rice, K., and Spiegelhalter, D. A simple diagnostic plot connecting robust estimation, outlier detection, and false discovery rates. Journal of applied statistics, vol.33, No.10, pp. 1131–1147, 2006.

[116]   Scott, A.J., Holt, D. The effect of two-stage sampling on ordinary least squares methods. Journal of the American Statistical Association, 77(380), pp. 848-854, 1982.

[117]   Sen Roy, S. and Guria, S. Estimation of regression parameters in the presence of outliers in the response. Statistics, vol.25, No.5, pp. 231–239, 2009.

[118]   Smith, R., and Doyle, J.C. Model validation : a correction between robust control and identification. IEEE Trans. Automat. Contr, AC-37, pp. 942–952, 1992.

[119]   Söderström, T., and Stoica, P. System identification. Prentice-Hall Int. London, 1989.

[120]   Soderstrom, T., Mahata, K., and Soverini, U. Identification of dynamic errors-in-variables models : Approaches based on two-dimensional ARMA modelling of the data. Automatica, vol.39, pp. 929–935, 2003.

[121] Spangl, B., and Dutter, Rudolf. Estimating spectral density functions robustify. Statistical Journal, vol.5, No.1, pp. 41–61, 2007.

[122] http ://www.statisticssolutions.com/resources/directory-of-statistical-analyses/two-stage-least-squares-2sls-regression-analysis, 2012

[123] Tukey, J.W. A survey of sampling from contaminated distributions. In Contributions to Probability and Statistics. I. Olkin, Ed, Standford University Press, Standford, 1960.

[124] Walter, E., and Pronzato, L. Identification of Parametric Models from Experimental Data. Springer-Verlag, Berlin, 1997.

[125] Wei, J.J., Qiu, Z.C., Han, J.D., and Wang, Y.C. Experimental Comparison Research on Active Vibration Control for Flexible Piezoelectric Manipulator Using Fuzzy Controller, Journal of Intelligent and Robotic Systems, vol.59, No.1, pp. 31–56.

[126] Weisberg, S. Applied Linear Regression. 2nd Edition, New-York, John Wiley and Sons Inc, 1985.

[127] Wiens, D. Minimax variance M-estimarors of location in Kolmogorov neighbourhoods. The Annals of Statitics, vol.14, No.2, pp. 724–7732, 1986.

[128] Yohai, V.J. A new robust model selection criterion for linear models : RFPE. unpublished manuscript, 1997.

www.ingramcontent.com/pod-product-compliance
Lightning Source LLC
Chambersburg PA
CBHW021033210326
41598CB00016B/1006